TULIAO JICHU
YU
XINCHANPIN SHEJI

# 涂料基础与新产品设计

朱爱萍　编著

U0261488

化学工业出版社

·北京·

## 内 容 简 介

本书对涂料的发展、组成、定义、功能、应用范围、未来发展趋势等进行了简单介绍。重点阐述了涂料用原材料及配方设计，涂料界面原理，涂料的制备及生产安全管理，涂装技术，涂料及涂膜性能检测以及涂料新产品设计等内容。

本书可供涂料相关研发、生产、管理人员参考，同时可供高等院校精细化工等相关专业师生作为教材或教学参考书使用。

**图书在版编目（CIP）数据**

涂料基础与新产品设计/朱爱萍编著 . —北京：化学
工业出版社，2021.9（2023.1重印）
ISBN 978-7-122-39441-5

Ⅰ.①涂…　Ⅱ.①朱…　Ⅲ.①涂料-生产工艺②涂料-
配方-设计　Ⅳ.①TQ630.6

中国版本图书馆 CIP 数据核字（2021）第 130757 号

---

责任编辑：张　艳　　　　　　文字编辑：陈　雨
责任校对：宋　夏　　　　　　装帧设计：王晓宇

---

出版发行：化学工业出版社（北京市东城区青年湖南街 13 号　邮政编码 100011）
印　　装：北京捷迅佳彩印刷有限公司
787mm×1092mm　1/16　印张12　字数291千字　2023 年 1 月北京第 1 版第 3 次印刷

---

购书咨询：010-64518888　　　　售后服务：010-64518899
网　　址：http://www.cip.com.cn
凡购买本书，如有缺损质量问题，本社销售中心负责调换。

---

定　　价：59.80 元　　　　　　　　　　　　　　　版权所有　违者必究

涂料属于知识密集度高的精细化工行业。涂料化工是多学科的交叉，四大化学"有机、无机、物化、分析"是其基础，还有胶体、界面、高分子等。物理、机械、电子、计算机以及包括纳米材料在内的新材料等学科都涉及。正因为如此，任何一个学科的新进展，都会影响涂料技术的进步，任何一种新材料、新技术的出现，多数可在涂料中开发其用途。

涂料新产品的设计受"上游"产业技术创新的影响。涂料行业具有加工产业的性质，所用原料有树脂、颜（填）料、助剂和溶剂四大类，都可由专业生产企业提供。任何一种原料的质量提高、品种更新换代，都直接影响涂料技术进步。如任何一种低毒高性能颜料、低毒或无毒的高效助剂、低污染高溶解性的溶剂问世，特别是低污染、高性能树脂开发成功，都直接影响低污染涂料新品的产业化发展，都会给涂料行业带来新的技术进步，创造更多经济效益与社会效益。而涂料技术进步需要对"上游"产业提出新要求，需要更密切的合作、共同创新。

涂料新产品的设计受下游产业创新的影响。涂料是半成品，施涂于物体表面成膜后才是成品。"三分涂料，七分施工"，涂装质量对涂料性能正确发挥影响很大，而涂装对涂料品种与质量要求则是涂料技术进步的动力。

我国正处于由"中国制造"向"中国创造"过渡的时期，国家大力提倡科技创新，并持续加大科技投入，涂料行业面临许多新的挑战和新的机遇。要努力抓住机遇，才能应对各种挑战。国家政策法规对涂料技术创新起着推动作用。国家发改委及工业和信息化部组织制订了石化行业产业结构调整指导意见，对涂料行业淘汰、限制产品做了明确规定。提倡与鼓励发展低污染型涂料如水性、粉末、高固体分、辐射固化等涂料，提升钛白粉和氧化铁颜料的深加工能力，大力推进节能减排的改造。国家对环保安全、节能减排十分重视，每年都投入大量科研开发费用支持这方面的开发，涂料行业如能瞄准国内低污染型涂料中关键技术的创新，发展潜力巨大。

按联合国教科文组织的定义，信息、生化、航空航天、宇宙开发、海洋开发、新能源和可再生能源、新材料等产业为高科技产业。这些高科技产业在我国发展较快，对涂料品种和质量提出了新的、更高的要求。工业和信息化部的行业产业结构调整指导意见中提出，要发展建筑、桥梁、航空、铁路、汽车、船舶、重防腐等领域专用的高性能涂料，加快研发民用大飞机、大船、高速铁路、风力发电等国家重点工程专用涂料，以及有特殊用途的无机颜料。提到的这些领域多数属高科技产业，其专用涂料多属特种功能型涂料，除了具有传统的保护、装饰性能外，还要有一些特殊功能。因此，高科技产业发展对涂料的要求是涂料行业技术创新的新动力。特种功能性涂料开发成功，可以带动一般工业涂料技术关键问题的解决，进一步缩小与国外的差距。

涂料行业单靠引进而不大力自主创新，难以达到国际一流的技术水平。如有关国防工业使用的特种涂料、金属无钝化表面处理、关键的水性涂料树脂等技术都需要自主进行原始创新，更需要一批基础扎实、创新意识强的科技工作者的共同努力。

涂料多样化的用途决定了其具有无数的原料、原料组合和配比，这也使得其配制成为一项具有挑战性的工作。历史上，配方难题一般是在已有涂料配方的基础上，通过试错法经反复试验来解决的。这种连续改善的方法，取决于用户的要求、配方师与涂装工程师之间的有效沟通。由于对 VOC（挥发性有机化合物）排放以及重金属含量超标的控制越来越严格，涂料正向无溶剂、高固含、水性化以及不含可溶性重金属方向发展。创造性的总体提高取决于管理人员、销售人员以及实验室人员等的工作效率的提高。

　　目前，既能体现涂料领域系统的理论基础、配方设计原理又能涵盖新发展的表征手段以及新技术促进涂料产品技术进步的书籍不多。本书具有基础理论与创新发展有机结合的特点，可以同时满足作为高等院校"高分子材料科学与工程""应用化学""化学工程与工艺""材料化学"以及"化学"等专业的专业课程教材；材料、化学等学科研究生相关学位课程的参考教材；涂料行业工程师理论与实践技能提高的参考书籍的需求。读者阅读基础知识后，结合众多的案例，就可以开展创新性思维活动，因此，本书对创新性人才培养具有很强的适用性。

　　笔者在涂料相关行业从事高等教育与科技开发 20 余年，积累了较丰富的经验。本书的撰写力求体现行业最新发展动态，充分展现笔者在水性涂料树脂、金属智能防腐纳米复合技术、高分子超分散剂以及聚合物纳米复合材料界面设计与调控领域长期、系统的研究成果。

　　特别感谢扬州大学出版基金的支持。

　　由于水平所限，书中疏漏和不妥之处在所难免，希望读者能够给予指正！

朱爱萍

2021 年 5 月

# 目录
CONTENTS

# 第一章
# 概述

## 第一节　涂料的发展

涂料具有悠久的历史，它在人类发展的历史长河中充当了非常重要的角色。无数事实证明，涂料的出现，使人们的生活变得绚丽多彩。许多器物和建筑由于有了涂料的保护，得以"延年益寿"。它与许多其他学科如文学艺术、建筑、化学、机械、电气、交通运输乃至宗教等都有着密切的联系。它是劳动人民长期实践、创造、发展的产物。涂料经过漫长的岁月，发展到今天成为一项专门的学科，并形成一个完整的工业体系，有其丰富而动人的历史经历。

涂料发展历史可分为：原始涂料时期、单一天然成膜物质涂料时期、复合天然成膜物质涂料时期和合成成膜物质涂料时期。

### 1. 原始涂料时期（公元前 5 万年至公元前 2000 年）

欧洲旧石器时代的法兰克-坎塔布利亚洞窟崖壁画在世界艺术和涂料史上占有非常重要的地位，被认为是世界上最古老的涂料绘画。我国在新石器时代开始使用涂料，在历史文献上有所记载，考古资料中也有不少发现。例如，司马迁著的《史记》中曾记载："帝尧者彤车乘白马"。帝尧时代约在公元前 2400 年，所谓彤车就是用红色涂料装饰的车辆。出土文物中，有许多红色陶器，陶器上一般都画有彩色的花纹。

### 2. 单一天然成膜物质涂料时期（公元前 2000 年至公元 17 世纪末）

这一时期，世界文明古国的埃及和巴比伦已经使用沥青作为保护木船体的防腐剂。埃及人用涂料作防腐剂制作了举世闻名的"木乃伊"。我国劳动人民在约公元前 2000 年就已经使用从野生的漆树上取下的天然漆来装饰器具。我国的桐油也是一种在全世界久负盛名的、古老的重要涂料成膜物质。约在公元前 770～公元前 470 年的春秋时代，就用桐油作为成膜物质制造涂料。战国时期还发现用蛋清和天然密陀僧（含氧化铅）或土子（含氧化锰）分别作为大漆和桐油的催干剂。17～18 世纪欧洲人仿制我国漆器成功，当时法国的罗贝尔·马丁一家的漆器闻名于欧洲大陆，以后德国、意大利等国的漆器业相继兴起。

在涂料发展的第二个阶段中，随着天然成膜物质的广泛使用，颜料的应用和发展也很迅速，首先是天然颜料的发掘和利用。早在公元前 3000 年，埃及人就曾使用一种蓝色颜料着色（这种颜料是用多种天然原料经煅烧而制得的硅酸铜）。古埃及人使用的颜料还有各种铁氧化物、天然碳酸钙和木炭，后来使用了雄黄、孔雀石、银朱、金粉等颜料。

### 3. 复合天然成膜物质涂料时期（18 世纪初期至 19 世纪中期）

人们在实践中发现用单一成膜物质制造的涂料在性能上往往存在某些缺点，例如单纯用桐油制造的涂料光泽、硬度等性能较差，单用天然漆制作的涂料亮度较差，单用沥青的涂料涂膜太脆等。人们发现用多种成膜物质混合配制涂料，能取长补短，并且能够生产更多的品种。18 世纪是涂料生产开始形成工业体系的时期，当时，用于制造油漆和清漆的材料相当多。

18 世纪末至 19 世纪初期，在发达的资本主义国家中，相继建立了正式规模的涂料制造厂。第一个涂料工厂的建立，英国是 1790 年，法国是 1820 年，德国是 1830 年，奥地利是 1843 年，日本是 1880 年，中国是 1915 年。初期产品的主要组分是天然树脂、干性油和稀释剂。在当时西方的涂料产品中，亚麻仁油和柯巴树脂、松香等是主要成膜物质。在英国工业革命的推动下，欧洲的涂料工业在 1850～1860 年得到很大发展，当时英国建立了 250 个油漆厂，仅伦敦就有 130 家。

18 世纪初期至 19 世纪中叶的 100 多年间，欧洲的涂料工业取得了长足的发展。这主要是由于在当时生产力迅速发展的新形势下，建设了许多工业厂房、高级建筑、桥梁、船舶；同时许多生产工具等需要用涂料装饰和保护。此外，还有相当一部分涂料用于绘画和其他艺术装饰。这个时期欧洲的涂料工业对世界涂料工业的发展起了巨大的推动作用，为现代涂料工业奠定了基础。

### 4. 合成成膜物质涂料时期（19 世纪中期至今）

19 世纪下半叶，由于化学特别是有机化学的进展，出现了两个新的科学技术领域，这就是有机高分子化学和合成染料化学。后来逐步形成了两大合成工业，其产品——合成树脂以及合成染料和颜料成了涂料工业必不可少的原料。合成树脂的出现使涂料成膜物质发生了根本变化，为涂料生产开辟了广阔的前景。在资源、品种、质量等方面，合成成膜物质都具有天然物质无可比拟的优越性。合成染料和合成颜料为涂料提供了丰富多彩的着色料。至今，合成树脂和合成色料的品种还在不断增加，质量在日益改进。

1855 年，英国伯明翰一位名叫亚历山大·帕克斯（Alexander Parkes）的化学家兼冶金学家，用硝化纤维素制成保护涂料并取得了专利权。后来他将一些天然树脂加入硝化纤维素溶液，进一步改善了性能。帕克斯从此发迹，建起了世界上第一个塑料涂料企业。1882 年约翰·史蒂文斯（John Stevens）发明了醋酸戊酯，它是硝化纤维素的良好溶剂，既能有效地溶解硝化纤维素成为均匀透明的溶液，又由于其较缓慢的挥发性，能使硝化纤维素挥发成膜时涂膜不产生白雾。这样，硝化纤维素成为居于首位的涂料成膜物质。第一次世界大战以后，几种新型溶剂醋酸丁酯、醋酸乙酯和丁醇等的出现以及发明了磷酸三甲酚酯代替樟脑作为增塑剂，为硝基涂料的进一步发展奠定了基础。1925 年，在西方国家曾出现了一个硝基涂料生产高潮，其主要动力是当时汽车工业蓬勃发展，当时只有硝基涂料的施工性能和涂膜性能能满足汽车工业的需要。硝基涂膜打磨性好，高光泽，高硬度，稳定和耐久，很快就形成了著名的涂料品种"汽车喷漆"。

19 世纪，另一类树脂——酚醛树脂的发明，也是涂料工业发展过程中的一个重大事件。1907 年美国人 L. 培克兰德（Leo Backland）试制成功醇溶性酚醛树脂。德国人 K. 阿尔伯特（K. Albert）发现，在过量松香存在的情况下，酚醛树脂可以分散在加热的干性油中。如果溶在桐油中，所得的清漆比以往任何类型的清漆都干得快。将颜料加入这种清漆制得的涂料，由于干燥时间在 4h 左右，故被称为"四小时磁漆"。这种树脂对涂料工业的发展起了巨大的作用，一直到今天，仍是涂料广泛使用的原料，并形成涂料产品的一大类——酚醛漆类。1928 年，出现了一种不需用松香改性的所谓 100% 的油溶性纯酚醛树脂。这种用取代酚与醛反应制备的树脂，消除了松香改性酚醛树脂的缺陷，被广泛用于生产质量较高的酚醛涂料。

现代涂料工业的另一类重要的合成成膜物质——醇酸树脂，是从 19 世纪下半世纪开始研究的。在 20 世纪初期，美国人阿尔逊（Arsen）等发明了不干性脂肪酸改性醇酸树脂，1927 年美国通用电气公司的凯尔发明了干性脂肪酸改性醇酸树脂，随后又突破了醇解油制造醇酸树脂的技术。这样，醇酸树脂就从单纯作为胶黏剂而转变为涂料产品的重要成膜物质。

19 世纪下半世纪至 20 世纪上半世纪，可以说是涂料工业发展史上的黄金时代。高分子化学理论方面的重大成就以及各种类型高分子化合物的研制和生产，使涂料由全部采用天然成膜物质的时代进入以合成成膜物质为主的时代，并且出现了许多完全不用天然成膜物质的纯粹合成成膜物质涂料。

合成染料虽然创始于英国，但在 19 世纪后期慢慢转到了德国。在英国技术的基础上，德国人进行了许多重大的创新，研制了很多新型有机染料和颜料。著名的德国化学家阿道夫·冯·拜尔（Adolf von Bayer）于 1871 年发明了荧光染料。他所在的德国著名的巴登苯胺纯碱公司（BASF）颜料公司于 1877 年研制成功若丹明型（Rhodamin）染料和 1897 年大量生产合成靛蓝，并从 20 世纪以来研制了更多的有机染料和颜料，其中许多品种如有机耐晒黄、耐晒红、酞菁系颜料等都是涂料的优质颜料。

在涂料用无机颜料方面，19 世纪末最巨大的成就是锌钡白（立德粉）的出现。英国格拉斯哥的锌白颜料工厂于 1874 年研制成功立德粉，其与铅白比较起来，无论在颜料性能、化学稳定性还是价格等方面都具有无可争辩的优越性，因此在涂料及其他工业方面得到迅速而广泛的应用。

20 世纪 20 年代颜料方面的一项重大成果是二氧化钛颜料的出现。早在 1865 年，英国伯明翰的莱兰德（Ryland）将钛铁矿粉碎用作钢铁结构涂料的颜料，但那是一种粗制的黑色颜料。1908 年挪威人杰普逊和法鲁普试验成功从钛铁矿提取二氧化钛，经过多次化学、物理和工艺等方面的研究试验，直到 1927 年才获得有经济价值的、质量令人满意的颜料。在二氧化钛成为一种优质颜料广泛使用以前，有人曾将二氧化钛和硫酸钡物理结合成复合颜料用于涂料。

20 世纪以来，特别是近 30 年来，涂料成膜物质、颜料、溶剂、助剂（特别是催干剂）、涂料品种以及生产设备、加工技术、测试手段和施工方法等方面的发展都是突飞猛进的，新产品和新技术不断涌现。其最主要的原因之一，就是涂料作为一门近代学科，科学研究工作已经大大加强了。如果说在古代，人们在涂料方面做出了许多无意识的偶然发现和发明的话，那么，在现代涂料领域里科学技术工作者则是有的放矢地获得了许多新的重大成果。这种有组织、有目的的科学研究，使许多重大技术问题迎刃而解。

19 世纪 90 年代，西欧如英、法等国建立了较大规模的涂料试验室，并将各种涂料制成样品置于大气中进行耐久试验，置于水、水蒸气以及各种腐蚀性介质中进行防腐蚀试验，并对各种涂膜的厚度、介质性能、防腐蚀程度等方面的情况作出完整的记录和对比。

20世纪初期，涂料工作者逐渐认识到涂料能否成功地体现出其装饰和防护功能，不仅与涂料本身质量的好坏有关，而且与施工技术密切相关，并在实践中逐步查明了涂料配方和使用的相互关系。因此，许多涂料的使用效果就成了涂料质量研究的主要课题。1906年，在美国的北达科他农业试验站，对许多涂料进行了曝晒试验。1925年世界上第一台人工加速老化试验机在英国试制成功，并安装在伯明翰。1930年，美国标准局和英国涂料研究所采用密封碳弧灯作紫外光源，其光线接近太阳光的光谱。随着科学技术的日益发展，对涂料的功能要求已经发生了变化。几千年乃至几万年以来，涂料的两种主要功能——装饰和防护已经不能适应新的技术要求。例如：电气绝缘涂料要求绝缘，船底涂料要求防污、防水生动物；导电涂料要求导电，太阳能吸收涂料要求最大的吸热度，防雷达涂料要求吸收雷达波；宇宙空间涂料要求高度的耐紫外线性能和耐温变性能等。我们可以将涂料的前两种功能即装饰和防护称为涂料的第一功能和第二功能，这是涂料功能的共性。我们将各种涂料的特殊功能统称第三功能。在科学技术日益发展的今天，对第三功能的研究已成为日益迫切的课题。

我国可称为世界的"涂料之乡"，我国涂料在历史上有它光辉的一页。我国的涂料技术悠久，涂料原料丰富，从植物油、矿物油到颜料资源充足，特别是大漆、桐油和松香等产量居世界首位，有发展涂料的极好自然条件。我们应本着"古为今用，洋为中用"的精神，吸取古今中外一切技术上的精华，力争使我国涂料工业在21世纪跃居世界涂料工业的前列。涂料本身是绚丽多彩的，人类为发展涂料所付出的光辉劳动将名垂青史。

# 第二节　涂料的定义、功能及应用范围

## 一、涂料的定义

"涂料"，在中国传统名称为油漆。所谓涂料是涂覆在被保护或被装饰的物体表面，并能与被涂物形成牢固附着的连续薄膜，通常是以树脂、油或乳液为主要成膜物质，添加或不添加颜料、填料，添加相应助剂，用有机溶剂或水配制而成的黏稠液体。

中国涂料界比较权威的《涂料工艺》一书是这样定义的：涂料是一种以不同施工工艺将其涂覆在物件表面后形成的固态薄膜，这种薄膜黏附牢固、连续且具有一定强度，能够起到保护、装饰的作用，有的涂料还具备其他特殊功能。

涂料学科以高分子科学的发展为重要的基础，还需要各种无机和有机颜料以及各种助剂和溶剂的配合，才能取得各种性能。为了制备出稳定、合格的涂料及获得最佳的使用效果，还需要有胶体化学、流变学以及光学等方面理论的指导，因此，涂料科学是建立在高分子科学、有机化学、无机化学、胶体化学、表面化学和表面物理、流变学、力学、光学以及颜色学等学科基础上的新学科。当然涂料并不是各种学科的简单组合，而是以它们为基础建立起来，具有本身独特性的学科，包括涂料的成膜理论、表面结构与性能、涂布工艺及各种分析测试手段，以及各种应用品种所涉及的相关理论。

## 二、涂料的功能

最早的油漆主要用于装饰，并且经常与艺术品相联系。现代涂料更是将这种作用发挥得淋漓尽致。涂料将我们周围的世界，包括城市市容、家庭环境乃至个人装点得五彩缤纷。通过涂料的精心装饰，可以将火车、轮船、自行车等交通工具变得明快舒畅，可使房屋建筑和大自然景色相匹配，形成一幅绚丽多彩的图画。

涂料的另一个重要功能是保护作用，它可以保护材料免受或减轻各种损害和侵蚀。金属的腐蚀是世界上的最大浪费之一，有机涂料的使用可将这种浪费大大地降低。涂料还可以保护各种贵重的设备在严冬酷暑和各种恶劣环境下正常使用，可以防止微生物对材料的侵蚀。

此外，涂料还有特殊功能如标识作用，道路标志线、管道设备常用不同颜色的涂料来区分其作用和所装物的性质，导电、导磁、吸波等功能，如军事上的伪装与隐形涂料等，这些特殊功能的涂料对于高技术的发展有着重要的作用。

## 三、涂料的应用范围

根据美国商务部统计局使用的工业生产量的统计分析用有机涂料规定分为三个大类：①建筑涂料；②OEM 涂料（原始设备制造涂装用涂料，其特点是施工采用工业涂装流水线作业，故也称在线涂料。涂层固化多采用烘干或辐射固化，生产效率高，涂层性能优异）；③特种涂料。

建筑涂料，包括用于装饰和保护建筑外壁与内壁的色漆和清漆。建筑涂料占涂料总量的52%左右；但此类涂料单价低于其他大类，因此，占总产值为 42%左右。该市场是三大类中周期性变化最小的。乳胶漆占建筑涂料的 77%。

OEM 涂料，通常也叫工业漆，在工厂里施工于汽车、家电、电磁线、飞机、家具、金属罐以及口香糖包装产品上，其应用几乎是无穷的。占总产量的 31%左右和总产值的 36%左右。OEM 涂料产量和制造业活动地位成正比。这类业务是周期性的，在大多数情况下，OEM 涂料是为专用客户的生产条件和性能要求定制设计的。本类产品数目比其他两类多得多，研究与开发要求也更高。

特种涂料，指在工厂外施工的工业涂料和一些其他涂料，例如气雾罐包装涂料。它包括在 OEM 工厂以外施工（通常在车身修理工厂）的汽车、卡车涂料，船舶涂料（船舶体积太大，不适合在工厂施工）和公路及停车场车道用漆。它也包括钢铁桥梁、储罐、化工厂的维修漆。占总产量的 17%左右和总产值的 22%左右。

# 第三节　涂料的组成及其作用

涂料是化学物质的复杂混合物，它们通常可分为四大类：成膜物；填颜料；挥发性组分；助剂。

成膜物也称黏结剂或基料，它是涂料中的连续相，也是最主要的成分。成膜物一般为有机材料，在成膜前可以是聚合物也可以是低聚物，但涂布成膜后形成聚合物膜，例如干性油，各种改性的天然产物（如硝基纤维素、氯化橡胶等）以及合成聚合物等。无机的成膜物不多，用途有限，例如原硅酸乙酯和碱性硅酸盐等。

填颜料一般是 $0.2 \sim 10 \mu m$ 的无机或有机粉末。颜料主要起遮盖与赋色作用，而填料不起遮盖作用，具有增强、赋予特殊性能（如改善流变性能）的作用。

在多数涂料中都含有挥发性组分、其在涂料施工中起重要作用。其液体属性使涂料施工有足够的流动性，帮助成膜物与填颜料混合物转移到被涂物表面上，在施工时或以后挥发掉，对最终的涂膜的性质没有重要的影响。溶剂的挥发是涂料对大气污染的主要根源，对于溶剂的种类与用量各国都有严格的限制。

没有颜料的涂料被称为清漆，含有颜料的涂料被称为色漆，没有溶剂的涂料称为无溶剂涂料。

助剂包含在涂料中，用量少，使涂料改变某些性能。如催干剂、防沉降剂、防腐剂、防结皮剂、流平剂、消泡剂等。

# 第四节　涂料的未来发展趋势

## 一、向特种涂料方向发展

新中国成立初期我国的特种涂料仅有单一品种的硝基涂布漆和醇酸漆，到现在已逐步成为涂料行业的一个独立分支，发展出数百个甚至上千个涂料品种，广泛用于航空、航天、海洋、道路、交通、武器装备、机械、电子、核能、化工等领域。特种涂料应用广泛，在国民经济发展、国防建设和高新技术领域中，处于不可缺少和不可替代的高、精、尖位置，但其所占比重却不大，仅占涂料总量的15%左右，生产规模也较小。

特种涂料从用途和应用角度可分为军用和民用两大类。军用主要有航天航空、舰船、核工业、常规兵器涂料等；民用主要有道路交通、建筑、高温防腐、防水涂料以及机械制造中的功能性涂料等。

军用特种涂料在性能技术方面的要求比民用特种涂料更加严格，例如防腐性、防污性、耐热性等都必须达到较高要求才可用于实体涂装，世界上最先进的涂料往往首先应用在军事领域之后才转为民用或是军民共用。近几年来，在市场经济的大环境下，传统的军工产品与民用产品相互渗透，军用特种涂料与民用特种涂料的区分界定已经不再明显，在国防、航天航空等高端技术领域，已经有众多的民营或私营企业参与其中，而军用产品中具有推广应用价值的特种涂料在民用领域得以广泛应用。下面介绍三类特种涂料。

### 1. 重防腐涂料

相对于常规防腐涂料而言，重防腐涂料在较为苛刻的条件下具备长效防腐的优良性能，一般在化工大气和海洋环境里可使用10年或15年以上，只要温度适宜，即使在酸、碱、盐和溶剂介质里也能使用5年以上。重防腐涂料技术含量较高、技术难度较大，综合应用了电子、物理、机械和仪器等多种学科的先进技术与成果，例如高耐蚀树脂的合成、高效分散剂和流变助剂的应用、新型耐蚀抗渗颜料与填料的开发、先进施工工具的应用、施工维护技术、现场检测技术等。

我国重防腐涂料的类型主要有环氧类、聚氨酯类、氯化橡胶类、氟树脂类、聚脲弹性体防腐涂料，以及有机硅树脂涂料、丙烯酸类和富锌底漆等，市场份额最大的是环氧类防腐涂料。

重防腐涂料在军工领域主要应用于核电站、航空母舰、驱逐舰、核潜艇、隐形战斗机、飞机各种型号导弹防腐等。重防腐涂料民用领域更为广泛，如新兴海洋工程、现代交通运输、能源工业、大型工业企业和市政设施等。

我国涂料行业对外开放最早、国际化程度最高的领域即重防腐涂料领域，但目前国际知名重防腐涂料品牌多数为国外企业，而低端市场则以国内企业为主。丹麦海虹老人、荷兰国际油漆、美国大师漆、荷兰阿克苏诺贝尔、韩国金刚等知名品牌均在中国国内建厂，凭借在技术、品牌、管理等方面的优势垄断我国重防腐涂料高端市场，如集装箱涂料和船舶涂料等高端产品，80％以上的市场份额被外资企业和中外合资企业的涂料产品占据，在环保、节能方面，国产重防腐涂料与国际品牌产品相比还有较大的距离。

但国内企业也能顶住压力，在竞争中求发展。三峡、鱼童、永新、宝塔山、兰陵等大厂凭借着强大的技术底蕴转向石化、桥梁、非标集装箱、军工等行业。据不完全统计，全国有10多家涂料厂销售金额超过3亿元，其中国内企业数量占1/3。竞争也促进了重防腐涂料行业的发展。

近年来国内企业在防腐涂料领域表现出不俗业绩，能够为客户提供技术创新、性价比高的产品和专业化的技术服务，在建筑钢结构、铁路、高速公路、石油化工等内陆配套防腐体系中获得广泛应用，涂料的档次也不断提升，转向环保型和技术适应型，而且合成树脂涂料已经达到工业发达国家的水平，占到重防腐涂料体系的80％，某些企业的应用工程范例遍布海内外，如上海涂料公司麾下的上海开林造漆厂、江苏兰陵化工；重防腐领域的一些大型工程都采用国内企业涂料产品，如北京"鸟巢"工程、2010年上海世博会、天津100万吨乙烯工程、杭州湾大桥等。

今后，高固含量、无溶剂涂料将成为我国重防腐涂料的发展方向，尤其是水性重防腐涂料，应扩大使用范围、提高涂装施工性能，保持涂层的耐久性，达到节能、环保的要求。

## 2. 隔热涂料

隔热涂料是一种新兴的特种涂料，对太阳光近红外热量有阻挡、反射、辐射的作用，能够令屋面隔热降温，节能降耗。隔热涂料隔热、防水、防锈、防腐，且工期短、见效快，能够取代保温棉、发泡海绵、夹层铁皮等。

隔热涂料从特性原理分类主要有隔绝传导型隔热涂料、反射型隔热涂料和辐射型隔热涂料三种。反射型隔热涂料隔热效果优于隔绝传导型隔热涂料，其耐候性强，溶剂一般无刺激性，环境污染程度小，与各种基材间具有较好的附着力，与底漆、中间漆也具有良好的相容性。反射型隔热涂料最初应用于军事和航天，由于其太阳热辐射下能够显著降低物体的表面温度，因此迅速应用到石油化工行业，在建筑工程领域反射型绝热涂料被应用于外围护结构的表面，阻止建筑物吸收太阳辐射，降低建筑物表面温度，使较少热量传入室内，保护屋面的防水材料。

反射型隔热涂料在国外起步较早，也取得了较大进展。20世纪40年代，美国Alexander Schwartz等人通过在多层铝膜间引入热导率低的空气制成复合材料，开发出的新型反射隔热组合系统揭开了反射隔热涂料的新纪元。辐射隔热和反射隔热技术在70年代末期取得了巨大的进步，其后20余年隔热涂料的研究十分活跃，美国盾牌（Thermo-shield）节能涂料作为代表性产品之一，不但用于航天飞机，在美国、日本、马来西亚和新加坡等国的油气储罐、房屋建筑领域也应用广泛，效果很好。

1992年，我国开始研制隔热涂料，从事研发的科研和生产单位已有50余家，但重点放在功能填料及其粒径的选择、成膜物质选择及改性、涂料配方的调整等，较少关注隔热方面的综合研究与应用。

太阳热反射隔热涂料向高寿命、长效性迈进，单一颜填料向高纯度、复合颜填料的方向发展。在实际应用中，彩色涂料是外墙涂料主要需求方向，如何在涂料经过颜色调配后还能保证涂膜的反射性能将是反射隔热涂料的研究重点。

### 3. 防污涂料

防污涂料是一种以非常低的速率将所包含的活性成分（毒剂）逐步释放到海水中，从而抑制和阻止海生物在船舶等海洋钢结构上的附着和生长的特种涂料。防污涂料能够保持船体外表面的光滑和涂层的完好，在不影响正常航速的基础上最大限度减少油耗并保持涂层的寿命，降低维修成本。防污涂料主要有传统型、释放型、烧蚀型、自抛光和自释放型防污涂料，目前国内对于防污涂料的研究主要集中在自抛光型、低表面能和仿生防污涂料。

防污涂料可用于船舶船底、海上钻井平台、海上浮标、海洋运输业、修造船业、油气业、海洋渔业等海洋设施的防污。此外，随着对海洋资源不断开发利用，防污涂料还应用到一些新的领域，如海滨城市的发电厂及石化企业的海水冷却管道、海洋监测系统的探测仪器、海洋工程的港口等。

国外防污涂料研制得比较早，具有完整的标准化体系。其中美军标对船体防腐和防污涂料体系（MIL-PRF-24647）进行了详尽的性能规范，对防污涂料的类型、应用、环保性和服役期效进行了严格的划分，最长防污期效可达 7～8 年，配合水下清洗技术的实施可达到 10 年以上。目前，美军在用的最具代表性的防污涂料产品为 PPG-Ameron 公司的 ABC ♯3 无锡自抛光防污涂料，它适用于不同海域、不同在航率的舰艇，在动态和静态下均具有良好的防污性能，在美海军中已有 30 年的应用历史。我国从 1966 年开始对船底防污涂料进行系统研究，随后又投入大量资金用于环保型长效防污涂料研发，在防污涂料基体树脂的合成工艺、涂料配方设计和实船涂装应用等方面进行了大量的研究，成功研发出具有 3 年和 5 年不同期效的防污涂料，并得到应用。

随着海洋经济的迅速发展，海洋运输业、修造船业、油气业、海洋渔业也成为国民经济的增长点，对防污涂料的需求日益增大。随着人们环保意识的增强和各种法律法规的限制，海洋防污涂料向着低毒、无毒化的方向发展，环保型防污涂料将占据越来越重要的市场地位。低氧化亚铜类或无铜自抛光防污涂料、兼具自抛光性能和超疏水性能的防污涂料等的研制，将逐步加快步伐，并得到推广应用。

# 二、向环保节能方向发展

近年来，随着环境保护法律法规的日益健全和完善，国家和人民对环境保护理念越来越重视，传统的溶剂型涂料将逐渐被市场所淘汰，水性涂料、无溶剂涂料、粉末涂料等环境友好型涂料逐渐成为行业发展的大势所趋。环保部《"十三五"挥发性有机物污染防治工作方案》明确提出，到 2020 年，全国工业涂装 VOCs 排放量减少 20% 以上，重点地区减少 30%，全面推进环保性涂料发展已成为不可逆转的趋势。

当前对绿色环境友好型涂料的要求主要表现在：在涂料配方设计时就要充分考虑产品全生命周期的资源属性、环境属性、能源属性、品质属性等各种综合性能，一方面，在涂料的配方设计、生产、使用过程中减少挥发性有机物的用量，减少有机物挥发所造成的环境危害；另一方面，减少涂料中有害物质含量，如减少可溶性重金属含量、芳香胺、壬基酚等有害物质的应用，避免在生产、施工和长期使用过程中对人体造成健康危害。因此，气味小，不含甲苯、二甲苯等挥发性有机溶剂，不含可溶性重金属等有害物质的水性涂料成为绿色环境友好型涂料的首选。下面介绍三类环保节能涂料。

## 1. 水性涂料

表 1-1 列出了我国应用于不同领域的涂料水性化发展情况。

**表 1-1 我国涂料水性化发展情况**

| 涂料品种 | 2019 年产量/万吨 | 水性化进展情况 |
|---|---|---|
| 建筑涂料 | 694 | 大于 80％ |
| 木器涂料 | 150 | 目前为 5％，水性化速度较快 |
| 汽车涂料 | 98 | 电泳涂料 100％，中途＋色漆 60％；清漆仍为 100％溶剂型；乘用车涂料的水性化已经达到了 84％；卡车用涂料的水性化达到了 48％ |
| 卷材涂料 | 50 | 水性化受技术和科研制约 |
| 船舶涂料 | 30 | 车间底漆 100％，舱室部分应用，船壳基本不用 |
| 粉末涂料 | 136 | |
| 集装箱 | 26 | 从 2014 年开始加快水性化进展 |
| 其他涂料 | 1390.8 | 根据不同使用要求逐步推行 |

近日，强制性国家标准《室内地坪涂料中有害物质限量》颁布。该标准的实施将会继续淘汰溶剂型地坪涂料的生产使用，标准中对挥发性有机物含量和可溶性重金属等提出限定要求，相关环节监管必将趋严，倒逼行业加快研发环保型地坪涂料，加速释放绿色环保涂料的市场空间。水性环氧地坪涂料广泛应用于医院、大型体育设施、工厂、儿童乐园、学校等公众场所的地坪涂装。该涂料有机挥发物低，耐磨，实现了无缝涂装，减少了环境污染和地坪缝隙细菌的滋生，有利于环境保护和人们的身体健康。

水性防腐涂料的研发始于 20 世纪 80 年代，由于众所周知的原因，水性防腐涂料处于缓慢研发、小量应用、性能普通的状态，步履蹒跚地走过了 30 年。2014 年以来，国家相关部门发布了一系列文件，限制一些地区和工程使用溶剂型涂料，对 VOC 超标涂料征收消费税；颁布了水性丙烯酸、水性聚氨酯、水性环氧、水性醇酸等树脂涂料、水性无机磷酸盐耐溶剂防腐涂料的标准，及上述涂料的有害物质限量标准；规定了环境标志产品（包括水性涂料）的技术要求等。这样，使水性漆材料研发单位有了方向，使涂料企业看到了商机，使水性技术研发有了依据。2015 年以来，水性漆用树脂、颜料、助剂空前出现，不少溶剂型涂料企业忙起了"油改水"热潮，一些乳胶漆厂开始转向水性漆，有的涂装企业也越来越青睐水性漆。自此，我国水性工业涂料步入了一个新的发展时期。

水性防腐涂料品种主要有水性无机富锌防腐底漆、通用型水性丙烯酸防锈漆、包装桶用水性烘烤漆等，水性防腐系列涂料品种已增加到十几个。

然而，水性工业漆，由于其天生的弱点——高表面张力，有许多性能不及溶剂型涂料。水性防腐涂料常见的缺陷有：涂料储存常出现上有浮水、下有结块、表面浮泡、变质发霉等缺陷；施工出现涂料流挂、遮盖力差、膜面缩孔、针孔、表面不平整、外面漆缺乏丰满度和光泽度等缺陷，如果涂料或涂装质量不好，还会出现开裂、剥落、起泡、生锈等缺陷。因此，水性防腐涂料还需加大研发力度。

随着建筑、装备制造和家电等工业的迅速发展，预涂卷材的用量越来越大，相应的卷材涂料就成为涂料消耗量大的一类品种。而水性卷材涂料作为一个新产品自然受到国内科研工作者的青睐。我国涂料水性化进展在其他领域都有所成就，但是，受制于涂装设备投资高、严格的施工环境条件以及水性工业涂料自身存在的问题等的影响，卷材涂料水性化发展情况并不好，如表 1-1 所示。我国水性卷材涂料的推广只停留在试验的基础上，并没有工业化生产应用，目前彩涂板生产工艺仍以溶剂型占主导地位，生产工艺使用水性涂料的技术条件尚不成熟。假以时日，随着水性卷材涂料的研发力度及技术攻关全面化、深入化研究，水性卷材涂料在未来的中国彩涂板市场潜力很大，竞争也更加激烈。紧迫的问题是如何攻关水性卷材涂料的技术研究，克服水性卷材涂料的不足，努力提高涂膜综合性能指标，开发出面向国内外市场和高端客户市场的适用产品。

## 2. 无溶剂涂料

在重防腐领域，水性涂料由于先天的耐水性不足，难以胜任，无溶剂型涂料是主要的发展方向。如无溶剂液体环氧涂料不仅具有极低的 VOC 含量，而且防腐性能优异、施工安全，符合高效、经济、环保、安全、节能的发展原则，具有十分广阔的应用前景。现已广泛应用于石油化工行业中的各种管道外壁、储罐、钢结构、化工厂设备等领域。

对于现场大规模施工，通常选择无气喷涂的方式，喷涂通常要求涂料具有较低的黏度和较长的使用期。而这往往也是现行的无溶剂环氧涂料无法大规模应用的壁垒所在。国外公司相比中国起步较早，荷兰 IP 公司的 Interline 925、丹麦 HEMPEL 公司的 35530、挪威 Jotun 公司的 TANKGUARD 412/DW 等都属于此类产品，即便是这些大公司的产品在现场施工通常也对涂料温度以及施工节奏有严格的控制。

现有无溶剂环氧涂料产品大多存在一次成膜厚度较大时，涂层韧性和抗流挂性较差等问题。因此，无溶剂环氧防腐涂料在黏度低、流平性好和施工方便等性能方面需要不断提升。

## 3. 粉末涂料

粉末涂料是由特定的化学物质，经特定制备工艺如物理或机械处理后，制成细度均匀的颗粒粉体，并以粉末形态进行涂装的涂料。它与一般溶剂型涂料和水性涂料不同，不使用溶剂或水作为分散介质，而是借助于空气作为分散介质，具有节省能源与资源、环境污染影响小、工艺简便、易实现自动化涂装、涂层坚固耐用、粉末可回收利用等优点，在工业生产中日益得到广泛应用。

我国已成为世界粉末涂料生产和消费的第一大国，在涂料节能减排中发挥着重要作用。羧基型聚酯树脂是粉末涂料中的主导成膜树脂，据不完全统计，我国粉末涂料产量中，以羧基型聚酯树脂为主要成膜物的一般占 80% 以上。

与传统的溶剂型涂料相比，粉末涂料具有环保优势，但一个很大的不足是由于缺少低表面张力溶剂的辅助，使得粉末涂料的表面张力过大，对基材的润湿不好，容易出现缩孔等弊病，影响涂膜的美观，有损涂料的保护和装饰功能。

# 三、向功能化方向发展

为适应国家绿色经济发展的需要，普通民众不断增强的健康意识以及对美好生活的向往，未来都需要更多的多功能化高品质的涂料。例如，房地产业的发展和重大建筑火灾事件对社会的影响，消费者需要效果更好的外墙隔热保温涂料、高性能防火涂料。

近年来，国内外涂料行业日渐追求纳米技术的应用，致力于提高涂料性能或赋予其特殊功能。目前，纳米材料在涂料中的应用已取得初步成效，在涂料中添加纳米材料可大大提高其黏结性、耐冲击性、柔韧性，改善耐老化性、耐腐蚀性等传统性能，此外，还可以根据需求调节涂料的自洁、抗静电、吸波隐身等功能。

## 1. 光催化降解涂料

关于光催化剂技术的记载，最早能追溯到 20 世纪 30 年代，然而一直到 20 世纪 70 年代，二氧化钛才应用到光催化剂技术中。日本对于光催化剂技术的研究和应用一直处于世界前列，而且，日本首先将二氧化钛应用到居室内的建筑涂料中，并逐步完成了由试验研发到工业化生产的转化，使其对空气的净化产生显著效果，我国与日本相比，在光催化剂技术的研究领域起步较晚，基础研究和市场开发应用相对落后，但最近几年，国内的研发机构及相关行业获得了一些研究成果。

## 2. 智能防腐涂料

金属腐蚀现象和危害广泛地存在于日常生活与工业生产中，因腐蚀导致的直接经济损失相当巨大。虽然涂料的使用可以在很大程度上对金属腐蚀予以防护，然而，一旦涂层被外力划破，腐蚀将不断扩展。因此，采用智能防腐添加剂，当腐蚀一旦发生时，材料会发生积极的响应，阻止腐蚀的进行，这便是智能防腐涂料。聚苯胺因其主链上含有交替结合的苯环和氮原子，具有优异的电化学性能和良好的化学稳定性，在导电材料、防静电材料、防腐涂料等领域具有广泛的应用前景。聚苯胺具有可逆的氧化还原活性，当腐蚀发生时，当金属失去电子形成离子时，聚苯胺的催化钝化作用可使金属表面生成致密的金属氧化物，从而抑制金属腐蚀。目前德国的 Ormecon 公司开发出含有聚苯胺的防腐涂料已经投放国际市场，国内科研人员针对聚苯胺在高 pH 值环境中失去导电性与氧化还原活性的问题，开展了聚苯胺的纳米复合材料的研制及产业化，推动了聚苯胺防腐涂料在中国的问世，相关技术处于国际领先水平。

## 3. 吸波涂料

吸波涂料在现代飞行器、雷达和武器装备上应用广泛，是现代隐身技术的重要支撑。吸波涂料主要由吸波剂和高分子树脂基体组成。高分子基体主要是环氧树脂、聚氨酯和氯磺化聚乙烯等，起到黏结和成膜的作用。吸波剂是关键成分，决定了吸波涂料的吸波性能。传统的吸波材料如铁氧体、导电纤维等，难以满足涂层薄、密度小、附着力强、吸收强和频带宽的要求。碳纳米管由于其独特的螺旋、管状结构，表现出更好的高频带吸收特性，在 $2\sim18GHz$ 频段具有更小的介电损耗。将其作为吸波剂加入高分子基体中，所制备的吸波涂料具有"薄、轻、宽、强"的优点，是隐身吸波涂料的研究热点。

## 参 考 文 献

[1] 王晶晶，苏孟兴. 船舶高性能防腐涂料研究进展. 涂料技术与文摘，2017，38（7）：38-48，53.

[2] 肖九梅. 重防腐涂料发展趋势分析. 化学工业，2015，33（10）：16-19.

[3] 仲晓萍. 我国特种涂料发展现状及未来趋势. 现代化工，2019，39（12）：7-10.

[4] 权亮，梁宇，亢海霞，等. 环保型无溶剂低表面处理石墨烯重防腐涂料的制备与性能研究. 涂料工业，2019，49（5）：39-44.

[5] 李敏风. 我国重防腐涂料发展趋势. 现代涂料与涂装，2018，21（10）：20-23.

[6] 曹京宜，杨延格，张寒露，等. 舰船长效防污涂料现状及发展趋势. 中国涂料，2016，36（11）：9-11.

[7] 李山，谷曦，钱婷婷，等. 水性卷材涂料的研究现状及发展趋势. 安徽冶金，2018，2，60-62.

[8] 洪啸吟，冯汉保. 涂料化学. 北京：科学出版社，1997.

[9] 威克斯，琼斯，柏巴斯. 有机涂料科学和技术. 北京：化学工业出版社，2002.

[10] Frau A F, Pernites R B, Advincula R C. A conjugated polymer network approach to anticorrosion coatings: poly（vinylcarbazole）electrodeposition. Ind Eng Chem Res，2010，49：9789-9797.

[11] Wessling B. Passivation of metals by coating with polyaniline: corrosion potential shift and morphological changes. Adv Mater，1994，6：226-228.

[12] Kilmartin P A, Trier L, Wright G A. Corrosion inhibition of polyaniline and poly（o-methoxyaniline）on stainless steels. Synth Met，2002，131：99-109.

# 第二章

# 涂料用原材料
# 及配方设计

## 第一节　涂料成膜物

### 一、简介

#### 1. 涂料成膜物定义及特点

涂料成膜物也称树脂、黏合剂或基料。它将所有涂料组分黏结在一起形成均一的涂层或涂膜，同时对基材或底涂层发挥润湿、渗透作用而产生必要的附着力，并基本满足涂层的性能要求（清漆或透明的涂层主要由成膜物质组成），因此成膜物是涂料的基础成分。

从涂料的角度来看，具有明显结晶作用的聚合物不适合作为成膜物，这是因为：①漆膜会失去透明性，因为聚合物固体中同时存在结晶区和非结晶区，不同区域的折射率不同，因此透明性变差；②明显结晶作用会使聚合物的软化温度提高，软化范围变窄，在一个较大温度范围内逐渐软化的性质对烘漆来说是很重要的，它能使漆膜易流平而不会产生流挂；③明显结晶作用会使聚合物不溶于一般溶剂，只有极强的溶剂才有可能使结晶性显著的聚合物溶解，在某些情况下，甚至强极性溶剂也无效。由此可见为了使有结晶性的聚合物用于涂料，必须采取措施减少其结晶倾向。

#### 2. 成膜方式

用涂料的目的在于在基材表面形成一层附着力强的坚韧的薄膜。一般来说，涂料首先是一种流动的液体，在涂布完成之后才形成固体薄膜。成膜方式主要有下列几种。

（1）溶剂挥发和热熔成膜方式

① 溶剂挥发　溶剂的选择考虑两个因素：一是对涂料树脂的溶解性；二是挥发速度。在不良溶剂中聚合物分子是卷曲成团的，而在良溶剂中聚合物则是舒展松弛的，溶剂不同，最后形成的漆膜的微观结构也有很大差异，后者往往有高得多的强度。如果溶剂挥发太快，

浓度很快升高，表面涂料会因黏度过高失去流动性，结果漆膜不平整；另外，挥发太快，由于溶剂蒸发时失热过多，表面温度有可能降至雾点，会使水凝结在膜中，导致漆膜失去透明性而发白或使漆膜强度下降；溶剂挥发太慢或者最后不易再从膜内逸出，这些束缚在膜内的溶剂需要加热才能被除去。如罐头内壁聚氯乙烯（PVC）漆溶于丁酮和甲苯混合溶剂，使所得 PVC 溶液在室温时黏度达到 0.1Pa·s 左右，涂布以后溶剂逐渐挥发，但还剩余 3%～4% 的溶剂束缚在膜内，这些溶剂必须在 180℃ 加热 2min 以上才能被除去。

② 热熔成膜 采用升高温度的办法使聚合物达到可流动的程度（即熔融），流动的聚合物在基材表面成膜后予以冷却，便可得到固体漆膜。涂在牛奶纸瓶上的 PE 就是用这种方法成膜的。粉末涂料也有热熔成膜的：聚乙烯（PE）、PVC、聚丙烯酸酯等可塑性聚合物都可粉碎成粉末，然后用静电或热的方法将其附在基材表面上，并被加热到熔融温度以上，熔融的聚合物黏流体流平后，冷却即得固体漆膜。

（2）化学成膜

化学成膜是指先将可溶的（或可熔的）低分子量的聚合物涂覆在基材表面以后，在加热或其他条件下，分子间发生反应而使分子量进一步增加或发生交联而成坚韧的薄膜过程。这种成膜方式包括光固化涂料、粉末涂料、电泳漆以及双组分涂料。其中，干性油和醇酸树脂通过和氧气的作用成膜，氨基树脂与含羟基的醇酸树脂、聚酯和丙烯酸树脂通过醚交换反应成膜，环氧树脂与多元胺交联成膜，多异氰酸酯与含羟基低聚物间反应生成聚氨酯成膜以及光固化涂料通过自由基聚合或阳离子聚合成膜等。需要指出的是在发生化学反应之前或同时，一般也包含一个溶剂挥发的过程。

（3）乳胶成膜

乳胶在涂布以后，乳胶粒子仍可以以布朗运动形式自由运动，当水分蒸发时，它们的运动逐渐受限制，最终达到乳胶粒子相互靠近成紧密的堆积。由于乳胶粒子表面双电层的保护，乳胶中的聚合物之间不能直接接触，但此时乳胶粒子之间可形成曲率半径很小的空隙，相当于很小的"毛细管"，毛细管中为水所充满。由水的表面张力引起的毛细管力可对乳胶粒子施加很大的压力，其压力（$p$）的大小可由 Laplace 公式估算：

$$p = \gamma(1/r_1 + 1/r_2)$$

式中，$\gamma$ 为表面张力（界面张力）；$r_1$、$r_2$ 分别为曲面的主曲率半径。随着水分进一步挥发，表面压力随之不断增加，最终导致克服双电层的阻力，使乳胶内的聚合物间直接接触，使聚合物粒子变形并导致膜的形成，并将不相容的乳化剂排出表面。乳胶膜成膜的条件：成膜时的温度为 $T$，乳胶粒子的玻璃化温度为 $T_g$，$T - T_g$ 必须足够大，否则不能成膜。例如 PVC 乳胶在室温下便不能成膜，必须加热到某一温度，此温度称为最低成膜温度。也可以在乳胶中加增塑剂，使乳胶的 $T_g$ 降低。涂料中增塑剂又叫成膜助剂，它们在乳胶成膜后可挥发掉，使薄膜恢复到较高的 $T_g$。

## 3. 涂料树脂及其合成

涂料树脂是涂料中最重要的组分。涂料树脂的种类、结构与序列分布、分子量及其分布、黏度等都会影响涂料的品质。涂料工业常用的高分子材料包括醇酸树脂、环氧树脂、硝化棉、丙烯酸树脂、氨基树脂、聚氨酯固化剂、丙烯酸乳液等。

凝胶色谱是高分子分子量测定的重要方法，并已成为工业大生产中树脂原材料分子量质量控制的实用检测方法。由于涂料树脂的多分散性，分子量范围从几百至十几万，实验证明用多柱串联才能获得比较准确的测量数据。

图 2-1 是 3 根凝胶色谱柱串联而成的工作曲线图,其分子量测量范围从 100 至 500000,覆盖了涂料树脂分子量的宽分布范围。

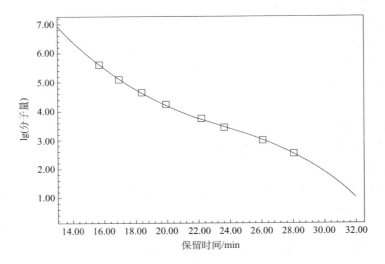

图 2-1　混合色谱柱工作曲线图

样品在做凝胶色谱分析前要进行前处理除去样品中的粉质和溶剂,除去树脂中溶剂的常规办法是室温自然干燥和红外灯干燥。对一些和氧气有反应的树脂如醇酸树脂,在用红外灯干燥时要通氮气保护,对一些受热会自聚的树脂只能用自然干燥的办法除去溶剂。如果样品中没有大分子量的溶剂,在凝胶气相色谱(GPC)中又能和树脂很好分离时,可以不除溶剂直接进样。

下面介绍典型的成膜物。

## 二、低毒无苯醇酸树脂

含羟基的短油度醇酸树脂与芳香族异氰酸酯-三羟甲基丙烷(TDI-TMP)加成物固化所得漆膜具有耐油、耐磨、耐酸碱等许多优异性能,起到装饰与保护作用,因而广泛地用于各种木材及金属制品等领域。然而,由于溶剂型双组分聚氨酯涂料中的有机溶剂以二甲苯、甲苯为主,这些有机溶剂严重破坏人类生存环境,在水性涂料、无溶剂涂料、粉末涂料、紫外光固化涂料等环保型涂料还无法一下子替代溶剂型聚氨酯涂料的情况下,开发无苯低毒双组分涂料,以适应目前的涂料市场。

用二甲苯作稀释剂合成双组分聚氨酯涂料用的短油度醇酸树脂,目前在各企业都有一套相当完善成熟的配方、工艺,所得到的产品也都能达到预期目的。通过综合考虑醇酸树脂生产、储存、施工等过程中出现的问题,结合合成树脂经验,采用非苯类溶剂作为回流和兑稀溶剂,在规定的时间、温度范围内,合理控制回流量和出水量、酸价下降、黏度上升的趋势,平稳地完成合成过程,实现醇酸树脂的无苯化。

按配方依次将各原料投入反应釜,通 $N_2$,加热升温到 180℃±2℃,保温回流 2h,以后每隔 1h 升 10℃,最高酯化温度不可超过 210℃。待各项指标合格后,兑稀,过滤,包装,表 2-1 列出了醇酸树脂技术指标。

表 2-1 醇酸树脂技术指标

| 外观 | 清澈透明无机械杂质 |
| --- | --- |
| 色泽(Fe-Co 比色) | ≤2 号 |
| 细度/μm | ≤10 |
| 固体分/% | 70±2 |
| 黏度(格/25℃ 60%)/s | 80~150 |
| 酸价(以 KOH 计)/(mg/g) | ≤12(60%) |
| 油度(参考值)/% | 35 |
| 羟值/% | 105±10 |

目前，能用于双组分溶剂型聚氨酯涂料的溶剂是苯类、酯类、酮类溶剂。它们对人体的影响见表 2-2。从表 2-2 可见，苯类、酮类溶剂的毒性最大；酯类溶剂的毒性最小。酮类溶剂本身气味极大，且价格高，目前在聚氨酯涂料中用得很少。

表 2-2 常用溶剂对人体的影响

| 溶剂名称 | 暴露时间/min | 在暴露时间内对人体产生剧毒时的浓度 | | 短时间暴露下出现病态的浓度 | | 出现不愉快感觉时的浓度 | | 初馏点/℃ | 终馏点/℃ |
| --- | --- | --- | --- | --- | --- | --- | --- | --- | --- |
| | | mg/kg | mg/m³ | mg/kg | mg/m³ | mg/kg | mg/m³ | | |
| 二甲苯 | 60 | 1000 | 4410 | 300 | 1323 | 100 | 441 | 137 | 143 |
| 醋酸乙酯 | 60 | 2000 | 7326 | 800 | 2928 | 400 | 1464 | 74 | 78 |
| 醋酸丁酯 | 60 | 2000 | 9650 | 500 | 2412 | 200 | 965 | 125 | 126 |
| 环己酮 | 60 | 1000 | 4080 | 200 | 816 | 75 | 306 | 152 | 157 |
| 甲苯 | 60 | 1000 | 3830 | 300 | 1149 | 100 | 383 | 110 | 111 |
| 苯 | 60 | 1500 | 4800 | 500 | 1600 | 50 | 160 | 79.6 | 80.5 |
| 丙酮 | 60 | 4000 | 9650 | 800 | 1930 | 400 | 965 | 56.1 | 58.1 |

第一要考虑溶剂的纯度。在溶剂中所含的水分带到异氰酸酯组分中会产生凝胶，使漆膜产生小泡和针孔，这主要是由于溶剂中水分与异氰酸酯反应，生成脲与缩二脲，而消耗了不少异氰酸酯的缘故。表 2-3 列出了水在溶剂中的溶解度。

表 2-3 水在溶剂中的溶解度

| 溶剂 | 每 100g 溶剂中水的溶解量 | 溶剂 | 每 100g 溶剂中水的溶解量 |
| --- | --- | --- | --- |
| 丙酮 | 全溶 | 甲基异丁酮 | 1.90g(25℃) |
| 环己酮 | 8.70g(20℃) | 醋酸丁酯 | 1.37g(20℃) |
| 醋酸溶纤剂 | 6.50g(20℃) | 苯 | 0.06g(23℃) |
| 醋酸乙酯 | 3.01g(20℃) | | |

氨酯级溶剂是指含杂质极少，可供聚氨酯涂料用的溶剂，其纯度比一般工业品高。例如，酯类溶剂除了水分以外，还必须尽量减少游离的酸与醇的含量，以免与异氰酸酯基反应，因此，所采用的溶剂是否达到氨酯溶剂的标准，需用二丁胺分析残留的异氰酸酯量。消耗异氰酸酯多的溶剂不能用。溶剂中所含水、醇和酸等杂质消耗部分异氰酸酯，消耗 1mol—NCO 所需的溶剂质量（g）定义为"异氰酸酯当量"。数值越大，稳定性越好。一般来说，异氰酸酯当量低于 2500 的，即为不合格溶剂，表 2-4 介绍了三种氨酯级酯类溶剂的异氰酸酯当量。

表 2-4 氨酯级酯类溶剂的异氰酸酯当量

| 酯类溶剂 | 纯度/% | 沸程/℃ | 异氰酸酯当量 |
| --- | --- | --- | --- |
| 醋酸乙酯 | 99.5 | 76.0~78.0 | 5600 |
| 醋酸丁酯 | 99.5 | 122.5~128.0 | 3000 |
| 醋酸溶纤剂 | 99.0 | 150.0~160.0 | 5000 |

第二要考虑溶剂的毒性。溶剂毒性直接关系到涂料产品是否符合环保要求。

第三是溶剂的挥发速度。溶剂的挥发速度快慢关系到涂料施工后溶剂的整体挥发速度，不仅影响漆膜的干燥速度，而且影响涂膜的流平性、光泽等性能。因此，任何配方中的混合溶剂在成膜过程中必有一个合理的挥发梯度，既不能太快又不能太慢。二甲苯的挥发速度比较适中，如果体系中不采用二甲苯溶剂，可根据表2-5中部分溶剂的挥发速度，调整混合溶剂的配比，以保证施工时有一个合理的挥发度。

表 2-5 部分溶剂的挥发速度

| 项目 | 丙酮 | 醋酸乙酯 | 苯 | 甲苯 | 醋酸丁酯 | 二甲苯 | 环己酮 |
|---|---|---|---|---|---|---|---|
| 沸点/℃ | 56 | 77 | 80 | 111 | 126 | 138~142 | 157 |
| 相对挥发度(25℃) | 5.7 | 4.02 | 4.12 | 1.9 | 0.6 | 0.6 | 0.28 |

第四是溶剂的溶解性。尽管苯、酯、酮类溶剂对醇酸树脂都是强溶剂，但各自的溶解力又有很大的差别，实验表明：如果用二甲苯稀释的醇酸树脂黏度（格氏管）为10~20s，而用醋酸丁酯稀释的黏度只有2~3s，采用该树脂溶液配制的清漆、色漆黏度极低，在储存时极易产生沉淀，施工时又会产生飞溅、流挂、表面结皮等弊病。

另外，在设计醇酸树脂时，绝不能忽视回流用溶剂，选择时需考虑以下问题。第一，其沸点应比醇酸树脂反应温度高10~20℃。温度太高，在指定温度下无法回流；温度太低，达不到酯化温度。第二，对酯化反应无不良影响。醇和酸的反应是可逆反应，回流溶剂的加入要有利于反应向生成物方向进行，且不应与生成物继续发生反应。

由酯类溶剂产生的缺陷是体系黏度下降引起的，而树脂黏度的大小是树脂分子量大小的一种表征。一般来说，同一结构的高分子化合物，分子量高的，其黏度也高。

同一分子量，不同结构的树脂，网状体型结构比直链型结构的黏度要高，因此只要合理地提高树脂的分子量或网状结构的比例，就能制得网状结构的醇酸树脂，以提高树脂的黏度。目前，聚氨酯涂料体系用醇酸树脂主要由以下几类原料组成：

合成醇酸树脂所用的基本原料是二元酸（酐）、多元醇、植物油及脂肪酸。

① 二元酸（酐）：最常用的二元酸（酐）为邻苯二甲酸酐和间苯二甲酸。以间苯二甲酸合成的醇酸树脂与邻苯二甲酸酐合成的醇酸树脂相比，具有染色快、柔韧性好，并且耐热和耐酸碱性好的特点，加入乙二酸、壬二酸、癸二酸及二聚脂肪酸可以改善醇酸树脂的柔韧性和增塑性，氯化二元酸如四氯邻苯二甲酸酐、绿茵酸酐可提供醇酸树脂的阻燃性，少量马来酸酐和富马酸酐可改善树脂的保色性、加工时间和防水性。

② 多元醇：合成醇酸树脂最常用的多元醇为甘油与季戊四醇，其他多元醇有乙二醇、丙二醇、三羟甲基丙烷、新戊二醇、二甘醇、三羟甲基乙烷等。

③ 植物油及脂肪酸（一元酸）：植物油的主要成分是脂肪酸的甘油全酯，或者说甘油三酯，且绝大部分是不同脂肪酸的混合甘油三酯。常用植物油中除甘油三酯外，还有一些杂质，如游离脂肪酸、磷脂、蛋白质、蜡、糖、色素及一些机械杂质，它影响植物油的均匀性，使颜色变深，性能下降，必须设法除去。

醇酸树脂最终分子量的大小、结构完全决定于参与反应的醇和酸的组成和结构。一般来说，一元醇和一元酸反应生成小分子化合物；二元酸和二元醇反应生成直链化合物；原材料中含有三官能团时，生成的化合物就含有支链结构；含有四官能团时，生成化合物就为网状结构。因此，可通过优化配方中不同官能团物料的摩尔比，增加含有三、四官能团物料的比例，以达到高黏度、低酸价的目的，有时为了反应平稳性，可以适当增加一元酸。

生产时采用一步投料，溶剂法生产。溶剂法因为有回流装置，物料损失较少，又可以通过溶剂的量来控制反应温度，溶剂的回流可使反应更为均匀，而且由于反应物黏度低，生成的水分容易带出，可以缩短反应周期，特别适合于制备要求严格的配方，产品质量有保证。回流溶剂加入量一般为反应物料的 $5\%\sim6\%$，酯化反应中生成水的多少，可以说明酯化反应的程度。所以在实践生产中要掌握出水量。

## 三、丙烯酸酯树脂

溶剂型丙烯酸涂料，其中大量的挥发性有机物（VOC）对环境造成的污染日趋严重。世界各国相继制定了相关法规以限制涂料的 VOC 含量。为了达到环保要求，油性丙烯酸树脂正在向水性化丙烯酸树脂发展。

水性丙烯酸树脂无毒无味、不污染环境，综合性能优良，生产成本低，已广泛用于涂料、胶黏剂等领域。常用树脂水性化的途径有三种：一是使树脂成盐而溶于水；二是利用树脂骨架中的—COOH 或醚键等亲水基团使树脂溶于水；三是利用表面活性剂将树脂分散于水中。制造水溶性涂料主要采用前两种途径，后一种途径则主要用于制造乳液。

水性丙烯酸树脂的合成配方见表 2-6。

表 2-6　水性丙烯酸树脂配方组成

| 原料 | 质量分数/% |
| --- | --- |
| MMA | 16 |
| St | 23 |
| 2-EHA | 8.5 |
| HEMA | 6.5 |
| AA | 4 |
| BNMA | 8 |
| 丙二醇甲醚：异丙醇(体积比2：1) | 30 |
| DMEA | 2.5 |
| AIBN | 0.8 |
| 十二烷基硫醇 | 0.7 |

注：MMA 为甲基丙烯酸甲酯；St 为苯乙烯；2-EHA 为丙烯酸 2-乙基己酯；HEMA 为甲基丙烯酸羟乙酯；AA 为丙烯酸；BNMA 为甲基丙烯酸苄酯；DMEA 为二甲基乙醇胺；AIBN 为偶氮二异丁腈；链转移剂采用十二烷基硫醇。

制备工艺：将溶剂加入配备了搅拌器、冷凝管、温度计和油浴加热装置的四口烧瓶中，在 $N_2$ 保护下，升温至 100℃，将单体、引发剂和链转移剂混合溶解后用分液漏斗滴入四口烧瓶中，在 $2\sim4h$ 内滴完，保温 $0.5\sim1h$，补加引发剂，保温 $1\sim4h$，得到淡黄色透明丙烯酸共聚物溶液。降温至 70℃，滴加二甲基乙醇胺中和至 pH 值为 8 左右，即得到水性丙烯酸树脂。

水性丙烯酸树脂的傅里叶红外光谱（FTIR）测试结果如图 2-2 所示。由图 2-2 可见，在 $3523cm^{-1}$ 处有羟基的伸缩振动吸收峰，$1602cm^{-1}$ 和 $1583cm^{-1}$ 处有苯环骨架的振动吸收峰，$760cm^{-1}$ 和 $702cm^{-1}$ 处是苯环单取代吸收峰，$1730cm^{-1}$ 处有强的羰基吸收峰，在 $1164cm^{-1}$ 和 $1230cm^{-1}$ 处出现酯键的 C—O—C 的伸缩振动吸收峰，而在 $1630cm^{-1}$ 和 $990cm^{-1}$ 处不存在丙烯酸酯类单体双键的振动吸收峰，说明丙烯酸酯单体已经聚合，分子链呈现无规共聚结构。

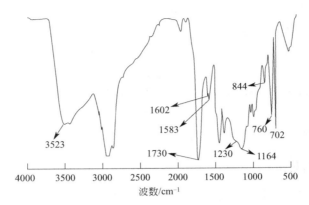

图 2-2　水性丙烯酸树脂的 FTIR 谱图

丙烯酸树脂黏度的影响因素如下：

① 丙烯酸。丙烯酸树脂分子链所含羧基侧基的作用，一是赋予树脂以水溶性；二是提供交联活性点；三是增强漆膜与底材的附着力。结构单元的羧基经胺中和成盐是树脂水溶的主要机理。在其他组合一定的情况下，丙烯酸质量分数在 5％～6％范围内变化时，透光率上升速率很快，在 6％～9％范围内上升速率变慢。随着丙烯酸含量的增加，树脂的水溶能力逐渐增强，直至可用水无限稀释；随着丙烯酸用量的增加，黏度在丙烯酸质量分数为 5％～6％的范围内提高的速率很快，在丙烯酸质量分数为 6％～9％的范围内提高的速率变慢。原因是随着羧基浓度的增大，树脂的水溶性提高，其分子链由卷曲线团状态逐渐过渡到伸展状态，导致黏度急剧升高；当丙烯酸质量分数大于 6％时，树脂分子链的伸展程度接近极限，故升高的速率变慢。

② 含芳香酯基团单体。随着 BNMA 用量的增加，树脂的黏度会明显下降。原因是含芳香基团且表面张力小的 BNMA 引入到聚合物后，在聚合物分子链上形成了一个低表面能区域，导致溶液中丙烯酸树脂分子链由相互缠绕状态转变至一种类似球形的状态，露在球体表面的是立体结构的芳香酯基团。由于芳香酯基团的非极性且空间位阻大，使球体之间的作用力减弱，从而降低了树脂的黏度。

③ 引发剂的用量。合成丙烯酸树脂最常用的引发剂有偶氮二异丁腈（AIBN）和过氧化二苯甲酰（BPO）。相比 BPO，AIBN 引发剂，不易凝胶化，分子量分布较窄。

AIBN 质量分数从 0.8％增加至 1.25％时，树脂黏度有所提高。当 AIBN 质量分数超过1.25％，树脂的黏度明显下降，原因是聚合体系的动力学链长与引发剂浓度的 0.5 次方成反比，即分子量随引发剂用量的增加而下降。

④ 链转移剂。丙烯酸酯单体的聚合活性较大，往往导致其共聚物的分子量较大，从而使溶液的黏度较大，不利于涂料的施工。因此聚合过程中常需加入适量链转移剂以降低分子量。随着链转移剂用量（质量分数）的增加（0～1.4％），树脂黏度从 70Pa·s 降低到16Pa·s。因为链转移剂用量的增加，导致链终止速率提高，从而降低了树脂的分子量。

⑤ 聚合温度。聚合物的黏度随着温度的升高而降低。在 80～90℃的范围内，黏度下降的速率很快，在 90～120℃范围内，黏度下降的速率变慢。这是因为温度升高不仅提高了引发剂的分解速率，也提高了链增长自由基双基终止速率和向溶剂的链转移速率，所以升高聚合温度可降低聚合物的分子量，从而降低树脂的黏度。

当丙烯酸、BNMA 、引发剂和链转移剂的质量分数分别为 6%、12%、1.2% 和 1%，在 110℃下进行丙烯酸酯类单体共聚合反应，可获得黏度为 23Pa·s 的水性丙烯酸酯树脂，用其配制成的水性罩光清漆具有良好的喷涂施工性能，其固化漆膜的性能指标达到汽车罩光漆膜的要求。

# 四、氨基树脂

氨基树脂是以三聚氰胺、双氰胺、尿素等含有氨基的单体为主要原料，与甲醛反应缩聚而成的大分子聚合物，因具有优良的固化性，突出的涂膜性能，适中的成本和理想的储存稳定性已广泛用于涂料工业中。

氨基树脂根据采用的氨基化合物的不同可分为 4 类：脲醛树脂、三聚氰胺树脂、苯代三聚氰胺树脂、共聚树脂，而以三聚氰胺甲醛树脂应用最广，性能最好。醚化是合成氨基树脂工艺中的关键步骤之一，常用的醚化剂有甲醇、正丁醇、异丁醇，混合醇醚化的氨基树脂也逐渐增多。用于涂料的氨基树脂必须经醇改性后，才能溶于有机溶剂，并与主要成膜树脂有良好的混溶性和反应性。

20 世纪 40 年代开发出了用于涂料的丁醇改性的三聚氰胺甲醛树脂，由于性能较好在涂料领域中发展很快，不久成为氨基树脂的主要品种。直至 20 世纪 60 年代，人们为了减少涂料施工中有机溶剂对环境的污染，也为了节省资源，甲醚化的氨基树脂才不断扩大应用面和生产规模，并开发出了系列产品。

甲醚化三聚氰胺树脂一般分为聚合型部分甲醚化三聚氰胺树脂、聚合型高亚氨基高甲醚化三聚氰胺树脂和单体型高甲醚化三聚氰胺树脂。由于部分甲醚化产品醚化度低以及单体型产品羟甲基含量较低，因此在后端应用中，高亚氨基型的产品的综合性能最好，既保留了一定量的未反应的活性氢原子，又残余了一定的羟甲基。它与含羟基、羧基、酰胺基的基体树脂反应时，由于树脂中亚氨基含量较高，使它有较快的固化性，外加弱酸可加速固化反应。因此，市场前景广阔。

氨基树脂的合成反应主要有 2 步：①羟甲基化反应，三聚氰胺与甲醛在弱碱性条件下反应生成含羟甲基数不等的溶于水的混合物；②醚化反应，即在弱酸性条件下，羟甲基化合物与醇类反应，改进分子极性生成疏水性的物质，形成新的烷氧基。主反应如图 2-3 所示。

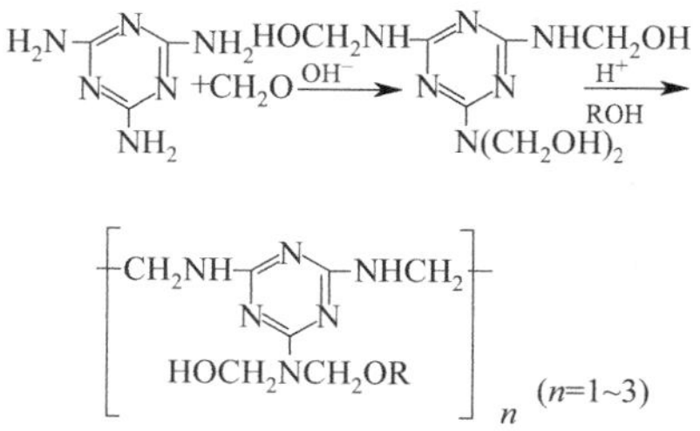

由于三羟甲基三聚氰胺和六羟甲基三聚氰胺的结构相对对称、比较稳定，易于合成，因此比合成四羟甲基三聚氰胺有竞争优势。

图 2-3 氨基树脂的合成反应

合成工艺：控制三聚氰胺与甲醛的摩尔比，控制体系 pH 值为 7~9、反应温度为 70~75℃、反应时间为 3~3.5h，可制备三羟甲基三聚氰胺和六羟甲基三聚氰胺；采用甲醇对三羟甲基三聚氰胺和六羟甲基三聚氰胺的混合物进行醚化，可制备高亚氨基三聚氰胺树脂。该工艺成熟稳定，易于生产。合成的氨基树脂红外谱图与氰特标样一致（图 2-4）。

# 五、水性含氟涂料树脂

水性含氟涂料树脂种类较多，如氟碳树脂、氟代聚氨酯树脂、氟代环氧树脂、氟代丙烯酸树脂等。其中氟碳树脂和氟代丙烯酸树脂是主要的含氟涂料树脂。氟碳树脂和氟代丙烯酸树脂主要以乳液聚合技术制备，涂料以乳液形式存在：氟代丙烯酸树脂的单体主要是含氟丙烯酸，制备方法和普通丙烯酸树脂相差不大，氟原子取代聚合物支链上的氢，氟含量较低，耐候性、耐腐蚀性较弱，一般用于织物整理等；氟碳树脂主要含氟单体有四氟乙烯、三氟氯乙烯、偏氟乙烯，聚合物中氟原子存在于主链上，氟含量高，耐候性、耐污性优异，用于外墙涂料、化工设备涂料、金属防腐涂料等苛刻环境中。

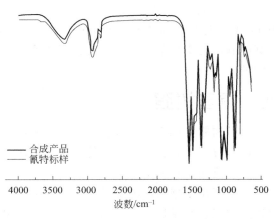

图 2-4　氨基树脂产品与氰特标样的红外对比谱图

水性氟碳树脂制备方法一般包括沉淀聚合法、悬浮聚合法和乳液聚合法等。乳液聚合法是目前研究相对成熟的制备方法，以乳液聚合工艺为基础，采用含氟乙烯基单体（或引入不含氟烯烃单体共聚），通过自由基反应得到含氟聚合物乳液。乳液聚合法在水性含氟涂料生产中占据重要地位，根据实施的特点可分为常规乳液聚合法、种子乳液聚合法以及无皂聚合法等。

常规乳液聚合法：将各种氟烯烃单体和乳化剂、调节剂等助剂混合后在引发剂存在下于水相中直接进行乳液聚合，选择合适的乳化剂体系及合理的工艺条件，即可制得储存稳定、性能优异的氟碳乳液。例如：振邦公司自主研究开发的氟碳乳液是将三氟氯乙烯（CTFE）和其他不饱和烯烃单体以水为分散介质，在乳化剂和引发剂（KPS）存在下于高压反应釜中聚合 12～20h，制得产品（适用于涂料），并与国外公司的同类产品进行比较，如表 2-7 所示。结果表明，国内的氟碳乳液含氟量相对日本公司产品较低。

表 2-7　同类氟碳乳液产品的性能比较

| 性能指标 | 国内产品 | 日本某公司产品 | 国外同类产品 |
|---|---|---|---|
| 外观 | 蓝相白乳液 | 浅蓝相白乳液 | 乳白液体 |
| 固含量/% | 42～44 | 44～46 | 50 |
| 氟含量/% | 13～20 | 21 | — |
| 黏度/mPa·s | 5～40 | 5～30 | — |
| 平均粒径/nm | 189 | 90 | 100～200 |
| 分子量 | 20000～40000 | 26000 | — |
| 离子属性 | 阴离子型 | 阴离子型 | 阴离子型 |
| 最低成膜温度（MFT）/℃ | 28 | 30 | 20 |
| pH 值 | 7～8 | 7～8 | 7～8 |
| 机械稳定性 | 良好 | 良好 | 良好 |
| 电解质稳定性 | 良好 | 良好 | 良好 |
| 冻融稳定性 | 5 | 5 | 5 |

核壳乳液聚合：是通过选择不同性能的单体来达到乳液粒子的性能要求，解决了乳液用于涂料时发软、发黏、耐沾污性差等缺陷，使氟聚合物的高结晶性、高玻璃化温度与低温成膜性之间的矛盾得以解决，适用于耐沾污、耐候涂料的制备。例如，核由丙烯酸、CTFE 及丙烯酸酯组成，玻璃化温度为 68℃；壳由丙烯酸、CTFE 及己酸乙烯酯组成，玻璃化温度为 11℃，其中，核/壳＝10/1。

乳胶漆已经成为重要的装饰性漆，以水性氟树脂为基料的乳胶漆能解决现代化的高档小区和高档建筑用涂料的性能不良、耐久性差、使用期过短等诸多问题，必将获得大量应用；工业、木器等内外用涂料也存在着使用期较短，很短年限就需维修的缺点，而且不能有效阻止水分吸收和紫外线破坏，性能优异的水性氟碳树脂会在该领域有很好的应用；金属装饰用乳胶漆，如卷材涂层及金属构件（如桥梁、镀锌铁板和钢件）表面等都需涂装耐久性能优异的水性氟碳涂料，获得更好、更长期的保护。鉴于水性氟树脂的优异性能，必将在各领域有着更加广泛的应用。

## 六、水性环氧树脂及其交联剂

环氧树脂涂料是防腐涂料的主力军，随着环保要求的日趋严厉，环氧树脂涂料的水性化势在必行。现在人们已经研发出各种类型的水性环氧树脂，但水性环氧树脂所用的固化剂水性化也必须同步跟上。水性环氧固化剂也是决定水性环氧涂料的关键因素之一，而且开发一种新型的水性环氧固化剂也等于开发了一种新品种的水性环氧涂料，因此水性环氧固化剂的研发已成为国内外业内人士竞相争夺的领域。水性环氧树脂五大类型及相配套的水性固化剂列于表 2-8。

表 2-8　水性环氧树脂五大类型及相配套的水性固化剂

| 类型 | 树脂形态 | 固化剂 |
| --- | --- | --- |
| Ⅰ | 液体或乳液 | 水溶性胺 |
| Ⅱ | 固体水分散体 | 水溶性胺 |
| Ⅲ | 液体/固体的乳液 | 酸或胺官能团的丙烯分散体 |
| Ⅳ | 液体或乳液 | 胺分散体 |
| Ⅴ | 固体分散体 | 胺分散体 |

室温固化水性环氧涂料的成膜过程是：在水体系中有乳胶粒子和固化剂，当水分蒸发时，乳胶粒子相互靠近，紧密堆积，水分进一步蒸发，凝结形成六边形结构，进一步凝结，乳胶粒子和固化剂开始反应，从而形成均相、固化完全的涂膜。环氧乳液固化过程是一个扩散控制的过程，涂膜固化过程中，只有聚结、扩散和环氧树脂与固化剂之间的反应协调得好，才可能得到良好的涂膜性能。若固化反应快于固化剂的扩散速度，将会导致树脂表面全部固化，从而阻碍固化剂的扩散，此将会得到一个非全面固化的核-壳型的涂膜形貌。所以要降低反应速度，提高水和助溶剂的蒸发速度，降低树脂黏度或提高扩散（较低的分子量、较高量的助溶剂，加入稀释剂），降低粒径大小，缩短扩散距离和提高毛细管力，实际常采用以下方法来提高涂膜性能：降低平均粒径，降低树脂分子量和加入特定的助溶剂。

而成功实现商品化的第一个Ⅱ型水性环氧固化剂是改性聚酰胺树脂与亲水性有机溶剂的混合溶液，名为 Casmide350，但目前使用的Ⅱ型水性环氧固化剂主要为采用嵌有亲水性聚氧乙烯链段的脂肪胺与二聚酸反应得到的聚酰胺型固化剂，或采用嵌有亲水性聚氧乙烯链段的脂肪胺与环氧树脂反应制得的环氧-胺类固化剂。这些产品均利用聚氧乙烯链段的亲水性来使固化剂稳定地分散于水中，并采用环氧树脂作为扩链剂以提高固化剂与环氧树脂的相容性。

三菱公司 Migamoto 等用间苯二甲胺与环氧氯丙烷在 NaOH 作用下生成环氧-胺加成物，此产品已产业化，商品代号 G-328，性能优异；该公司在此产品基础上将其与二元羧酸反应生成一种酰胺基胺类固化剂，这是一种性能更为优异的新型水性环氧固化剂。

水性多胺的环氧加成物是水性环氧固化剂中的佼佼者，而其中水性曼尼斯碱是环氧加成物值得推崇的水性多胺的环氧加成物的品种之一，这将是未来水性环氧固化剂最重要的发展品种之一。

# 七、聚氨酯及其固化剂的水性化

聚氨酯（PU）是含有重复氨基甲酸酯（—NH—COO—）结构单元的一类高分子材料，传统的溶剂型聚氨酯中含有的有机溶剂易燃、易爆，并具有毒性，对人体和环境都有不利的影响。随着人们环保意识的增强，水性聚氨酯材料逐渐受到重视。水性聚氨酯是以水作为分散介质，具有不易燃、环保、无毒、安全等优点，已广泛应用于涂料、胶黏剂、合成革、弹性体、建材、织物整理、高分子表面活性剂等领域。水性聚氨酯分为单组分水性聚氨酯和双组分水性聚氨酯。单组分水性聚氨酯不需要加入交联剂即可得到所需使用性能，但由于其为线型结构、交联度低、分子中含有亲水基团，使其在硬度、耐水性和耐溶剂性等方面存在一定缺陷，应用范围受到限制；而双组分水性聚氨酯交联密度高，具有涂膜硬度高、耐磨性好、附着力强等优异的力学性能和耐水、耐溶剂等化学性能，在一定程度上弥补了单组分水性聚氨酯的不足，能够用作高档材料，是水性聚氨酯发展的趋势。双组分水性聚氨酯主要由含羟基的多元醇组分和含异氰酸酯基（NCO）的水性固化剂组分组成。

水性异氰酸酯组分作为水性聚氨酯的重要组成部分，其组成和结构又决定着水性聚氨酯的物理力学性能，耐候、耐介质等化学性能，所以水性聚氨酯固化剂的研究是水性聚氨酯进入实质性应用阶段的关键。

异氰酸酯可分为脂肪族异氰酸酯和芳香族异氰酸酯。脂肪族异氰酸酯主要有六亚甲基二异氰酸酯（HDI）、异佛尔酮二异氰酸酯（IPDI）、氢化苯基甲烷二异氰酸酯（$H_{12}MDI$）等；芳香族异氰酸酯主要有甲苯二异氰酸酯（TDI）、二苯基甲烷二异氰酸酯（MDI）、多亚甲基多苯基多异氰酸酯（PAPI）等。

① 脂肪族异氰酸酯。HDI 类和 IPDI 类是常用的合成水性聚氨酯固化剂的脂肪族异氰酸酯，HDI 类异氰酸酯有较长的亚甲基链，合成的固化剂黏度较低，易被多元醇组分所分散，涂膜易流平，柔韧性和耐刮性良好。但 HDI 类固化剂还不能实现规模生产，原因主要有：原料依赖进口；HDI 的 2 个 NCO 基团具有相同的活性，容易发生聚合反应，生成深度聚合物，对生产工艺要求高；过量 HDI 单体的去除所需设备投资大、工艺难度大、成本高。因此，该类固化剂一般仅作为高档原料应用于高档涂料、飞机涂料、汽车涂料、军工领域及固体火箭推进剂和包覆层中等。IPDI 类异氰酸酯具有脂肪环状结构，其合成的固化剂涂膜干燥速度快、硬度高，具有较好的耐磨性和耐化学性，但由于其黏度较高，不易被多元醇组分所分散，其涂膜的流平性和光泽度不及 HDI 类固化剂。脂肪族异氰酸酯合成的聚氨酯固化剂性能优越，但其价格较昂贵，使其在国内的应用受到限制。

② 芳香族异氰酸酯。芳香族异氰酸酯的主要原料为甲苯，甲苯价格相对较低，并且制备的芳香族聚氨酯具有良好的力学性能。刘身凯等以 MDI 为原料，通过熔融聚合反应制备了用于地坪涂料的环保型聚氨酯固化剂，此固化剂低毒、快干，漆膜的韧性、耐冲击性及耐磨性能良好，综合性能优异。但芳香族水性聚氨酯固化剂也存在一些问题：一是苯环的存在，容易导致材料变黄，只能用于低档涂料和胶黏剂产品中；二是与脂肪族异氰酸酯相比，芳香族异氰酸酯具有较高的活性，与多元醇组分混合时，NCO 基团与水的反应速度较快，导致成膜过程中发生的副反应较多，影响涂膜效果和性能。聚氨酯固化剂的亲水改性常用方

法有外乳化法和内乳化法。外乳化法是直接将乳化剂加入其中，进行物理混合。外乳化法存在粒径大小差别大、相容性差、乳化剂成膜后容易游离于成膜物表面等问题，使得成膜物表面具有亲水性，涂膜的耐水性降低。因此，外乳化法只能应用于制备对耐水性要求不高的材料。内乳化法是在聚氨酯预聚体中直接引入亲水基团或含有亲水基团的扩链剂进行化学改性，制备出的固化剂与水混合后，分子中亲水基团朝向水相，不但可以保护 NCO 基团，且亲水基团的相互排斥能够使多异氰酸酯稳定地在水中分散；固化成膜后，成膜物中不存在游离的亲水性小分子，较外乳化法在耐水性、耐溶剂性及物理力学性能等方面均有明显改善。根据引入亲水基团的种类，亲水改性主要可分为非离子改性、阴离子改性、非离子和离子混合改性。

① 非离子改性。非离子改性一般是将含有环氧乙烷或环氧丙烷等亲水基团引入多异氰酸酯中。改性后的聚氨酯固化剂不仅具有一定的亲水性，并且剩余的 NCO 基团被包裹住，使其能够稳定地存在于水中。吴胜华等采用聚乙二醇单甲醚（MPEG）与 HDI 三聚体为主要原料制备了亲水性聚氨酯固化剂。测试结果表明：亲水单体 MPEG 平均分子量为 500，NCO 基团与羟基物质的量比为 6∶1 时，制备的水性聚氨酯固化剂性能良好。Lai 等采用 IPDI 与 TMP 反应，以 MPEG 为亲水性链，制备了水性聚氨酯固化剂，该固化剂显著改善了水性聚氨酯的结构与性能。

② 阴离子改性。阴离子改性后的聚氨酯固化剂 pH 值小于 7，能够延缓 NCO 基团和水的反应速度，从而延长使用时间。羧酸盐、磺酸盐、磷酸盐是常见的阴离子改性物质，通过引入含羧基或磺酸基等阴离子基团，再加入中和剂（如三乙胺、N-甲基哌啶或 N-甲基吡咯等）进行中和，制得能够稳定分散于水中的聚氨酯固化剂。

Laas 等以环己氨基丙磺酸和环己氨基乙磺酸为改性剂，制得亲水的聚氨酯固化剂。结果表明，此磺酸改性的聚氨酯固化剂不需要高剪切力就能够在水中均匀分散且具有很好的储存稳定性。纪学顺等采用新型的氨基磺酸与 HDI 三聚体反应改性聚氨酯固化剂。结果表明：在 N,N-二甲基环己胺与氨基磺酸物质的量比为 1.05、温度为 100℃、反应时间为 4h、氨基磺酸用量为 2.5%～3.0% 条件下，可制备出高性能、易分散的水性聚氨酯固化剂。

③ 非离子和离子混合改性。目前，聚氨酯固化剂亲水改性方法以非离子改性为主，但此法改性的固化剂耐水性差，而且具有结晶倾向；阴离子改性能提高耐水性但对 pH 有较高要求，而非离子和离子混合改性，则可克服上述缺陷。Laas 等用 HDI 三聚体、二羟甲基丙酸（DMPA）、聚（乙二醇-丙二醇）丁醚反应制得具有储存稳定性的水性聚氨酯固化剂，该固化剂不仅能降低结晶倾向，还能提高涂膜耐水性，具有良好的涂膜性能。

双组分水性聚氨酯是将多元醇组分与固化剂组分混合，混合后没有一次用完，则不能再继续使用，造成原料浪费，且固化剂组分中的 NCO 基团活性较高，常温下即可与大气中的水发生反应使其变质。若将 NCO 基团与某种封闭剂反应，制得常温下稳定的物质，使用时再通过加热使其恢复原来的异氰酸酯结构并与含羟基组分反应，既可得到原有聚氨酯又可以解决上述问题。封闭型固化剂在水中具有很好的稳定性，被广泛应用于水性系统中，但 NCO 基团活性很高，容易发生副反应，在解封温度较高时，会发生 NCO 基团的二聚、三聚，生成脲基甲酸酯或缩二脲等，所以开发低解封温度的封闭剂至关重要。

① 封闭-解封机理。封闭剂与异氰酸酯的反应是典型的亲核加成反应。这个反应过程可用两个机理解释：一是消除-加成机理，即在一定温度下，封闭型异氰酸酯分解为封闭剂和游离的异氰酸酯，其中游离的异氰酸酯继续与羟基组分反应生成双组分聚氨酯。二是加成-消除机理，即羟基与封闭的 NCO 基团配合反应形成四面体中间体，然后脱去封闭剂。

② 封闭剂的类型。常用于封闭水性聚氨酯固化剂的封闭剂有异丙醇、苯酚、己内酰胺、甲乙酮肟、咪唑、亚硫酸氢钠、丙二酸二乙酯等。一般根据解封温度和水溶性选择封闭剂。在封闭反应中，当 NCO 基团连有给电子取代基时，可以促进封闭反应的进行；而连有吸电子取代基时则可以促进解封反应的进行。

肟类封闭剂非常适用于脂肪族类异氰酸酯的封闭，其解封温度比醇类和酚类封闭剂低。王黎等以 TDI、TMP 为原料合成聚氨酯预聚体，以甲乙酮肟为封闭剂合成水性聚氨酯固化剂，结果表明，该固化剂储存稳定性良好且解封闭温度较低。钟燕等以异氰酸酯三聚体与 MPEG 为原料反应，再用不同的封闭剂封闭剩余的 NCO 基团，制备出可水分散的封闭聚氨酯固化剂，结果表明，当 MPEG 分子量小于 2000、以甲乙酮肟作为封闭剂时，制备出的封闭型水性聚氨酯固化剂黏度适中且稳定性良好。

随着水性聚氨酯的发展，水性聚氨酯固化剂也得到了迅速发展。但水性聚氨酯固化剂仍面临的一些问题，如异氰酸酯中 NCO 基团易与水发生反应生成 $CO_2$，残留在涂膜中影响涂膜的外观和降低装饰性能；亲水基团的过多引入会导致涂膜的耐水、耐化学性差，适用期短；在施工过程中封闭剂解封温度较高等。因此，制备水分散性能好、解封温度低的高性能水性聚氨酯固化剂是今后的重点研究方向。

# 八、超支化树脂

超支化树脂，具有类似球形的、紧凑的高度支化的大分子结构，分子链不易发生缠结，可以用作高固低黏的涂料树脂，而其作为单纯的涂料树脂，在常规溶剂中的溶解性不是很好，其涂膜机械综合性能也不是很理想。因此，需要改性才能获得具有工业应用价值的超支化涂料树脂。下面以氟碳超支化醇酸树脂的制备为例，了解其合成及性能特征。

合成超支化树脂，并采用化学接枝的方法把油酸、含氟单体全氟辛酸引入到超支化大分子中去，得到了氟碳超支化醇酸树脂。虽接枝了部分含氟单体，但仍然具有超支化树脂球形结构，树脂溶液有着较低的黏度，可以制备成高固低黏的涂料树脂，减少溶剂用量，保护环境，节约能源；引入油酸和氟碳链后超支化醇酸树脂的溶解性也得到了解决，同时具备了氟碳涂料的一些优良性能。

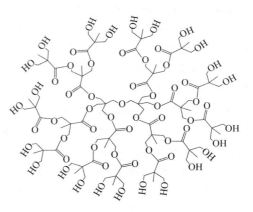

图 2-5 超支化树脂 HP

超支化树脂大分子虽然有着球形结构，可以做成高固低黏的涂料，但是其溶解性不是很好，不能溶解在常规溶剂中，所以需要引入柔性链段，从而增强其溶解性，而加入含氟单体可以使超支化树脂进一步功能化，从而满足特种需求。利用超支化大分子中大量的端羟基来设计改性，一部分羟基接枝脂肪酸引入长链从而增强其溶解性，另外还可以起到降低成本的作用，一部分羟基接枝含氟单体使其功能化，因为成本很高，所以考虑到这种共接枝的办法可以同时解决这两个问题，剩下的一部分羟基用作交联固化基团。

氟碳超支化醇酸树脂的合成：以双季戊四醇为核、二羟甲基丙酸为单体合成超支化树脂 HP，结构示意图如图 2-5 所示。

　　超支化树脂通过接枝柔性链分子可提高其在有机溶剂中的溶解性。油酸为十八碳单不饱和脂肪酸，其含有一个双键，碘值较低，属不干性油，具有较长的碳链，所以用油酸改性的树脂都具有优良的成膜性能，光泽丰满，较好的柔韧性，抗冲性好，用油酸改性后的超支化树脂可溶于二甲苯、醋酸丁酯等常规溶剂中，便于应用。

　　制备工艺：在装有回流冷凝管、搅拌器、分水器、温度计的四口烧瓶中加入计量比的超支化树脂 HP、油酸、全氟辛酸和二甲苯，加入少许催化剂，加热至回流，反应 5～6h，得到酸值（以 KOH 计）低于 20mg/g 的产物，即得氟碳超支化醇酸树脂 HPF，其化学反应式示意图如图 2-6 所示。

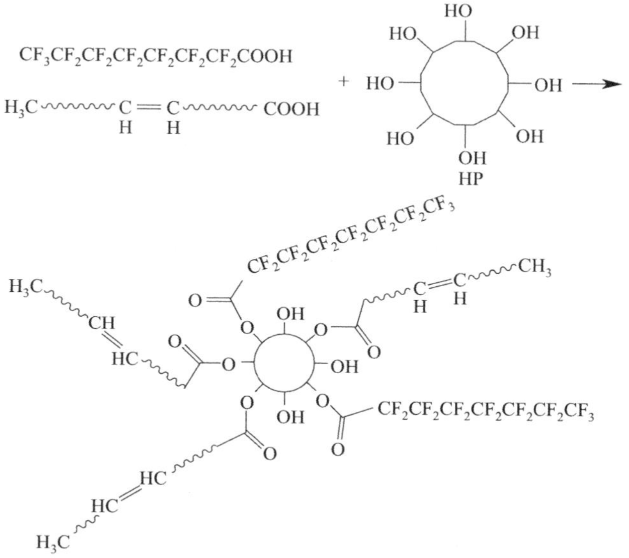

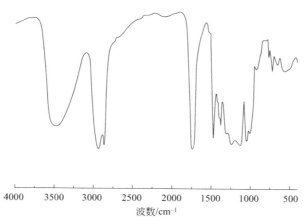

图 2-6　氟碳超支化醇酸树脂化学反应示意图

　　合成的氟碳超支化醇酸树脂 HPF 的 IR 谱图如图 2-7 所示，谱图中含有羟基缔合峰 3500cm$^{-1}$，酯基的羰基峰 1730cm$^{-1}$，同时在 1125cm$^{-1}$、1162cm$^{-1}$ 和 1302cm$^{-1}$ 出现了 —CF$_3$、—CF$_2$ 吸收峰，而不含有羧基羰基峰。表明油酸、全氟辛酸已经完全接枝到超支化聚酯上，并且有未反应完的端羟基。

图 2-7　氟碳超支化醇酸树脂 HPF 的 IR 谱图

将接枝率相同的氟碳超支化醇酸树脂 HPF 溶于醋酸丁酯中，得到淡黄棕色透明溶液。测定其黏度与固含量的关系曲线，如图 2-8 所示。

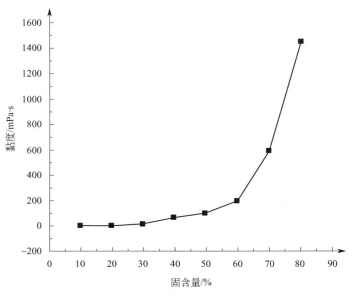

图 2-8　HPF 树脂溶液固含量与黏度的关系

由图 2-8 可以看出，当 HPF 树脂溶液固含量在 50% 以下时，溶液黏度低于 100 mPa·s；当固含量低于 60% 时，黏度低于 200mPa·s；当固含量高于 70% 时，溶液黏度也不高于 600mPa·s；当固含量高于 80% 时，溶液黏度迅速增加，但整体上氟碳超支化醇酸树脂要比相同分子量、相同固含量的线型树脂黏度要低得多。因为氟碳超支化醇酸树脂的分子结构仍然具有三维球形结构，分子间不易缠结，故氟碳超支化醇酸树脂适合作为高固体分功能涂料。

# 九、混合涂料树脂

为了满足不同底材上涂层的各种性能，涂料树脂需要不同树脂共混，如醇酸/氨基、醇酸/环氧、环氧/丙烯酸等。随着涂料工业的发展和对涂料性能的要求愈来愈高，新的涂料树脂共混体系不断出现，如聚酯/丙烯酸、氟碳/丙烯酸、丙烯酸/有机硅（有机/无机杂化树脂），以及自分层涂料、液晶接枝树脂等，已成为涂料树脂发展的方向之一。

一般来说，不同树脂间共混效果，对各方面的性能有很大的影响。首先，对于液体涂料，可能的影响有以下几方面：

① 树脂的溶解性。混合树脂在有机溶剂中的溶解性与单一树脂是不同的。需要调节溶剂的溶度参数，改变混合溶剂的组成，才能得到透明的树脂溶液。

② 树脂溶液的黏度。相同浓度下，混合树脂的黏度与单一树脂的黏度往往不同，原因比较复杂，与树脂结构、分子量、组成比例等有关，要仔细调节，否则会对施工造成影响。

③ 树脂溶液的储存稳定性。共混树脂的溶液体系，在储存时有可能出现相分离，导致沉淀，或是溶液不均匀。也可能在储存过程中发生凝聚态结构的变化，从而导致性能的变化。

其次，从涂层物理性能考虑，可能影响以下几方面：

① 涂膜的外观。共混树脂涂料，在干燥过程中，由于树脂收缩率不同，可能重新产生相分离，使干燥涂膜产生橘皮、涂膜不平整、消光等漆病。

② 涂膜的抗冲击强度、硬度、划伤性与防腐蚀等性能。树脂共混的目的是期望能产生性能上的正协同效应，达到满意的综合性能，如共混效果不佳，可能产生负协同效应，结果适得其反，这对功能性涂料尤为重要。

值得说明的一点是固化剂的加入，如某种固化剂在单一树脂中有良好的溶解性，但在混合树脂中有可能溶解不佳，影响固化效果，最终导致涂膜性能不好。同样涂料助剂如催干剂、抗橘皮剂、流平剂等与混合树脂也有相容性的问题，否则会影响使用效果，应仔细选择与配合。

树脂（聚合物）相容性的基本概念：与高分子材料应用的聚合物相比较，涂料用树脂有其自身的特点。一般来说，热固性树脂分子量比较低，通常在10000以下，分子链上带有官能团，常为非晶聚合物，固化过程中通过官能团之间化学反应交联成膜，这些都有利于不同树脂间共混，提高其相容性。从几种不同聚合物共混的相容性考虑，大致可有以下3种情况：

① 完全不相容体系。无论采用何种方法进行混合，如混炼或溶液混合，最终得到的共混物都是分相的，只能体现各自聚合物的性能，不产生协同效应。在高分子材料中常作为复合材料使用。涂料产品中，利用这种性质开发出自分层涂料，一次施工可同时得到底漆和面漆，避免使用中涂，有利于节能和环保。

② 完全相容体系。也称均相体系。不同树脂之间达到分子水平接触，是可将一种树脂视为溶剂，另一种视为溶质的溶液体系。由于高分子之间的相互溶解很困难，这种体系在高分子材料中比较少，典型的有聚苯醚/聚苯乙烯、聚氯乙烯/丁腈橡胶等共混物。这种体系往往产生协同效应，是开发新材料的途径。可是这种体系在涂料中已经应用了几十年，最典型的就是醇酸/氨基体系。由于涂料树脂分子量比较低，分子中带有很多极性基团，分子间相互作用力强，比较容易达到均相体系。醇酸树脂就是具有容易与多种树脂相混合的特点，广泛应用于与其他树脂配合，产生好的协同效应，提高涂料的综合性能。

③ 部分相容体系。这是最复杂的也是最值得研究开发的一类体系。从相图上分析（见图2-9），很多情况下二组分体系，当其中一个组分含量很少时，可以形成均相，随着含量的增加，相容变得困难，导致相分离。相容性与温度有关，一般情况下，温度升高，相容性好，低温时容易相分离。研究的目的是寻找室温下的亚稳态区的比例，及其与性能的关系，以产生正协同效应，获得优良的涂膜性能。这种体系形成微观相分离的合金结构。应指出，不同树脂间的混合，亚稳态区的组成是不同的，即使在树脂比例相同的情况下，采用不同的助剂配方和不同的工艺技术，得到的共混效果会有很大的区别，从微观结构（形态学）上可观察到这一点，在性能上也就有差别。

表征聚合物共混的相容性，常用的方法有测定玻璃化温度（$T_g$）和电镜观察。例如，从图2-10对试样A/B共混物的$T_g$测定结果可以发现，如完全不相容体系，分别为各自的$T_g$，如完全相容的均相体系，则为单一的$T_g$；如部分相容体系，2个$T_g$相互靠近，一般来说，2个$T_g$靠得近，相容性就好。但对于部分相容体系，情况复杂，相容性好坏程度与相容效果，只依靠测定$T_g$是不充分的，还需进行形态观察和性能测定。而且涂料树脂常为热固性，交联成膜，用差热分析（DSC）或动态黏弹谱仪（DMA）测定，往往比较困难，需要适当的制样方法。同时，全面的性能考察才能最终评价共混的效果。

提高共混树脂相容性的方法：丙烯酸（酯）混合单体存在下，使用自由基引发剂，与不饱和聚酯树脂接枝反应，得到不饱和树脂/丙烯酸树脂接枝共聚物，经加胺成盐，可制备水分散体涂料。从 DSC 测定可呈现有 2 个玻璃化温度，但 SEM（扫描电镜）对涂膜试样观察，发现具有极好的相容性（图 2-11）。同时具有良好的涂膜物理性能。

聚酯-酰胺结构的超支化聚合物，与聚氨酯预聚体反应，得到两相结构的杂化涂料，同时可制得水分散体，从 SEM 可清楚观察到

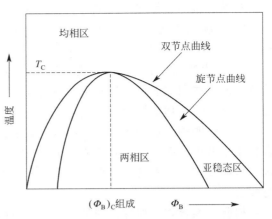

图 2-9　两相共混混合自由能与组成的关系

连续相和分散相，见图 2-12。分散相的粒径约为 50nm，可见具有极好的相容性，并可获得良好的涂膜性能。

提高不同树脂间的相容性还有多种方法。在涂料树脂制备或配方中，可利用加入增容剂（涂料助剂）来提高相容性，它是一种界面剂，结构中两头分别亲不同的 2 种树脂，使一种树脂很好地分散于另一树脂中。使用不同类型的固化剂，使两种树脂分别交联，形成互穿网络树脂，得到多相结构，可避免进一步相分离，从而获得性能上正协同效应，提高涂料的物理性能。

涂料科技的发展为涂料产品质量与性能的提高提供坚实的基础。近些年来，在涂料基础研究上取得了跳跃式的进步，主要表现在从性能要求出发，进行合理的分子设计；应用现代的仪器设备对结构进行表征，深入了解结构与性能的关系；从材料科学的角度，研究干燥涂膜的物理性质，如静态与动态的黏弹性、表面抗划伤性、防腐蚀性以及光性能和电性能等，势必推动涂料产品的开发与性能的提高。

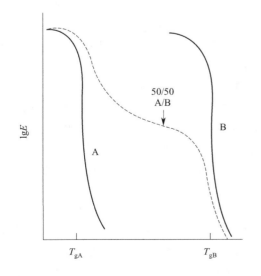

图 2-10　A 与 B 两相共混时玻璃化温度变化

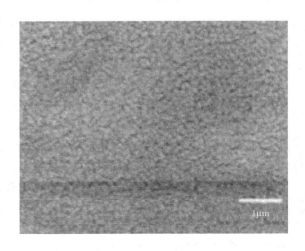

图 2-11　不饱和聚酯接枝丙烯酸涂料涂膜的 SEM 形态

# 十、可控自由基聚合技术合成涂料树脂

可控自由基聚合技术（CRP）作为一种能够实现对产品分子结构控制的新型聚合方法，对于合成高性能树脂和高分子助剂而言，具有特别重要的意义。

可控聚合是指在高分子合成过程中借助新型聚合方法实现对高聚物组成及分子结构的控制。自 1920 年 Staudinger 第一次全面阐述高分子化合物的链聚合机理至今，高分子合成技术给材料领域带来了崭新的变化。现有的涂料用合成树脂根据合成方式可分为加聚类和缩聚类，其中加聚类树脂是通过烯类单体的加成聚合得到的，传统的加聚反应主要有自由基聚合和离子聚合，其中自由基聚合反应条件较稳和，工艺控制相对简单，是目前加聚类涂料用合成树脂的主要合成方法，现有的丙烯酸类、氟碳类、聚烯烃类树脂都是通过该方法得到的。这种传统的自由基聚合方法的产品成本低，适用范围广，但是由于该方法很难在配方和工艺上实现对高聚物分子结构的控制，产品分子量分布宽，核心有效成分低，很难满足一些高性能方面的要求。可控聚合技术成为树脂合成的重要热点。

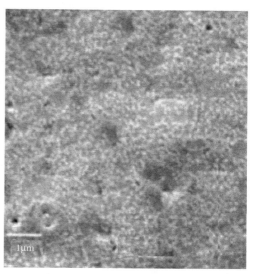

图 2-12　聚酯-酰胺超支化聚合物
接枝聚氨酯 SEM 形态

（1）可控自由基聚合机理

可控自由基聚合（controlled radical polymerization，CRP）作为一种新型的聚合方法，之所以能够成功实现对分子结构和组成的控制，主要原因在于其聚合反应的机理有别于传统的自由基聚合（如图 2-13 所示）。

在传统的自由基聚合中，高分子链的形成过程由 4 个基元反应组成：链引发、链增长、链转移和链终止。

对于单一分子链来说，链引发是一个相对漫长的过程，而一旦发生引发，分子链将通过单体的加聚反应而快速增长，并迅速发生链转移或链终止，成为一条失去反应活性的"死链"。由于传统自由基聚合中高分子链在很短的时间内形成，每一条分子链从链引发，到链增长，再到链终止都是相互独立的不可逆过程，产物的分子量分布只符合统计学原理，分子结构和组成也杂乱无序，因此，通过传统的自由基聚合方法很难实现对产物分子量分布和分子结构的控制。

传统自由基聚合机理

链引发　$| \xrightarrow{h\nu} 2R\cdot$

　　　　$R\cdot + M \longrightarrow RM\cdot$

链增长　$RM_n\cdot + M \longrightarrow RM_{(n+1)}\cdot$

链转移　$RM_n\cdot + M \longrightarrow RM_n + M\cdot$

链终止　$RM_n\cdot + RM_m\cdot \longrightarrow RM_{(m+n)}\ R$

　　　　$RM_n\cdot + RM_m\cdot \longrightarrow RM_n + RM_m$

可控自由基聚合机理

链引发　$| \xrightarrow{h\nu} 2R\cdot$

　　　　$R\cdot + M \longrightarrow RM\cdot$

链转移　$RM_n\cdot + M \rightleftharpoons RM_n + M\cdot$

链增长　$RM_n\cdot + M \rightleftharpoons RM_{(n+1)}\cdot$

链终止　可以始终保持活性

图 2-13　自由基聚合机理示意

与传统自由基聚合不同的是，可控聚合在反应机理上虽然也由链引发、链增长、链转移、链终止 4 个基元反应组成，然而它的链引发相对而言是一个快速完成的过程，也就是说所有的分子链在引发阶段就已经站在了同一起跑线上，而链增长和链转移又是一个缓慢而可逆的过程，换而言之，也就是说一起引发的分子链在链增长阶段又以相同的速度实现链增长，正是由于这种可逆的反应机理使得所有高分子活性链的增长和终止处于一种彼此关联的动态平衡中，这种平衡能够最大限度地确保聚合产物的均一性。正是由于可控聚合的这种动态平衡机理，聚合产物的分子量大小和单体转化率之间有严格的线性关系，从而可以通过配方和工艺设计很好地控制产品的分子量大小及其分布。

在可控聚合过程中，高分子自由基并不像传统自由基聚合那样在很短时间就通过链终止和链转移而失活，而是在整个聚合过程中都能保持增长活性，因此，在共聚反应时，通过配方和单体添加工艺的调整能够实现对共聚产物分子组成和分子结构的控制。也正因为可控聚合过程中，高、大分子链从始至终都能保持增长活性，可控自由基聚合也被称为活性自由基聚合（LRP）。

（2）CRP 主要技术类型

随着高分子合成技术的不断发展，能够实现可控聚合的方法越来越多，目前报道的方法根据控制机理可以分为 3 类（见图 2-14）：①稳定自由基聚合（stable free radical polymerization，SFRP）；②原子转移自由基聚合（atom transfer radical polymerization，ATRP）；③可逆加成-断裂链转移自由基聚合（reversible addition-fragmentation chain transfer，RAFT），下面对它们各自的反应机理进行简单介绍。

稳定自由基聚合（SFRP）：在稳定自由基聚合体系中，稳定自由基 T· 与增长自由基 $P_n$· 发生偶合形成休眠种 $P_n$-T，休眠种 $P_n$-T 在接受外界能量后又可逆分解产生稳定自由基 T· 和增长自由基 $P_n$·，这样就实现了增长链自由基的可逆终止，见图 2-14，从而所有的聚合物链等概率地均匀增长，达到了控制分子链结构和分子量的目的。最早在 20 世纪 70 年代末 80 年代初，澳大利亚的 Rizzardo 等首次以 TEMPO（2,2,6,6-四甲基哌啶氮氧自由基）产生的稳定自由基 T· 成功实现稳定自由基聚合，并以此开发出更多的氮氧稳定自由基聚合（nitroxide mediated polymerization，NMP），除此之外，金属有机稳定自由基聚合也属于此类，聚合过程中的稳定自由基来源于金属配合物，如甲基卟啉钴（Ⅱ）配合物（TMPCoⅡ）和乙酰丙酮合钴（Ⅱ）配合物 Co(acac)$_2$。

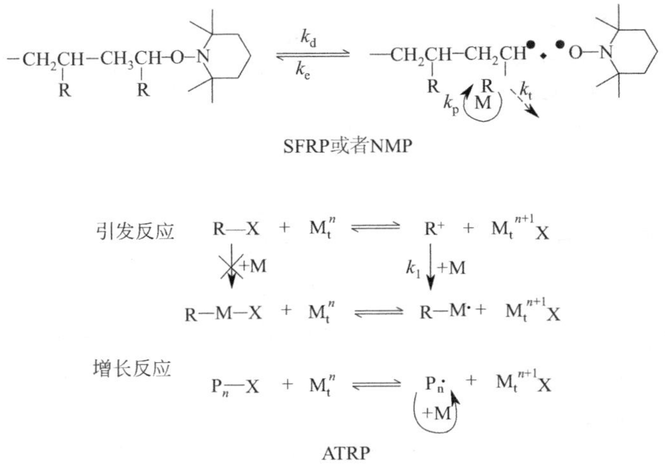

SFRP或者NMP

ATRP

图 2-14 可控聚合机理示意图

目前的稳定自由基聚合主要适用于苯乙烯类单体，适用范围较窄，且反应所需的氮氧化合物价格不菲，因此该方法尚未得到广泛应用。

原子转移自由基聚合（ATRP）：原子转移自由基聚合的概念源于有机化学中的过渡金属催化原子转移自由基加成（atom transfer radical addition，ATRA），ATRA 是有机化学中形成 C—C 键的有效方法。ATRA 的研究对象是卤原子怎样能顺利地加成到双键上去，而加成物中的卤原子能否成功地转移下来则是 ATRP 所要解决的问题。根据 Matyjaszwki 和王锦山提出的概念，典型的原子转移自由基聚合，以简单的有机卤化物为引发剂，过渡金属配合物为催化剂，通过氧化还原反应，在活性种与休眠种之间建立动态平衡，实现对聚合反应的控制，见图 2-14。卤化物中的卤原子不断在卤化物（$P_n$—X）和过渡金属配合物（X—$M_t^{n+1}$/L）之间转移，形成一个自由基活性种（$P_n \cdot$）和大分子有机卤化物（$P_n$—X）休眠种之间的可逆平衡。热力学上，平衡趋向于休眠链端基一边，以保持较低的稳态自由基浓度，并同时减少双基终止；动力学上，活性链与休眠链端基之间交换十分快，以保持交换的低分散性，从而达到"活性"/可控的原子转移自由基聚合过程。原子转移自由基聚合是一个催化过程，催化剂 $M_t^n$ 及 $M_t^{n+1}$—X 的可逆转移控制着活性种 [$P_n \cdot$]，即链中止速率与链增长速率之比 $R_t/R_p$（聚合过程的可控性），同时快速的卤原子转换控制着分子量及其分布（聚合物结构的可控性），这就为人为控制聚合反应提供了方便。

ATRP 自从发现以后，引起了人们极大的兴趣并得到了迅速发展。ATRP 研究的焦点主要集中在新的 ATRP 聚合体系、经 ATRP 构筑新的结构规整的聚合物及其新材料等方面。

可逆加成-断裂链转移自由基聚合（RAFT）：RAFT 机理是由澳大利亚的 Rizzardo 在1998 年第 37 届国际高分子学术讨论会上提出的。RAFT 是通过链自由基的可逆链转移来实现可控聚合。众所周知，在传统自由基聚合中，不可逆链转移副反应是导致聚合反应失控的主要因素之一。但当链转移剂的链转移常数和浓度足够大时，链转移反应由不可逆变为可逆，聚合行为也随之发生质的变化，由不可控变为可控。RAFT 成功实现了可控聚合的关键是找到了具有高链转移常数和特定结构的链转移剂——双硫酯（ZCS2R）。与 TEMPO 体系一样，RAFT 过程的活性种源于经典引发剂的热分解，增长链自由基向双硫酯分子中的C＝S 键可逆加成，断裂 S—R 键，形成新的活性种 R·，能有效地再引发聚合，如图 2-15所示。

与 TEMPO 体系不同，RAFT 适用的单体范围较广，不仅适用于苯乙烯、（甲基）丙烯酸甲酯、醋酸乙烯酯、丙烯腈等单体，还适用于功能单体，如丙烯酸、苯乙烯磺酸钠、甲基丙烯酸-$\beta$-羟乙酯等。RAFT 可在温和条件下进行本体、溶液、悬浮及乳液聚合。同样，RAFT 也存在一些问题，如链转移剂（双硫酯类）商品试剂少，制备过程复杂，需多步有机合成；RAFT 存在聚合物的纯化（脱色）问题；RAFT 同样存在聚合物分子量的

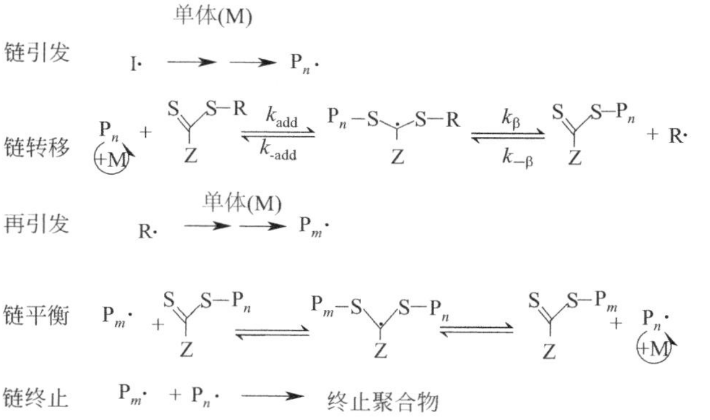

图 2-15 RAFT 反应机理

限制，因为在一定单体浓度下，要得到分子量较高的聚合物，必须降低链转移剂的浓度。显然，这是以牺牲聚合控制为代价的。总之，RAFT 过程继承了自由基聚合的优点，摒弃了其不利因素。迄今为止，在已发现的"活性"/可控自由基聚合体系中，RAFT 是最具工业化前景的控制聚合之一。

CRP 技术在涂料树脂合成中的应用主要集中在以下几个方面：①合成高固体分、低分布的双组分丙烯酸树脂；②合成具有特殊分子结构的功能型树脂；③合成固含量高、粒径均匀的聚合物乳液。

高固体分丙烯酸树脂的合成：对于低分子量的涂料树脂而言，分子量分布对产品性能的影响变得尤为重要。这是因为双组分涂料树脂的分子链上需要有能够在固化时与固化剂进行交联反应的官能团，如羟基，如果树脂的分子量分布较宽，树脂中较短的分子链上可能就不具有能够参与反应的官能团，从而导致这些分子不能参与成膜反应，最后以独立分子的形式游离在漆膜中，影响漆膜的物化性能。除此之外，分子量分布较宽还可能导致树脂黏度偏高。因此，对于高固体分丙烯酸树脂而言，分子量分布的宽度是衡量产品性能的重要指标。可控自由基聚合技术正是为合成这类高固体分丙烯酸树脂而量身打造的。

以羟基丙烯酸树脂为例，2 种树脂产品的 GPC 表征结果表明，2 种方法得到的丙烯酸树脂数均分子量均为 3100，但在分子量分布上差别较大，通过 GPC 检测传统聚合方法得到的产品分布较宽，为 1.93，而通过 ATRP 得到的产品分子量分布为 1.26。

为考察分子量分布对产品性能的影响，首先对 2 种树脂产品的黏度进行比较。可知，固含量相同的 2 种丙烯酸树脂在相同条件下测得的旋转黏度有明显的差异：通过传统自由基聚合得到的样品 A 黏度偏大，为 1.8Pa·s，而通过 CRP 得到的样品 B 黏度为 1.5Pa·s，换而言之，也就是说在同样的配方体系中，以样品 B 得到的油漆将具有更好的施工性。

分子量分布除了对黏度有明显的影响外，通过树脂标准板的性能测试试验还发现分子量分布对产品的漆膜性能也有很大的影响。将样品 A 和样品 B 分别配制成清漆，并喷涂于覆有白色底漆的马口铁板上，膜厚均为 25μm，并对所得到的标准板硬度和耐酸性进行比较，由结果可得到，在相同膜厚的前提下，通过 CRP 技术得到的样品 B 硬度达到 2H，高于通过传统聚合法得到的样品 H。

2 种产品在耐酸性能检测中的区别更加显著，室温条件下，将样板 A 和样板 B 浸泡于浓度为 0.1mol/L 硫酸水溶液中，经 30d 后，样板 A 已经被大面积腐蚀，外观较差，而通过 ATRP 得到的样板 B 仍然保持较好的外观。由此可见，通过 CRP 技术得到的高固体分树脂在施工性能和漆膜性能方面都比传统聚合产品更具有优越性。

聚合物乳液的合成：随着环保要求的日益提高，越来越多的油性涂料产品将会被水性产品所取代，因此水性体系中的可控聚合也是近年来的热点研发领域。随着技术的不断发展，可控聚合法已被成功应用于乳液聚合、微乳液聚合等领域。乳液聚合体系是目前制备水性涂料的主要品种，传统的乳液体系一般以水作为连续相，包含有高于临界胶束浓度的乳化剂，水溶性的引发剂（如过硫酸钾），以及由单体液滴组成的油性分散相（尺寸为 1~20μm），见图 2-16。通过聚合反应后单体分散相转变为由聚合物组成的乳胶粒子。该体系目前在木器漆中的应用最广，但是随着环保要求的日益提高，乳液体系开始推广到其他涂料体系当中，成为水性涂料中的重要一支。乳胶漆的产品性能，乳液体系的稳定性都与乳胶粒子的粒径及其分布密切相关，粒径越均匀，体系黏度越小，乳液稳定性越好，因此，如何合成出粒径均匀的乳胶粒子，是乳液聚合的发展需求。正是基于乳液体系对乳胶粒子均一性的需求，CRP 技术被引入到了乳液聚合体系中。

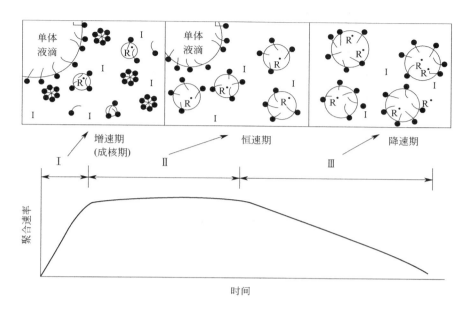

图 2-16 乳液聚合动力学过程示意

乳液聚合的主要特点是在聚合反应过程中，大分子自由基被隔离在相互独立的乳胶粒子内，因此，每一个乳胶粒子都是一个独立的本体聚合反应单元。在传统的乳液聚合体系中，水相中的引发剂在聚合过程中迁移到包裹有大分子自由基的乳胶粒子当中，从而与大分子自由基发生链终止或链转移反应，为了最大限度地降低分子量分布宽度，要求尽量避免引发剂迁移的发生。因此，在乳液可控聚合中要求引发剂加入量不能过多，并采用迁移能力较弱的大分子引发剂来引发聚合。

Georges 等在以 PVA 为乳化剂的水性体系中，以 TEMPO 封端的聚苯乙烯作为大分子引发剂，合成具有粒径为 40~80nm 的聚甲基丙烯酸丁酯（PBMA）乳液，该乳液产品不仅粒径分布窄，而且比传统自由基聚合得到乳液产品具有更好的储存稳定性。

20 世纪 80 年代 Okubo 提出通过种子乳液聚合实现"粒子设计"的新概念，其主要内容包括异相结构的控制、异形粒子官能团在粒子内部或表面上的分布、粒径分布及粒子表面处理等内容，而 CRP 技术的发展正好为"粒子设计"提供了技术基础。为了得到粒径更为均匀的乳胶粒子，Kagawa 等首次以 CuBr/Nbpy 作为催化剂，通过 ATRP 聚合得到 PBMA 的活性链，并以此为乳液种子，在此基础上合成具有 PSt/PBMA 嵌段结构的苯丙乳液，得到粒径分布更窄的乳液体系（见图 2-17）。此后人们总结出一套借用 ATRP 技术进行种子乳液聚合的新方法。该方法首先通过 ATRP 微乳液聚合得到粒径较小且分布均匀的微乳胶粒子（20~30nm），然后该产品作为第二步乳液聚合的种子引发第二份单体发生聚合，得到粒径较大的乳胶粒子（粒径大于 100nm）。通过该方法得到的聚合物乳液储存稳定性比传统乳液聚合产品更高，成膜温度更低，同时，漆膜的硬度更高，耐污性更好，该方法适用于绝大多数单体的种子乳液聚合，并可在此基础上通过配方设计合成结构多样的产品以满足对产品性能的不同需要。

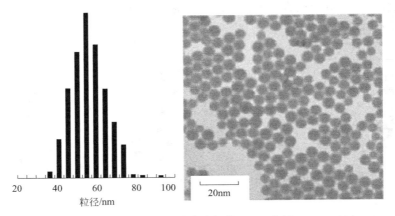

图 2-17　苯丙乳液粒径的 TEM 表征

# 第二节　颜　料

## 一、颜料分类与结构

### 1. 颜料分类

　　颜料就是能使物体染上颜色，在涂料中能够均匀分散，但并不溶于介质中的粉末物质。颜料根据化学成分可分为有机颜料和无机颜料，包括偶氮颜料、酞菁颜料、多环颜料和其他颜料。无机颜料是由各种金属氧化物和盐组成的矿物性物质，如钛白粉、氧化铁、锌系、铬系、钼系颜料及防锈颜料等；金属颜料，铝粉、银粉、铜粉及多角效应颜料等；有机颜料包括酞菁类、偶氮类、喹吖啶酮类、二噁嗪类、异吲哚啉酮类、苯并咪唑酮类、吡咯酮类、喹酞酮类、稠环菲系颜料等；碳素材料，炭黑、石墨、石墨烯、碳纳米管、富勒烯，属于无机颜料范畴，但其特性与有机颜料类似。根据来源可分为天然颜料和合成颜料；着色颜料根据色谱可分为红、橙、黄、绿、蓝、白、黑等。

　　随着颜料的不断发展，人们越来越重视对功能性颜料的研究、开发与应用，包括珠光颜料、荧光颜料和热敏颜料。

### 2. 颜料结构

　　见图 2-18。

　　（1）颜料的物化性能

　　包括：着色力、遮盖力、耐光性、耐热性、耐酸碱性。在涂料工业中，颜料主要起三个方面的作用：一是通过不同色系的相互搭配或配色，提供多彩的装饰效果；二是能够赋予涂膜遮盖力，通过着色使涂膜对装饰性底材具有良好的覆盖与遮盖；三是提高涂膜的耐光性、耐热性和耐化学品性，并提高颜料在涂膜中使用的长效性。

　　由于颜料的物化性能不同，会影响涂料的着色力、遮盖力、耐久性和耐用性。

　　① 着色力。着色力又称着色强度，是某一颜料与白色颜料混合后形成颜色强弱的能力。着色力是颜料对光线吸收和散射的结果，且主要决定于吸收，吸收能力越大则着色力越强。通常来说，有机颜料的着色力比无机颜料的要高，主要原因有以下两个方面。

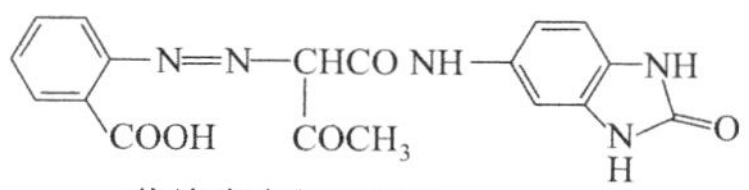
苯并咪唑酮 PY151

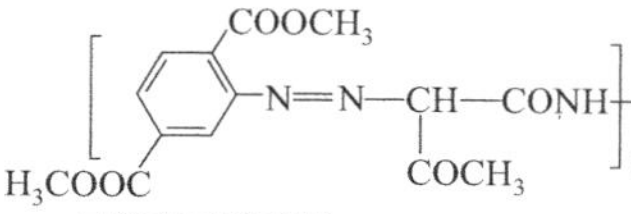
乙酰基乙酰芳胺 PY155

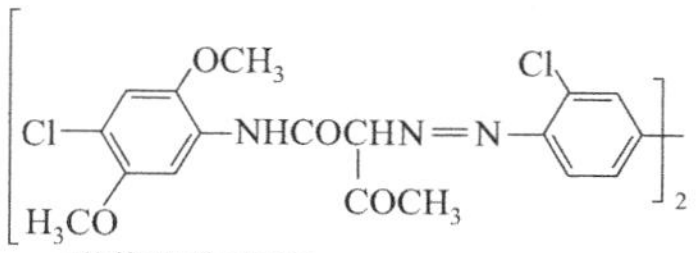
联苯胺黄 PY83

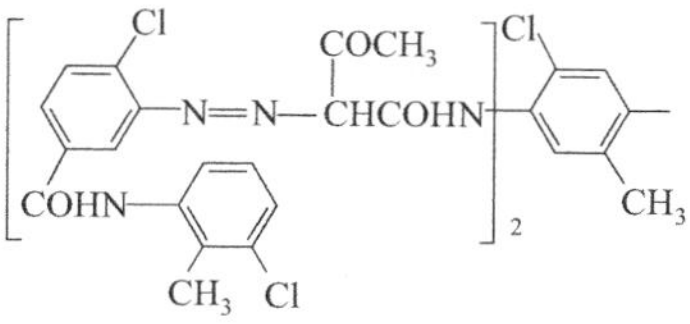
汉沙黄 PY93

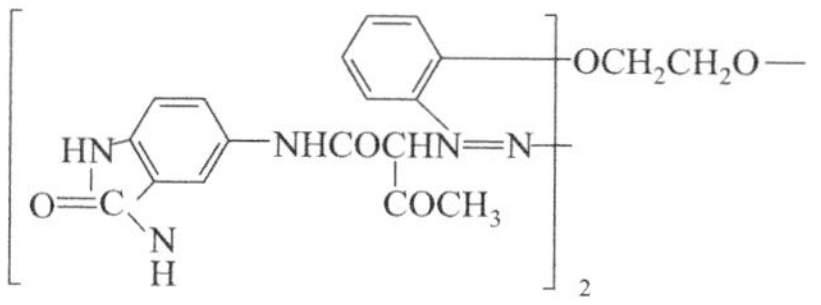
苯并咪唑酮 PY180

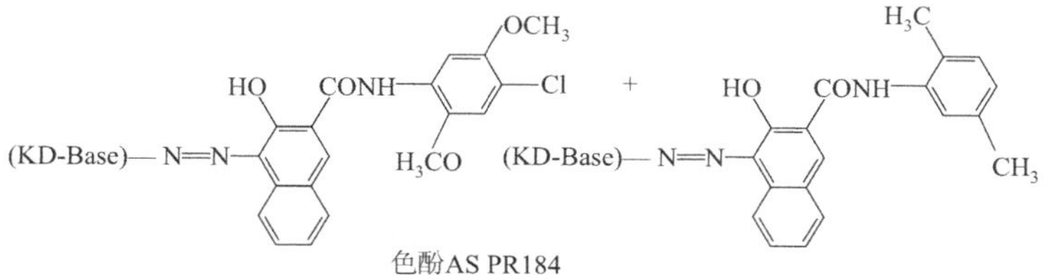
色酚AS PR184

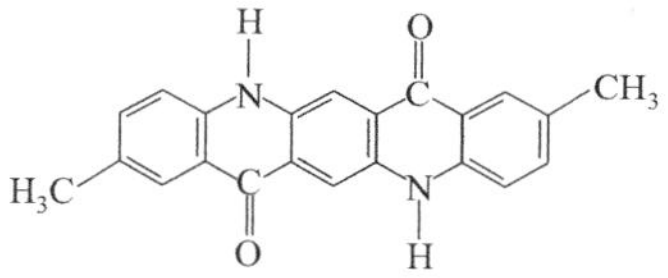
喹吖啶酮 PR122

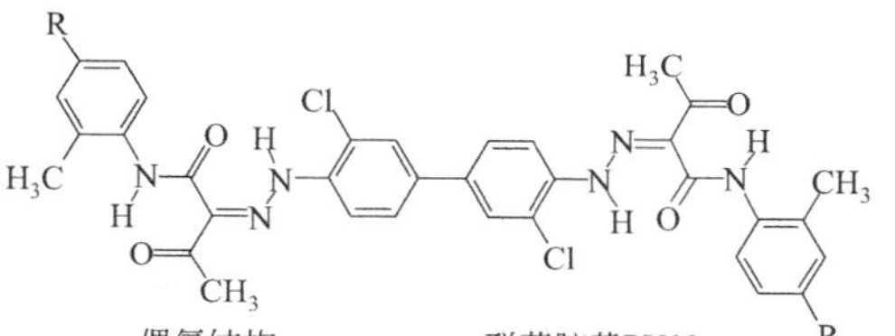
偶氮结构　　联苯胺黄PY13

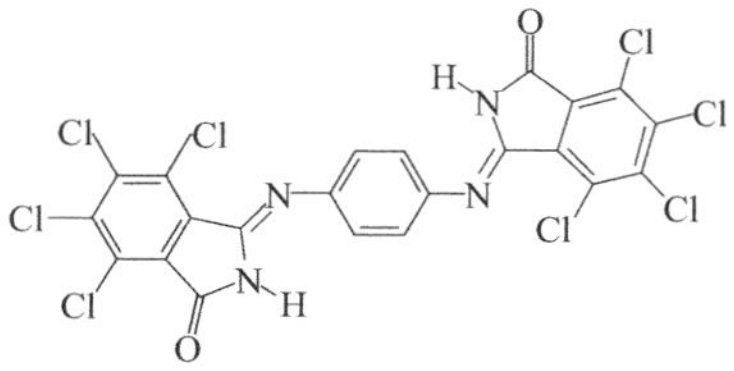
异吲哚啉酮 PY110

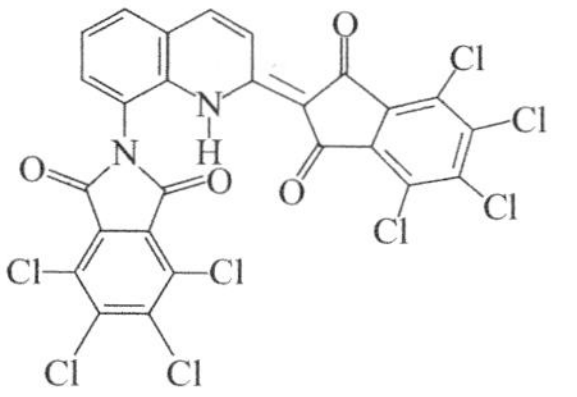
喹吖酞酮 PY138

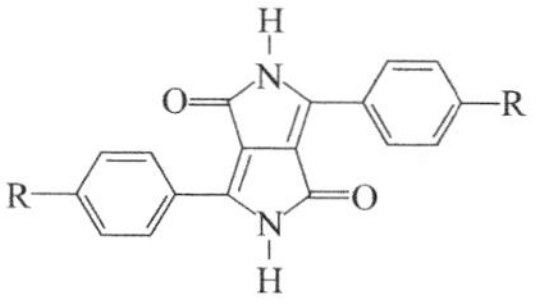
吡咯酮 DPP红

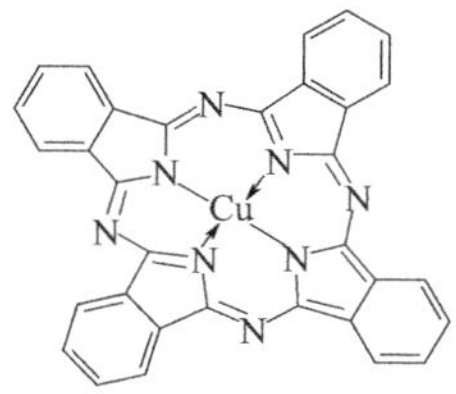
酞菁结构

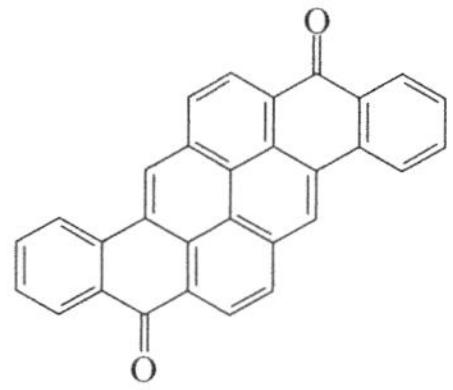
稠环结构

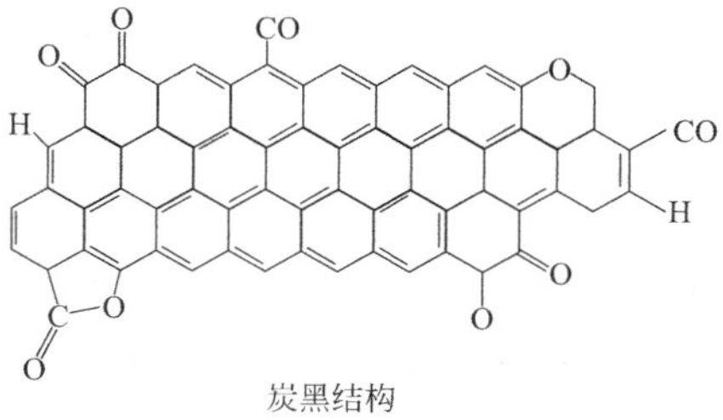
炭黑结构

图 2-18　颜料的结构

a. 有机颜料对可见光的吸收能力比无机颜料的强。

(a) 化学结构不同，有机颜料的分子结构中具有共轭双键和发色基团，而无机颜料没有。

(b) 发色机理不同，有机颜料发色是分子结构共轭双键的电子通过选择吸收可见光能从基态跃迁到激发态，使颜料产生的是互补色；无机颜料发色是所有化学元素都由环绕着（负）电子的正原子核（质子）组成，电子在固定的能级旋转，无机颜料通过吸收能量（例如太阳光），电子能从基态跃迁到激发态，从激发态到低能级的跃迁产生一系列发色谱线，当这些谱线的波长处于可见光范围内时就能看见颜色。无机颜料发射光的强度比有机颜料共轭双键产生光的强度要低。

（c）吸收波长范围不同，有机颜料吸收波长范围为 $0.38\sim0.78\mu m$，覆盖了整个可见光区；无机颜料吸收波长范围为 $0.20\sim0.40\mu m$，主要在紫外光区和部分可见光区。

b. 着色力的强弱和颜料在涂膜中的分散程度有关。

（a）平均粒径不同，使颜料具有最大着色力的平均粒径为 $d_{max}$ 时，如颜料的平均粒径 $d_{平均}>d_{max}$，$d_{平均}$ 越小颜料分散得越好，着色力就越强；当 $d_{平均}<d_{max}$，则 $d_{平均}$ 越小着色力反而越低，这是因为当 $d_{平均}$ 越小时体系的比表面积越大，表面能越高，颜料在涂料中易团聚或絮凝，因此分散性变差，着色力降低。由表 2-9 可知，无机颜料中的颜料红 101 和颜料黄 42 的平均粒径比有机颜料中的颜料红 22 和颜料黄 3 要小很多，而比表面积又大很多，所以颜料的分散性相对弱，着色力相对差；虽然无机颜料中的颜料蓝 28 的平均粒径比颜料蓝 15:3 还要大很多，比表面积又小很多，但由于彩色有机颜料对可见光吸收能力较强，并且平均粒径在 $d_{max}$ 附近时，依然具有比彩色无机颜料更大的着色力。而无机颜料黑 7 是例外，它对光线的吸收（全吸收）能力最强，当它的平均粒径越小时，比表面积越大，黑度越高，着色力越强。

表 2-9　颜料的物化性能

| 物化性能 | 颜料红 22 | 颜料黄 3 | 颜料蓝 15:3 | 颜料红 101 | 颜料黄 42 | 颜料蓝 28 | 颜料黑 7 | 颜料白 6 |
|---|---|---|---|---|---|---|---|---|
| 平均粒径/$\mu m$ | 0.11 | 0.48~0.57 | 0.07~0.09 | 0.01~0.05 | 0.01~0.02 | 1.00~1.50 | 0.01~0.02 | 0.20~0.30 |
| 密度/(g/cm³) | 1.30~1.47 | 1.60 | 1.55~1.65 | 5.24 | 4.00 | 3.80~4.54 | 1.80~2.10 | 3.84~4.26 |
| 比表面积/(m²/g) | 45~55 | 6~12 | 33~63 | 38~90 | 98~105 | 8~10.1 | 150~300 | 80~120 |
| 折射率 | 1.676 | 1.650 | 1.380 | 2.940~3.220 | 2.300 | 1.740 | 1.600~2.000 | 2.720 |
| 耐光性/级 | 5 | 5~6 | 7~8 | 7~8 | 7~8 | 8 | 8 | 8 |
| 耐热性/℃ | 140 | 150 | 200 | 260 | 150 | 1200 | 250 | 700~1000 |
| 耐酸性/级 | 5 | 5 | 5 | 4 | 4 | 5 | 5 | 5 |
| 耐碱性/级 | 2 | 5 | 5 | 5 | 5 | 5 | 5 | 5 |

（b）密度不同，由表 2-9 可知，彩色无机颜料的密度是彩色有机颜料的 1~4 倍；粒子密度越大，越容易发生沉降，彩色有机颜料由于密度小，在涂料中的分散性和悬浮性较好，随着涂膜的干燥显示出较强的着色能力。所以，将同等质量分数的彩色有机颜料和彩色无机颜料所形成的涂料进行着色力的效果对比时，彩色有机颜料比彩色无机颜料能展现出更高的着色力和更强的着色强度；或者说，在涂膜中获得同样着色强度时，由于彩色有机颜料比彩色无机颜料的着色力要高，所以彩色有机颜料的相对用量就少。

② 遮盖力。遮盖力是指颜料加在透明基料树脂中使之成为不透明涂膜，完全遮盖被涂装饰物表面使其不露底色的能力。遮盖力也是颜料对光线吸收和散射的结果，一般主要决定于散射（但黑色颜料除外，对光的高吸收使它也具有很强的遮盖能力）。颜料和基料树脂的折射率之差越大，则遮盖力越强，若折射率相等时就是透明的。通常来说，彩色无机颜料比

彩色有机颜料的遮盖力要高。

以涂料常用的 6 种树脂的折射率为例，氟碳树脂为 1.512、丙烯酸树脂为 1.442、环氧树脂为 1.544、有机硅树脂为 1.500、醇酸树脂为 1.402、聚氨酯树脂为 1.440；由表 2-9 可知，彩色有机颜料中的颜料红 22 和颜料黄 3 的折射率略大于上述树脂的折射率，所形成的涂膜虽然能覆盖装饰物表面，但遮盖能力相对较弱；而颜料蓝 15：3 的折射率小于基料树脂的折射率，所以表现为透明型，则起不到遮盖的效果；彩色无机颜料的折射率是相应彩色有机颜料的 1.26～2.00 倍，所以彩色无机颜料与基料树脂形成的涂膜表现出较强的遮盖力，有助于提高涂膜对装饰物表面的覆盖。

颜料的遮盖力也与其粒径大小有关，高折射率的颜料在同等条件下具有较强的遮盖力，且遮盖力受粒径影响较大。当颜料粒径较大时，遮盖力并不大，随着粒径减小，遮盖力增加；当颜料粒径达到某一临界范围时，可得到遮盖力最大值，此后随着粒径减小遮盖力下降。对于白色颜料而言，当颜料平均粒径相当于可见光波长（0.38～0.78μm）的一半时，颜料的散射力和遮盖力最强，而表 2-9 中颜料白 6 的平均粒径为 0.20～0.30μm，正好介于可见光波长的一半，所以颜料白 6 在常用的白色颜料中具有最高的遮盖力。由于无机颜料的折射率比有机颜料的高，平均粒径比有机颜料的小（颜料蓝 28 除外，它虽然平均粒径比较大，但仍具有高于相应的彩色有机颜料和树脂的折射率），所以无机颜料的遮盖力通常比有机颜料的要高。

③ 耐光性。颜料的耐光性是颜料或着色物经日光照射后，不发生褪色、变色或粉化的能力。颜料的化学组成与分子结构的稳定性对颜料在涂膜中的耐光牢度影响较大，并且无机颜料的耐光性整体比有机颜料的要好。

④ 耐热性。颜料的耐热性是指颜料不会发生褪色、变色甚至分解的最高温度。颜料的耐热性受分子结构与晶型结构的影响较大，其结果是影响颜料在涂膜中使用的寿命，而无机颜料的耐热性大多比有机颜料的要好。

⑤ 耐酸碱性。颜料的耐酸碱性是指颜料抵抗遇酸或遇碱溶液后沾色和颜料变色的能力。

（2）颜料选择原则

制备涂料前，应先根据客户的定色和用途来制定颜料的组合与搭配，力求选择着色力好、遮盖力高、耐光性与耐酸碱性好以及具有一定功能性的颜料。因此，选择颜料时需要注意：

① 选取平均粒径大、比表面积和密度小的有机颜料，有助于颜料在基料中的分散，提高涂料的着色力。

② 选取折射率高和平均粒径小的无机颜料，有助于提高颜料对可见光的散射，提高涂料对装饰物的遮盖力。

③ 选取化学组成与分子结构比较稳定的无机颜料，有助于提高颜料在涂膜中的耐光性，延长涂料的使用寿命。

④ 选取晶型结构稳定的无机颜料和分子结构中引入提高耐热性极性基团的有机颜料，有助于提高颜料的耐热性，延长涂膜的使用寿命。

⑤ 选取耐酸碱性级别较高的颜料，有助于防止涂膜遇酸或碱后颜料发生反应而变色。

⑥ 选取不同的功能性颜料，有助于赋予涂膜特殊的珍珠幻彩与金属质感的外观、不同色相的荧光现象及受温度影响变化而变色的功效。

⑦ 颜料表面特性，颜料表面电荷，永久结构电荷：源于矿物质中的晶格取代或晶格缺

失，表面带负电，如无机颜料；配位表面电荷：与颗粒表面的官能团相关，决定颗粒表面的电位离子，如 $H^+$ 和 $OH^-$；此外还有与表面官能团发生反应的专一性吸附离子形成的配合物表面电荷；离解表面电荷；源于自身的解离，颗粒表面具有酸性基团，解离后表面带负电；颗粒表面具有碱性基团，解离后带正电；在一定条件下，当颗粒表面电荷为零时，这时体系的 pH 值称为零电荷点。

⑧ 有机颜料粒子形态，有机颜料粒子以微晶、晶体、聚集体、凝聚体及絮凝物形态存在；把晶体、微晶称为初级粒子，不具有内部表面，对于光的散射、吸附起着决定性的作用；而凝聚体及絮凝体称为二级粒子，粒子之间具有空穴，在分散介质中可完全被分离为初级粒子。

颗粒粒径大小与其光学特性有直接关系，通常颜料粒子对光线的反射作用和晶体粒子与周围介质的折射系数之差有关，该折射系数之差愈大，对光的反射作用愈明显，其遮盖力、亮度增加。同时也影响颜料的润湿性能、耐光及耐溶剂性能。

颗粒粒子的大小、分布状态、表面物理特性都影响到润湿、色光、鲜艳、透明性、着色力及耐光、耐溶剂等应用性能。

颜料粒径在 $0.05\sim0.5\mu m$ 范围时，具有最佳的遮盖力、着色力和耐候性。

颜料分散的关键是要保证在颜料表面有足够厚度的牢固吸附层防止已分散的颜料粒子出现絮凝（返粗），取决于颜料的下列性质：

① 颜料表面的极性，即有无可锚定的基团；
② 颜料的粒径大小，即颜料本身的比表面积大小；
③ 颜料的表面处理工艺；
④ 颜料的 pH 值，往往会出现与基料的 pH 相克；
⑤ 颜料聚集体的内聚力大小，影响分散时的外加剪切力大小；
⑥ 颜料表面的多孔隙性，影响吸油量，润湿性；
⑦ 颜料表面的水分，润湿时需要置换；
⑧ 颜料表面的水溶性盐，影响分散时的吸附层，特别是水性体系。

# 二、颜料类型

到目前为止，钛白粉是白色颜料中消色力最强的一种不可替代的白色颜料，具有优良的遮盖力和着色牢度，适用于不透明的白色制品。

钛白粉是工业生产中非常重要的原料，其中涂料占比最大，约 60%（质量分数）。而在涂料产品中消耗钛白粉最多的是建筑涂料，占涂料使用量的 60%（质量分数）。其次是汽车、船舶、铁路车辆等交通设备。由此可见，建筑涂料的消费直接影响到钛白粉的需求，而建筑涂料的消费与房地产行业联系非常紧密。据相关统计显示，房地产行业对建筑涂料市场的影响滞后 1 年左右，房地产行业的发展可以作为钛白粉需求量的先行指标。房地产作为我国重要的经济发展风向标，直接影响到产业链相关产品的需求。此外我国商品房从签约销售到装修的时间间隔一般在 1 年左右，因此商品房的期房销售指标更能准确地反映出房地产行业对钛白粉市场需求的影响。

## 1. 钛白粉

颜料级钛白粉分为两种，一种为锐钛矿型，另一种为金红石型，这两种钛白粉在经过处理后在国际上被称为 R 型和 A 型。

颜料级钛白粉的折射率高，消色力也强，另外颜料级钛白粉不管是在遮盖力还是分散性方面都有非常突出的优势。此外颜料级钛白粉化学性能和物理性能也相当稳定，还具有非常突出的光学和电学性能。正由于颜料级钛白粉具有这么多优良性能，所以颜料级钛白粉不管在涂料还是在造纸等方面都得到了广泛运用。颜料级钛白粉在涂料中的应用所占比例是最大的，其中被工业广泛应用的是金红石型钛白粉。

在钛白粉折射率对比中，金红石型钛白粉折射率最高，钛白粉的折射率在一定程度上能够影响钛白粉的遮盖力。虽然钛白粉的遮盖力并不是由钛白粉的折射率单独决定的，但一般都是折射率高的钛白粉的遮盖力强。金红石型钛白粉具有稳定的结构，不仅化学活性小且耐紫外光，更重要的是金红石型钛白粉在室内不容易被粉化，它的光泽度也比锐钛矿型钛白粉要好得多。因此金红石型钛白粉被广泛应用在桥梁、汽车等外用涂料上，而锐钛矿型钛白粉很少使用，因为它容易被粉化，耐候性不强，因此锐钛矿型钛白粉基本被用在室内涂料上。

颜料的颜色分类非常多，白色颜料应用最为广泛。白色颜料在涂料生产过程中的用量非常大，其种类也非常多，锌白被广泛用在合成树脂涂料中，还有一种白色颜料叫做锌钡白，这种白色颜料不适合加入涂料中，因为这种白色颜料会与涂料中的游离脂肪酸发生反应，从而降低涂料的耐候性。

纳米级钛白粉的性能和相关作用如下：

① 利用纳米级钛白粉具有紫外线屏蔽的功能，纳米级钛白粉被广泛应用在防紫外线涂料制作过程中，在人们的生活中许多场所都需要避免紫外线照射，因此利用纳米级钛白粉具有紫外线屏蔽的功能制作防紫外线的涂料是非常必要的。遮阳伞布料表面就需要用到纳米级钛白粉，因为遮阳伞的布料表面需要涂上一层防紫外线的涂料，这样能够更好地防止紫外线对人们身体的直接照射。更重要的是纳米级钛白粉是一种无毒的颜料，因此它在人们生产和生活中的应用就更为广泛了。

② 吸收紫外线，纳米级钛白粉不仅能够对紫外线起到屏蔽的作用，而且可以在一定程度上吸收紫外线，因此许多浅色涂料在制作过程中都用到了纳米级钛白粉，另外这种钛白粉还可以提高建筑外墙的耐候性。

③ 效应颜料的作用，金红石型纳米级钛白粉在汽车外表面面漆上的应用非常广泛，它不仅能够有效地遮盖汽车外表面的不好光泽，而且可以给人们呈现更为精美的光效应。另外，在汽车的面漆上应用金红石型纳米级钛白粉可以让人们从不同的角度看到不同的光效应，从而满足人们的视觉需求。金红石型纳米级钛白粉在汽车涂料行业非常受欢迎，很多豪华汽车在外表面用漆选择上都会选用含有金红石型纳米级钛白粉的涂料，这种涂料不仅能够产生多彩的光效应，还能提高汽车面漆的耐候性。

目前我国生产钛白粉的企业规模相比国外钛白粉企业不够大，钛白粉的质量与国际先进水平有一定差距，我国要尽可能研发出更先进的生产钛白粉的技术方法，要让钛白粉更好地服务于涂料制作。

## 2. 有色颜料

（1）铁系颜料

铁系颜料在带锈防锈、建筑、高耐温、防腐蚀、高性能地坪等涂料中均有广泛的应用。铁系颜料的最新发展包括：包覆型氧化铁黄颜料、包覆型氧化铁红颜料以及高纯高着色氧化铁黑颜料。

铁系颜料是无机颜料的重要组成部分，有着广泛的用途。由于铁系颜料具备较好的耐候性、着色力等特点，并且相对经济环保，因此在涂料行业有着广泛的用途。

在铁系颜料中，铁红、铁黄和铁黑的应用相对广泛。铁红（$Fe_2O_3$），红色固体粉末，不溶于碱和水，溶于酸，如盐酸、硫酸等。由于其具有较好的遮盖力、着色力、水渗性等性质，广泛应用在防锈材料、橡胶工业、建筑、光学设备、皮革以及化学工业中的催化剂上。同时，其相对其他无机颜料而言成本较低，也是电子通信中磁性材料的原材料。

铁黄（$Fe_2O_3 \cdot xH_2O$），黄色固体粉末，$x$ 的值通常为 1，由于在实际生产过程中很难控制，导致水合程度不同，由于 $x$ 的值不同，使得铁黄的晶型和物理性质存在差异，色相也呈现出差异，从浅黄到深黄都有。铁黄通常被广泛应用在涂料、建筑、塑料、造纸等方面。铁黑（$Fe_3O_4$），黑色粉末，具有饱和的蓝墨光黑色，以优良的遮盖力、着色力、耐光性等特点而应用于涂料行业，同时由于其耐碱性，能和水泥混合而广泛应用于建筑行业水泥着色。

包覆型氧化铁黄颜料：包覆是指在粒子的表面吸附或包裹另一种或多种物质，形成核-壳结构，不同的物质包覆过程不同，其形成机理可分为化学键合、库仑引力、过饱和度理论等情况，包覆过程如图 2-19 所示。

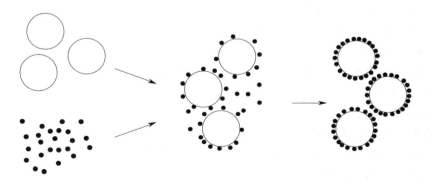

图 2-19　包覆过程示意图

包覆型氧化铁红颜料：氧化铁红颜料表面存在一定的酸碱性，因此在有机表面包覆改性上，可以使用一些具备酸碱性的有机化合物对其进行表面改性，常见改性物质如磺酸、硬脂酸以及季铵盐类化合物等。

聚丙烯酸盐中的羧基—COOH 与颜料晶格中的 Fe—O 键反应形成新的化学键，使得颜料表面得到充分包覆，对颜料进行改性（图 2-20）。

（2）铅铬颜料替代技术最新进展

铅铬颜料是含铅含铬的颜料的简称。其主要成分为铬酸铅，别名铬黄，是一种结晶体为亮黄色单斜晶系无机颜料。溶于强碱和无机强酸，着色力高、遮盖力强。其成分中因含铅与六价铬双重重金属，而被归入有毒物质。其色光随原材料配比和制备条件而异，主要规格有橘铬黄、深铬黄、中铬黄、浅铬黄、柠檬黄 5 种。广泛应用于涂料、塑料、油墨的铬酸铅颜料，色彩鲜艳、着色力高，但其所含的酸溶性铅铬离子会引起人们特别是少年儿童的铅中毒，会严重伤害人们的健康。

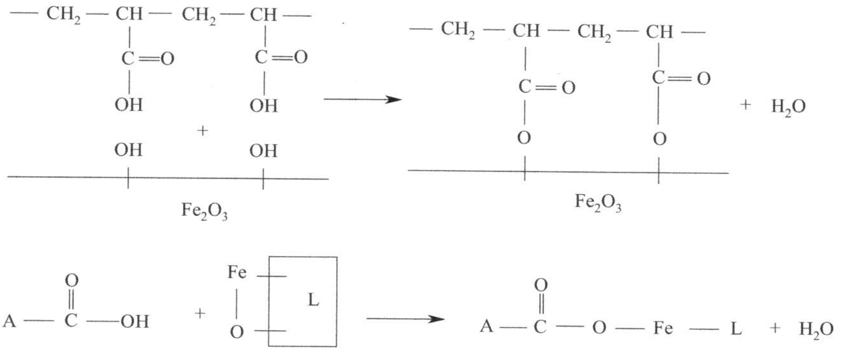

图 2-20　聚丙烯酸盐的—COOH 和铁红晶格中的 Fe—O 键形成化学键过程图

据联合国环境署报告，目前全球铅污染形势相当严峻，仅因铅暴露而导致全球经济损失近万亿美元，而尤以亚洲为甚，达到 6999 亿美元之巨。铅对人体健康危害极大，特别是对儿童，血铅超标可导致智商低下、行为失常等。全世界 2 岁以下婴幼儿发生的各类中毒事件中，铅中毒多达 75%，而 3～8 岁的幼童铅中毒占 46%。铅铬颜料是主要的铅污染源之一，也是引起人体酸溶性铅中毒的一个主要来源。

铬酸铅中的铬以铬化合物中毒性最强的六价铬状态存在。六价铬会引发口角糜烂、腹泻、消化紊乱、呼吸急促、咳嗽及气喘，短暂的心脏休克等疾病症状，并引起身体内脏器官毒性反应，严重的可诱发癌症。

铬酸铅颜料如今仍然在相当范围内应用于各种涂料、塑料与油墨等产品，而最终使用在与人们密切接触的交通、建筑、车辆、玩具、船舶及工程机械等众多领域。而随着铅铬颜料的危害性被人们逐步认识，国际国内正在制定法律法规以限制或禁止其使用。这就迫使生产商必须在许多方面弃用含铅铬颜料，而寻求改用最佳替代品。

在 2017 年 3 月份北京举行的南-南会议上，联合国环保总署和我国环保部联合提出了中国将在 2022 年全面禁止含铅颜料的使用。由于含铅颜料具有成本低、性能优异等优点，其替代难度极大，因此亟须开发创新无铅化颜料技术来应对重大环保问题。为了减少含铅颜料在各行业、各领域的应用，需要无铅颜料尽快替代与广泛推广。其中，铅铬黄的替代是含铅颜料替代的关键。我国已有湖南巨发科技有限公司等无铅颜料替代品生产企业，且部分大型塑料、涂料企业已使用无铅颜料，但大多数中小型企业因成本方面的考量，仍在使用含铅颜料。为减少儿童铅暴露及危害，国家目前正积极采取行动、制定相关法律法规，在涂料行业就制定了所有涂料总铅含量不超过 $90 \times 10^{-6}$ 的标准。

替代含铅的铬酸铅颜料（目前主要有铬黄、铬橙、钼铬红）的主要途径是开发全新的无铅颜料，但开发难度相对较大。这是因为铬酸铅颜料除有毒外，着色力高、色彩鲜艳，价格又相对便宜，具有很高的性价比。目前，取代含铅的铬酸铅颜料的途径主要有：①选用合适的有机颜料；②选取遮盖力高的无机颜料与合适的有机颜料相拼混；③采用一些新开发的无机颜料；④采用有机-无机复合颜料等。

有机颜料是替代含铅的铅铬颜料的重要途径之一，由于铅铬颜料色相集中在黄色、橙色和红色色谱范围，可替代的有机颜料也相应地在此范围内按产品用途进行筛选。不同应用场合下可取代铬酸铅颜料的有机颜料种类见表 2-10。

表 2-10　可取代铬酸铅等颜料的有机颜料

| 黄色 | 橙色 | 红色 |
| --- | --- | --- |
| 二芳基 | 联苯胺 | 偶氮红 2B |
| 苯并咪唑酮 | 联茴香胺 | 甲苯胺 |
| 异吲哚啉 | 偶氮缩合 | 偶氮缩合 |
| 四氯异吲哚啉酮 | 苯并咪唑酮 | 萘酚 |
| 偶氮缩合 | 吡唑啉酮 | 芘 |
|  | 二硝基苯胺 | 喹吖啶酮 |
|  | 二酮吡咯并吡咯 | 二酮吡咯并吡咯 |

与含铅的铬酸铅颜料相比，有机颜料具有更加丰富多彩的颜色品种，着色强度更高，颜色更鲜艳，而遮盖力和分散性则差些。如果需要提高遮盖力和分散性，可通过改善有机颜料的粒径与粒径分布，或者同遮盖力强的无机颜料（如金红石型钛白粉、钛镍黄、钛铬黄等）拼用。

联合国倡议 2022 年前禁用的含铅颜料，在我国黄色标志漆中仍在大量使用。黄色路标漆的水性化和无铅化必将是大势所趋。国际上著名的有机颜料如科莱恩、汽巴等厂商顺应环保要求，积极开拓创新，相继研发出全新结构的偶氮类有机颜料，改善了因替代含铅的中铬黄颜料而出现的分散问题，并富有较强的展色性，耐热性好，耐候、耐光性也非常优异，适合于热熔型标志漆。

（3）炭黑

炭黑由于具有优异的耐候性、耐化学品性、着色力等性能，已经成为涂料工业，尤其是建筑、汽车、船舶用涂料中不可缺少的黑色颜料，除此之外还可以作为调色颜料应用于灰色及其他颜色涂料的调色方案中。但是，炭黑具有稳定的化学性能，表面极性较弱，使炭黑颗粒分散难度大，即使通过研磨达到所需细度，在后期储存和使用过程中也容易产生絮凝等问题。

近些年来，超分散剂的出现使得炭黑稳定分散并作为颜料广泛应用于涂料领域。目前，国内的超分散剂产品主要有 WL-1、NBZ-3、DA-50 型超分散剂，用来降低炭黑颗粒粒径，提高涂料流动性和光泽。

## 3. 体质颜料

体质颜料是指起填充作用的无色或白色颜料，属于无机颜料范畴，俗名填（充）料。体质颜料在涂料、塑料、橡胶、文教用品、化妆品、造纸、搪瓷、陶瓷工业等方面具有广泛用途。体质颜料品种包括碳酸钙、硫酸钡（重晶石粉）、二氧化硅、高岭土、云母粉、滑石粉、硅灰石粉、石英粉、白云石粉、石膏粉等。体质颜料除广泛使用的碳酸钙、硫酸钡、二氧化硅等少数品种可化学合成以外，大部分属天然产品，经研细、分级为商品。

体质颜料的特点：体质颜料在涂料中起骨架作用，可以调节涂料黏度，控制涂料光泽，增加涂膜厚度，提高涂层的拉伸强度、耐磨性、耐久性和遮盖力。体质颜料还可以改进涂料的力学性能、加工性能和其他物理性能，如流动性、流平性、膜牢固性和透气性等。体质颜料使用目的在于提高涂料的固含量，降低涂料的 VOC 值，降低生产成本。一般体质颜料的价格都比其他无机颜料低，在涂料中体质颜料添加量比较大，不会使涂料质量大幅度下降。体质颜料的遮盖力与着色力均较低，能使外观消光，折射率为 1.5～1.6，与溶剂相似。

（1）碳酸钙

碳酸钙分重质碳酸钙和轻质碳酸钙。重质碳酸钙即天然碳酸钙，是由石灰石、方解石加工而成的粒径＜44μm 的微细粉末，含量可达 98％（质量分数），其生产工艺分干法和湿法2 种，干法生产的主要设备是雷蒙磨机，湿法磨碎的主要设备是球磨机，后来发展的气流粉碎生产工艺可得到超微细重质碳酸钙。轻质碳酸钙即沉淀碳酸钙，粉质更细腻，白度可达96％～98％，比表面积为 50m²/g，吸油量为 20％～45％，轻质碳酸钙是以石灰石为原料，用碳化法生产，先把石灰石煅烧生成氧化钙，与水反应生成氢氧化钙，再把净化的二氧化碳与石灰乳反应生成碳酸钙沉淀，然后脱水、烘干、磨碎或筛选得到成品。重质超微细碳酸钙和轻质碳酸钙经活化剂处理（干法和湿法）后，得到活性碳酸钙。

碳酸钙资源丰富，价廉、无毒、色白，在涂料中易于混合，性质稳定，用途很广。在底漆、腻子中可填平钢材、木材等被涂物的微孔和细纹，增强沉积性和渗透性，用量可达40％～70％；在厚漆中可使涂料增稠、加厚，起一定的填充和补平作用，用量可达 25％～65％；在面漆中用作消光填料，配制成半光漆，用量为 15％左右；在金属防锈涂料中用量为 30％左右；在建筑涂料中用量为 16％～20％；可提高塑料制品的强度、耐候性及加工性能；可用于提高纸张白度，用来制作铜版纸、卷烟用纸；可改善油墨性能。

（2）重晶石粉及沉淀硫酸钡

重晶石是主要含硫酸钡的天然矿石。颜料用重晶石粉为白色细粉末，密度为 4.40～4.50g/cm³，吸油量为 8％～12％，性脆，不溶于水和酸，具有玻璃光泽。重晶石粉还可用作橡胶、纸张和涂料的填料。重晶石粉的生产方法有粉碎法和矿石精制法。粉碎法是将天然重晶石矿经破碎磨粉得到重晶石粉；矿石精制法是将含硫酸钡在 95％ 以上的重晶石粉碎，经精制、活化处理等工序，制得重晶石粉。产品性能近似沉淀硫酸钡。

沉淀硫酸钡为无色斜方晶系晶体或白色无定形粉末，密度为 4.50g/cm³，几乎不溶于水、乙醇和酸，溶于热浓硫酸中，干燥时易结块。沉淀硫酸钡用作涂料、油墨、塑料、橡胶及蓄电池等的原料或填充剂，印相纸及铜版纸的表面涂布剂，纺织工业用的上浆剂等。沉淀硫酸钡的生产方法有芒硝-黑灰法和盐卤综合利用法。芒硝-黑灰法是硫化钡与除去钙、镁后的芒硝溶液混合，于 90℃进行反应，生成硫酸钡沉淀，经过滤、水洗、酸洗后，用硫酸调节 pH 值为 5～6，再经过滤、干燥、粉碎得到沉淀硫酸钡产品；盐卤综合利用法是将钡黄卤与芒硝反应，经酸煮、水洗、分离脱水、干燥得到硫酸钡成品。

（3）二氧化硅

用于体质颜料的二氧化硅包括气相二氧化硅、沉淀二氧化硅和硅溶胶。

① 气相二氧化硅。气相二氧化硅为二氧化硅含量＞99.8％的白色超细粒子，粒径 7～16nm，易分散，表观密度为 0.05g/cm³，相对密度为 2.2，折射率为 1.45，4％水溶液的pH 值为 4～6，比表面积达 200m²/g，具有增稠性、触变性、吸附性、与其他物质化学结合性及对橡胶的良好补强性等。气相二氧化硅用作橡胶补强剂、防止塑料薄膜黏结的开口剂、颜料的防沉降剂、涂料消光剂、黏度调节剂、医药赋形剂、催化剂载体及用于化妆品等。

气相二氧化硅在不饱和聚酯树脂中使用，能增稠，改变触变性能，在涂料中的主要作用是防沉降、增稠和触变。含金属颜料的涂料在存放过程中易产生沉淀，加入气相二氧化硅后，可使颜料粉末悬浮，降低沉淀速率、减少沉淀。如以氧化铁为颜料的醇酸树脂漆不加气相二氧化硅，3 天后底部沉积物可达 20mm 厚，若加 1％气相二氧化硅，醇酸树脂漆保存 6个月不产生沉淀。可提高涂料黏度，防止施工过程中流挂、滴淌现象及喷枪阻塞现象。添加在粉末涂料中可防结块、增加流动性，同时可用作涂料消光剂。

气相二氧化硅以燃烧法生产，将净化的四氯化硅、氢气与空气均匀混合气体送入燃烧室，在 1000℃ 左右由于氢气在空气中燃烧产生的水使四氯化硅高温水解生成二氧化硅，将含气溶胶状二氧化硅的燃烧气送入冷凝室，二氧化硅凝集成粒子，经旋风分离器分离，尾气经水洗排放，得到的二氧化硅经氨或干空气脱酸制得气相二氧化硅成品。

② 沉淀二氧化硅。沉淀二氧化硅别名白炭黑，为白色无定形微细粉末，质轻，原始粒径 $<0.3\mu m$，相对密度为 2.319～2.653，熔点为 1750℃。其吸潮后形成聚合细颗粒，具有很高的绝缘性，不溶于水和酸，溶于苛性钠和氢氟酸，高温不分解，有吸水性，具有多孔及较大的比表面积，与基质及添加剂等活性成分都具有良好的相容性。沉淀二氧化硅用作天然橡胶和合成橡胶的补强填料、合成树脂填料、油墨增稠剂、涂料中颜料的防沉淀剂和消光剂、车辆及金属软质抛光剂及乳化剂中的防沉降剂，还可用作农药载体和轻量新闻纸的填料。

沉淀二氧化硅的生产方法有盐酸分解法和碳化法等。盐酸分解法是先将水玻璃溶液和氯化钠溶液进行盐析，再用 31% 盐酸分解，沉淀出微粒硅胶，经水漂洗、脱水、干燥、粉碎、过筛，得到沉淀二氧化硅。碳化法是将硅砂与纯碱高温熔融，再将熔融物溶解，通入二氧化碳气体进行碳化中和 6～8h，用水洗涤，加入硫酸调节 pH 值为 6～8，进行第二次洗涤，脱水，干燥至含水量 ≤6%，粉碎至 200～350 目得沉淀二氧化硅成品。

③ 硅溶胶。硅溶胶为直径数纳米至百纳米的超微细颗粒分散在水中的乳白色胶体溶液，加热固化成硅胶，不燃、不爆、无毒。在胶体二氧化硅粒子表面的离子为水合型，因水分子覆盖具有亲水性。其溶于氢氟酸和氢氧化钠溶液，不溶于其他无机酸。硅溶胶作为涂料配合材料（内外墙水性涂料）可提高结合性、坚牢性、耐磨损性、耐污染性等。以硅溶胶为主要成膜物，合成树脂乳液为辅助成膜物，加入颜料、填料及各种助剂配制成有机-无机复合建筑涂料，室温可成膜，不用固化剂，耐水性好，涂层表面细密，硬度高，耐候性好，不产生静电，灰尘难于黏附，抗污能力强，阻燃性好，对于阻燃性能要求很高的高层建筑使用这种涂料最适宜。

硅溶胶的生产方法有离子交换法和硅粉法。离子交换法是将稀释水玻璃过滤除杂质后，经阳离子交换、阴离子交换调节 pH，经蒸发或超滤浓缩，制得硅溶胶；硅粉法是将蒸馏水与氢氧化钠加到反应釜中，升温至 65℃，加入一定量的氨水调整碱度，在搅拌下分批加入硅粉，控制温度在 83℃ 以下，加完硅粉后继续搅拌 2～3h，待 pH 值降为 9～10 时，取样分析，反应完成后搅拌冷却至 65℃，自然过滤得到硅溶胶产品。

（4）石英粉

石英粉为白色粉末，均为天然产品，按照来源不同分为无定形石英粉、晶型石英粉和硅藻土。无定形石英粉的主要成分是二氧化硅，高纯度石英粉二氧化硅含量可达 99.9%，但较为少见。无定形石英粉密度为 2.65g/cm³，吸油量为 29%～31%，比表面积为 3.50～4.50m²/g，莫氏硬度为 6.5～7.0，折射率为 1.540～1.550。晶型石英粉比表面积比无定形石英粉小，仅为 0.54～2.06m²/g。硅藻土含结晶水，密度为 2.00～2.30g/cm³，吸油量为 90%～150%，比表面积达 15m²/g，二氧化硅含量约 90%，含水约 4%，煅烧后含水降为 0.5%，比表面积下降至 3.0m²/g。石英粉价格低廉，介电性能优越，耐化学品腐蚀，防潮，主要用作制造涂料、塑料及橡胶制品的配料。超细石英粉用于填充橡胶，不影响产品物理性能，可降低产品成本。石英粉还可用于磨料。

石英粉的生产是将含石英的矿石经选矿、粉碎、研磨，再风选分级。石英中含氧化铁和二氧化锰杂质会影响产品色泽。有些品种用硅烷及钛酸酯进行表面处理以改善应用性能，也可通过超微粉碎获得超细品种。

（5）高岭土

高岭土是天然高岭石矿物，通常也称"瓷土"，分子式 $Al_2O_3 \cdot 2SiO_2 \cdot 2H_2O$，密度为 $2.58g/cm^3$，折射率为 1.56。高岭土产品有水合高岭土、煅烧高岭土、精制高岭土和活性高岭土等，其耐酸性、耐碱性、热稳定性好，大量用于造纸，在涂料、橡胶、塑料中用作填充料。

高岭土的生产方法较多，主要有空气浮选法、水沥滤法、精制法、煅烧法和表面处理法。空气浮选法是将干燥高岭石矿物用摆式磨粉机或万能粉碎机磨成细粉，通过分级装置，按细度的自然状态分级，选出不同品级的高岭土，与重质碳酸钙干法生产相同；水沥滤法是将高岭土矿与水配成悬浮液，用悬液分离器除去较大的砂粒（或用离心分级机分级），再用板框压滤机滤出水分（也可用真空吸滤机除去水分），然后干燥、磨粉、分级得到成品；精制法是在水沥滤法基础上，用物理和化学方法除去有色物质，使产品增白；煅烧法是以水沥滤类高岭土为原料，研磨后经过高温煅烧得到特殊白度的产品；普通高岭土用表面活化剂处理后，价格上升 2～10 倍，性能有较大改善。

（6）硅灰石

硅灰石为白色针状结晶或粉末，主要成分为硅酸钙，莫氏硬度为 4.5～5.0，密度为 $2.8g/cm^3$，折射率为 1.62，10%水浆 pH 值为 7.7，优质硅灰石杂质含量＜0.5%。硅灰石吸油量较低（20%左右），具有很高的填充量，能降低涂料成本，可提高涂料的耐磨性和耐候性，替代部分钛白粉，增加并长时间保持白色涂料的明亮色调。硅灰石针状结晶使其作为涂料良好的平光剂，改善涂料的流平性。硅灰石碱性大，作为涂料良好的悬浮剂，使色漆沉淀柔软易于分散。硅灰石在自清洁型涂料中作为增强剂。硅灰石具有改进金属涂料的防腐蚀能力。硅灰石用于水性涂料、底漆、中间涂层、溶剂型涂料以及路标涂料等。硅灰石用于塑料、橡胶等合成材料中，起到补强和填充作用，取代部分钛白粉和立德粉。硅灰石可改善合成材料的热稳定性能、介电性能、力学性能、吸水性能和染色性能等。

硅灰石粉是以天然硅灰石经水洗、干燥、粉碎、研磨、分级而得。

（7）合成硅酸钙

合成硅酸钙为白色粉末，分子式 $CaSiO_3 \cdot nH_2O$，密度为 $2.25g/cm^3$，折射率为 1.55，吸油量高达 310%。合成硅酸钙用于水性涂料，可增进涂料的遮盖力，可能由于合成硅酸钙颗料具有空隙，形成空气气泡，增加了界面折射率的差距。在涂料中它也是一种良好的平光剂。

合成硅酸钙的原料是天然硅藻土和石灰石。硅藻土经过初碎后，再进球磨机湿磨，得到硅藻土的细水浆，另将煅烧石灰石用水化成氢氧化钙水浆，2 种水浆以等物质的量比加入高压釜中，以蒸汽加热进行水热反应，所得产物经脱水、干燥、粉碎得到成品。

（8）硅铝酸钠

硅铝酸钠是无机合成产品，密度为 $2.1g/cm^3$ 左右，比表面积为 35～210$m^2/g$，折射率为 1.47～1.51，吸油量为 70%～180%。硅铝酸钠用作造纸的工业添加剂，增加纸张白度，提高印刷性能，节省部分钛白；在橡胶工业（浅色橡胶制品）中用作增强剂；在涂料工业中用来与钛白颜料配合使用，有效分散在钛白颗粒之间，充分发挥钛白的高遮盖力作用；其还用于食品、医药、化妆品、油墨等产品中。

生产硅铝酸钠的原料是硫酸铝和水玻璃。通过变动原料配比、溶液浓度、加料方式、反应介质、反应温度、终点 pH 及终点温度，制得各种具有不同组成及性能的产品。反应后的沉淀物经回转真空吸滤机过滤，然后湿磨使颗粒均匀，通过喷雾干燥得到成品。过滤母液蒸浓结晶回收副产品硫酸钠。

（9）滑石粉

滑石粉是天然产品，分子式 $3MgO \cdot 4SiO_2 \cdot H_2O$，原料来源不同，色泽为洁白或灰色，常见产品为有光泽的白色粉末，密度为 $2.70 \sim 2.85g/cm^3$，白度为 $75\% \sim 95\%$，折射率为 $1.54 \sim 1.59$，熔点为 1400℃，pH 值为 $8.8 \sim 9.5$，吸油量为 $23\% \sim 52\%$，莫氏硬度为1，质地很软。在造纸、涂料、塑料工业大量用作填充料，以改善产品性能。化妆品中需用特别细、色洁白的品种。我国有丰富的滑石粉资源，在国际市场占有重要地位。

滑石粉是将矿石经选矿后加工而成。一般采用浮选、沉淀、水旋分离、离心分离及磁选等工序，经喷雾干燥和精细研磨（气流超微粉碎），制成多种规格产品。

（10）云母粉

云母粉属天然产品，组成非常复杂，六方鳞片状单斜晶系，有玻璃光泽，无毒，莫氏硬度为3，折射率为 $1.552 \sim 1.570$，密度为 $2.76 \sim 3.20g/cm^3$。根据产地来源不同，有些品种含有不同金属盐，呈白色、黄色、浅棕色或粉金色，主要有白云母和金云母两大类。云母粉具有极佳的耐热性（可耐 800℃ 高温）和电绝缘性，耐酸碱。

云母粉取代铝粉用于配制防锈涂料，其片状结构在涂膜中形成交叉的封闭性良好的屏蔽，涂膜强度、抗渗透性、弹性都有一定的提高。还用于制作阻尼涂料和钛包膜的珠光颜料，是珠光颜料基体。

云母很容易剥离成厚度 $>1\mu m$ 的薄片，然后进行粉碎。粉碎方法有干法和湿法。干法粉碎采用棒磨机、高速锤磨等设备，超微粉碎用气流粉碎机进行分级。湿法是用球磨机加水研磨，再经分级、过滤、干燥得到成品。

随着涂料工业的发展，对体质颜料的性能提出了更高要求，体质颜料经过改性和精制，具有许多重要的物理特性。不同行业对体质颜料的指标要求不同，为满足不同要求，出现多种新的生产工艺，产品向专用化、功能化、多规格和系列化发展。现在有超微细体质颜料投入生产，超微细体质颜料产品和表面处理产品更能适应涂料和颜料行业的要求。超微细体质颜料的制备、表面处理及相关理化性能的研究作为一个新型学科已经形成，处于蓬勃发展之中，前景广阔。在涂料生产配方中，应充分考虑体质颜料的不同性能，按照产品的最终需要选择体质颜料，还要加强无公害和无粉尘体质颜料的研究和开发。

## 4. 功能性颜料

（1）珠光颜料

珠光颜料是由高折射率的金属氧化物薄层包裹片状的云母或石英构成。涂料中使用珠光颜料是利用它的光学性能，具体来说，珠光颜料的片状径向远大于厚度径向的面积，因而在涂膜中不仅平铺于基材表面，颜料间还会形成层叠状，由于云母或石英是透明的薄片，当光线照射在薄片时，有的光线在薄片表面形成直接反射，有的光线会透射过薄片再反射，有的光线甚至在薄片层间形成多次的透射-折射-反射。同时，由于金属氧化物是有色泽的包覆膜，不仅具有金属质感，还使得涂膜能呈现出珠光的幻彩效应。珠光颜料适用于高层写字楼、会展中心、酒店的建筑外立面，以及汽车涂料的装饰。

（2）荧光颜料

荧光颜料也是一种具有光学性能的颜料，通过吸收可见光和紫外线后，能把原来人眼感觉不到的紫外荧光转变为一定颜色的可见光，其总的反射光强度比一般普通有色物质的高，形成非常鲜艳的色彩。组成荧光颜料的主要元素有荧光染料、载体树脂和助剂。荧光染料是具有特殊结构的化合物，其结构是分子内或含有发射荧光的基团、或含有助色基团、或含有刚性平面结构的 π 键；载体树脂必须是含有强极性基团的树脂，并且与荧光染料具有良好的相容性；助剂用来提高荧光颜料与树脂的相容性和稳定性，防止颜料褪色。荧光颜料主要适用于具有反光装饰和安全警示提醒作用的地方。

（3）热敏颜料

热敏颜料是一种利用温度变化（升高或降低）影响颜色变化的特殊颜料，它分为两种类型：可逆热敏颜料和不可逆热敏颜料。

① 可逆热敏颜料　当颜料受热温度在100℃以内时颜色发生变化，温度降低时又恢复原色。影响可逆热敏颜料发生变色的因素包括失去结晶水、晶型转变和 pH 变化。

② 不可逆热敏颜料　由于受热温度高于100℃后，颜料发生了物理或化学变化，导致温度降低时无法恢复原色。影响不可逆热敏颜料的因素包括热分解、氧化、升华和熔融。热敏颜料适用于不宜采用测温仪测量温度状态和变化的地方。

（4）环境友好防锈颜料

全世界每年因金属腐蚀而造成的经济损失达到7000亿美元，约为地震、火灾、台风等自然灾害损失总和的 6 倍。在我国，由于金属腐蚀造成的经济损失约占国民生产总值的4％。因此，大力开发优异的金属腐蚀防护方法显得至关重要，其中防止金属腐蚀最有效、最常用的方法之一是在金属表面涂敷防腐蚀涂层。然而，传统的防锈涂料不仅含有大量有机溶剂，而且还含有许多有毒颜料，对环境造成了极大污染。随着环保问题成为人们日益关注的焦点，世界各国相继制定了一系列环保法规、法律和准则，限制了含有机溶剂和重金属的防锈涂料的应用，促使全球涂料业向低毒/无毒、对环境影响最小的方向发展。

José E Pereira da Silva 等通过溶液共混法，将樟脑磺酸盐或苯基磷酸盐掺杂的聚苯胺（PANI）和聚丙烯酸甲酯（PMMA）混合制得了环境友好的 PANI-PMMA 防锈涂料，其中，聚苯胺、樟脑磺酸和苯基磷酸的结构如图 2-21 所示。防锈机理主要包括两步：首先，Fe 和 PANI 发生氧化还原反应使 PANI 被还原而释放出阴离子；其次，铁离子和掺杂态的聚苯胺阴离子形成一层钝化膜阻隔腐蚀性离子的渗透。因此，当腐蚀性物质与涂膜表面接触时，掺杂的聚苯胺会及时释放出阴离子防止金属生锈。

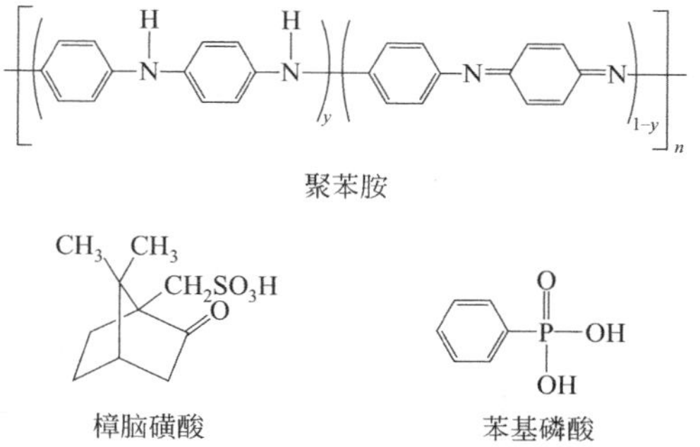

图 2-21　聚苯胺、樟脑磺酸和苯基磷酸的结构

涂料行业使用的防锈颜料中，红丹和锌铬黄防锈能力最强，使用也最多，但其含有的铅、铬等重金属对人类及其生存环境产生了极大危害。据研究，生产或使用过此类颜料的场合，其土壤中的重金属污染会持续 50 年以上。目前，发达国家已禁止或逐步限制使用含有大量重金属的防锈颜料。世界各国正努力进行环境友好防锈颜料的开发及其作用机理的研

究，以期使其防腐蚀性能达到其至超过重金属防锈颜料的防腐蚀性能。

① 纳米复合铁钛防锈颜料。纳米复合铁钛粉属于高效、无毒防锈颜料，重金属含量在 0.02％ 以下，应用在水性防锈漆中符合环保法规。纳米复合铁钛粉具有化学防锈和物理防锈双重防锈机理。通过无水聚磷酸盐中的磷酸根与钢铁表面铁原子生成不溶的固体磷酸铁络合盐，可隔绝水、氧、氯等，对钢铁起到化学防锈作用。纳米材料表面能很高，易与其他原子相结合，可增加涂层的致密性和抗离子渗透性，故对钢铁还起到物理防锈作用。此外，纳米复合铁钛粉可改善涂料的流变性，提高涂层附着力、硬度、光泽和耐老化等性能。Hayashi Kazuyuki 等采用 Fe、Ti 和 Li 的氧化物粉末复合制成了具有铁板钛矿结构的结晶态绿色颜料。该颜料无毒耐热，且具有优异的渗透力和耐紫外光性能。Natalia 等采用直接金属沉积技术制得了 β 型纳米复合铁钛粉，具有高开路电压（OCP）和低钝化电流密度。电化学研究表明，钛中掺杂少量的铁可明显提高其在 Hank 溶液中的耐腐蚀性，但铁含量过高时，由于形成了新的铁钛组分相，破坏了表面的 $TiO_2$ 钝化膜，使耐腐蚀性大大降低。此外，β 型纳米复合铁钛粉与 α 型钛铝粉和 α/β 铁钛铝复合粉相比具有更高的耐腐蚀性。金广泉等采用偶联剂对纳米 $TiO_2$ 进行分子修饰处理，再将处理后的纳米 $TiO_2$ 与磁铁粉进行混合，然后用振动磨进行复合加工处理，制得了防锈性能优异的环保型纳米复合铁钛粉。用纳米复合铁钛粉代替红丹应用到防锈涂料中，不仅附着力提高，而且其耐盐水、耐盐雾等性能指标超过红丹防锈漆数倍。

② 磷酸盐防锈颜料。磷酸盐防锈颜料价格低廉且环境友好，一直为国内外研究的热点。常用来代替铅和铬的环保型磷酸盐防锈颜料主要有磷酸锌、磷酸钙、磷酸铝、磷酸钛、磷酸锆、磷酸钼锌等，其防锈机理与铬酸盐相仿。Kalendova 等研究了环氧树脂涂料中不同磷酸盐防锈颜料的防锈性能。通过盐雾实验和耐化学品实验等方法比较无机磷酸盐非金属颜料和金属颜料的防腐性能发现：当防锈颜料体积分数（PVC）为 10％ 时，防锈功效由高到低依次为磷酸钼锌＞磷酸氢钙＞有机腐蚀抑制剂改性磷酸锌＞偏硼酸钙＞磷酸锌＞多磷酸铝锌＞铬酸锶＞锌粉；当 PVC 等于临界颜料浓度（CPVC）时，多磷酸铝锌＞磷酸钼锌＞磷酸锌＞有机腐蚀抑制剂改性磷酸锌＞磷酸氢钙＞锌粉＞偏硼酸钙＞铬酸锶。由此表明，无论现代磷酸盐类环境友好防锈颜料在涂料体系中浓度的高低，它们都具有与铬或锌粉相当其至更为优异的防锈性能，且铬酸锶的防锈性能与 PVC 密切相关，当 PVC 过高时防锈性能急剧下降，而磷酸锌及其他磷酸基颜料随 PVC 增加呈现出更好的防锈性能。Seth 等研究了含磷酸锌的丙烯酸-环氧-硅烷高性能底漆的防锈机理，如图 2-22 所示。当涂于铝上的该涂层被划刻并浸入质量分数为 3.5％ 的 NaCl 溶液中时，溶液中的 $Na^+$、$Cl^-$、$OH^-$ 和 $H^+$ 开始侵蚀被涂金属所有涂层，其中，水或电解液几乎不能渗进疏水性的环氧层，而对于亲水性的中涂层而言，水和电解液本可以渗透，但丙烯酸-硅烷层中的磷酸锌粒子能够及时移出到周围的盐溶液中形成饱和 $Zn_3(PO_4)_2$ 溶液，阻止电解质进一步渗入涂层，从而起到了优异的防锈功能。Hernández 等通过阻抗技术和拉曼光谱研究了水性涂料体系中磷酸锌铝（ZAP）防锈颜料的防锈机理。结果表明，含 ZAP 防锈颜料的水性涂料固化过程中，ZAP 与金属基底可发生化学作用形成具有阻隔性能的磷酸锌钠防锈层。

③ 三聚磷酸铝防锈颜料。三聚磷酸铝防锈颜料面世以来，以其不含重金属、防锈效果优异等特性成为红丹、锌铬黄等有害防锈颜料的理想替代产品，成为世界防腐蚀工程中采用的一种新型高性能防锈颜料。该颜料在涂料中能够解离出三聚磷酸根离子，反应式为：

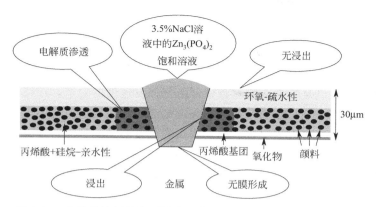

图 2-22　含磷酸锌颜料的丙烯酸-环氧-硅烷高性能底漆的防锈机理

$$AlH_2P_3O_{10} \longrightarrow P_3O_{10}^{5-} + Al^{3+} + 2H^+$$

其中，三聚磷酸铝的结构式如图 2-23 所示。

通过三聚磷酸铝的结构式可以看出，其解离出的三聚磷酸根离子含有 5 个活泼的—O—可以与金属阳离子交叉螯合，具有极强的捕捉金属离子的能力，比磷化处理用 $PO_4^{3-}$ 对带正电荷金属离子有更强的螯合力，能有效地封闭金属离子形成无机高分子错合体，钝化金属表面，起到化学防锈的效果。然后它再慢慢分解为致密的正磷酸皮膜，隔绝水分、氧气等与金属表面接触，起到隔绝防锈的效果。因而它具有

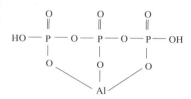

图 2-23　三聚磷酸铝的结构式

化学防蚀和隔绝防锈的双重效果。有研究报道，其防锈能力已经达到甚至超过传统的红丹、锌铬黄类重防锈颜料，更远远高于磷酸系、钼酸系、硼酸系等无公害防锈颜料。Kayazono 等将含有三聚磷酸铝和硼酸锌的无铅无铬防锈颜料添加到含有环氧树脂和固化剂的涂料体系中，制得了可涂覆于气体传输钢管内表面的高性能防锈涂料。Tsujita Takahiro 等利用含羧基聚酯树脂、羟基烷基酰胺、碳酸钙和三聚磷酸铝合成了具有优异耐候性和耐腐蚀性的粉末涂料，可应用于建筑材料、钢铁设备、家用电器等领域。此外，三聚磷酸铝作为一种无毒无公害的白色防锈颜料，在涂料中基本不显示颜色，可以自由调色，生产出不同颜色的防腐防锈漆，一改防锈漆颜色单调的缺陷。三聚磷酸铝的密度远小于含有重金属的红丹、锌铬黄等防锈颜料，在达到相同防锈效果时，用量远远小于其他防锈颜料，从而降低了总成本。因此，三聚磷酸铝在市场上具有质量、成本双重优势，具有十分广阔的应用前景。

# 第三节　溶　剂

## 一、溶剂的概念及功用特点

溶剂是一种可以溶化固体、液体或气体溶质的液体，继而成为溶液。在日常生活中最普遍的溶剂是水。有机溶剂是包含碳原子的有机化合物。溶剂通常拥有比较低的沸点，容易挥发或是可以由蒸馏来去除，从而留下被溶物。

在涂料配方的黄金时代，几乎所有的配方都是以溶剂为基础。当今的配方标准更强调降低挥发性有机化合物（VOC），因此具有最可能低的黏度和最高固体填充量的高效媒介物体

系，已经变得与能够实际涂覆为无缺陷的薄膜同等重要了。

根据涂料的施工特点及其干燥固化性能，要求溶剂有匹配的"时间-挥发量"规律，否则会严重影响涂膜的质量和涂料施工性。例如对挥发性漆，溶剂全部挥发涂层即干燥结膜，当溶剂挥发快时，涂层很快胶凝，不利于流平和操作，并且在潮湿低温天气下易使涂膜发白。一般单种溶剂很难满足涂料成膜过程中对溶剂挥发速度的要求，往往需要将不同挥发速度、多种性能的溶剂组成混合溶剂。溶剂的黏度是流体在流动中产生的内部摩擦力。其大小由物质种类、温度、浓度等因素决定。溶剂本身的黏度会影响到涂料的黏度、流平性、施工温度等性能。溶剂的表面张力强烈地影响涂层的流平性、润湿性、附着力等性能。电阻值反映了溶剂的电性能，也可以用介电常数、偶极矩来表示。溶剂的电性能影响涂料溶剂的溶解力、互溶性及化学性。

## 二、溶剂的分类及混合

### 1. 分类

涂料用溶剂一般有以下几种分类方法。

按化学结构分类。有烃类溶剂，醇、酯、酮、醚类溶剂，卤代烃溶剂，含氮化合物溶剂，以及缩醛类、呋喃类、酸类、含硫化合物等溶剂。

按溶剂的沸点分类。有低沸点溶剂，常压下沸点在100℃以下；中沸点溶剂，沸点在100～150℃；高沸点溶剂，沸点在150℃以上。

按溶剂的极性分类。极性溶剂指酮、酯等具有极性和较大的介电常数以及偶极矩的溶剂，非极性溶剂指烃类等无极性功能基团，介电常数、偶极矩小的溶剂。

按溶剂的溶解能力分类。溶剂指能单独溶解溶质，一般不包含助溶剂和稀释剂。

潜伏性溶剂单独不能溶解溶质，和其他成分混合使用时才能表现出溶解能力。例如醇类对硝化纤维素的溶解。

稀释剂对溶质没有溶解性，可稀释溶液又不使溶质析出或沉淀，有时也称非溶剂。例如甲苯、二甲苯、庚烷等烃类都可作为硝化纤维素的稀释剂。

一般蒸发速度非常慢的溶剂可作增塑剂。增塑剂由于蒸发速度慢，长时间停留在涂膜中起着软化、增塑作用。其软化、增塑效果除与增塑剂的分子、蒸发速度相关外，还要求与涂膜形成组分的相互溶解性大。涂膜受着增塑剂的影响，虽然使分子间引力、涂膜的玻璃化温度转化点有所降低，但能使涂膜的附着力提高，延伸弯曲性能增加。

涂料根据溶剂的特点分为溶剂型漆、无溶剂型漆、水性漆等。

涂料配方中溶剂按化学组成分为有机溶剂和无机溶剂。

有机溶剂的种类较多，按其化学结构可分为10大类：芳香烃类，苯、甲苯、二甲苯等；脂肪烃类，戊烷、己烷、辛烷等；脂环烃类，环己烷、环己酮、甲苯环己酮等；卤代烃类，氯苯、二氯苯、二氯甲烷等；醇类，甲醇、乙醇、异丙醇等；醚类，乙醚、环氧丙烷等；酯类，醋酸甲酯、醋酸乙酯、醋酸丙酯等；酮类，丙酮、甲基丁酮、甲基异丁酮等；二醇衍生物，乙二醇单甲醚、乙二醇单乙醚、乙二醇单丁醚等；其他，乙腈、吡啶、苯酚等。

酸性溶剂给出质子的能力强于接受质子的能力，如甲酸、硫酸等；碱性溶剂是接受质子的能力较强的溶剂，如乙二胺等；两性溶剂即给出质子和接受质子能力相当的溶剂，如水、甲醇、乙醇等；惰性溶剂是既不能给出质子也不能接受质子的溶剂，如苯、氯仿等。

溶剂的性能特点：溶解力，挥发速度，故常用沸点的高低来大致区分溶剂挥发的快慢。

溶剂按沸点的高低分为三类。低沸点溶剂：沸点低于100℃。如丙酮、乙醇、醋酸乙酯等。此类溶剂挥发快，有利于防止湿涂层的流挂。中沸点溶剂：沸点在100～150℃之间。如甲苯、醋酸丁酯等。此类溶剂挥发速度适中，在涂层中继低沸点溶剂之后挥发，利于湿涂层的流平和形成致密膜层。高沸点溶剂：沸点高于150℃。如环己酮等，此类溶剂挥发慢，在涂层中最后挥发，利于涂膜流平，并能防止漆膜在高温高湿天气下泛白。

## 2. 溶剂的混合

可根据相似相溶理论及溶解度参数相近原则来判断物质在溶剂里的溶解情况。各种溶剂和涂料树脂都具有特定的溶解度参数。溶解度参数相近原则指的是当某种涂料树脂的溶解度参数和溶剂的溶解度参数相近或相等时，则该树脂通常能溶于这种溶剂。反之，当二者的溶解度参数相差较大时，该树脂则不易被溶解。各种树脂和溶剂的溶解度参数可从文献上查得。

混合溶剂的溶解度参数可以近似地用各组分的溶解度参数及其体积分数乘积之和表示。即：

$$\delta_{混} = \varphi_1\delta_1 + \varphi_2\delta_2 + \cdots\cdots + \varphi_n\delta_n = \sum \varphi_i\delta_i$$

式中　$\varphi_i$——各组分的体积分数；

　　　$\delta_i$——各组分的溶解度参数。

如果混合溶剂的溶解度参数和涂料树脂的溶解度参数相近或相等（差值小于1.5时），通常就能使树脂溶解。

由于溶剂并不参与成膜，在涂料涂装后要完全挥发，并且溶剂能控制漆膜处于流体状态的时间长短，不同的涂料种类、不同的涂装方法与工艺要求溶剂的挥发速度各不相同，因此调配混合溶剂时选择好组分类别及配比以控制挥发性快慢就显得十分重要。总的要求是溶剂的挥发性应适中及均匀，不应太快或太慢。

在相同条件下，各种溶剂的挥发速度是不同的。有机溶剂的挥发速度受着各种因素的制约。如溶剂本性及外界的温度、溶剂的热导率、分子量、蒸气压、蒸发潜热以及溶剂的表面张力和相对密度，并要加上湿气的影响、溶液中杂质的影响。要准确地测定这些因素对挥发速度的影响是非常困难的，因而溶剂的挥发速度一般以其沸点高低来判断：沸点低、挥发速度大；沸点高、挥发速度小。

混合溶剂的构成及配制原则。混合溶剂一般由真溶剂、助溶剂和稀释剂构成。真溶剂能够溶解树脂；助溶剂不能溶解树脂，在一定限度数量内与真溶剂混合使用，具有一定的溶解能力；稀释剂不能溶解树脂，也无助溶作用，价格比真溶剂和助溶剂低，可降低成本。在配制混合溶剂时，可根据生产目的及树脂的性能，按照溶解度相近原则，通过试验筛选出真溶剂、助溶剂、稀释剂类群，结合挥发性要求，实地制定并变换配方，直至达到要求为止。配制成的混合溶剂对被稀释的涂料应有良好的溶解力，与真溶剂相比，溶剂指数接近或大于1。能与被稀释涂料完全混溶，不应产生胶凝、分层、凝聚或沉渣等现象。在漆膜干燥过程中混合溶剂的挥发速度应均匀，挥发量应随漆膜的干燥而均衡地减少，不应忽多忽少，最后挥发的溶剂对漆基应有适当的溶解力。体系性状应均匀、无色、透明、无水分、无机械杂质等。

环氧树脂可溶解在某些有机溶剂中，树脂的溶解性随分子量的增加而降低。酮类、酯类、醚醇类和氯代烃类是环氧树脂的溶剂，对环氧树脂有很好的溶解能力。芳烃和醇类不是环氧树脂的溶剂，但是芳烃和醇混合后，则可作为中等分子量树脂的溶剂。

环氧树脂涂料多采用混合溶剂，是由溶剂和稀释剂组成的，可以降低成本，改善漆膜性能和施工性能，提高溶剂的溶解力。刷涂施工的产品应使用部分高沸点溶剂，如乙基溶纤剂等。

# 三、溶剂的配方设计

在溶剂型涂料中，混合溶剂配方的设计对涂层性能起着举足轻重的作用。配方的成分与浓度影响着溶剂的溶解力、挥发时间、黏度、相对密度、安全性以及涂料总的成本。适宜的溶剂配方不仅会改善涂料性能，同时也能降低成本，提高市场竞争力。综合而言，溶剂配方要考虑下述四个因素。

## 1. 溶解力

提到溶剂，首先要考虑溶解力。利用汉森溶解度参数来预测溶解力，是目前流行的一种方法。汉森溶解度参数方法具有快速、准确、简单等优点。汉森理论的基本原理是根据分子间的相互作用力与化学结构来预测物质的溶解能力。汉森理论把溶解度分为三个参数：氢键、极性键及非极性键（范德华力）。在对溶解力的影响上，氢键＞极性键＞非极性键。

任何一种树脂都有其特有的溶解度参数，并且有其溶解范围（图 2-24）。同样，溶剂或混合溶剂也具有其特有的溶解度参数。依据"相似相溶"原理，一般情况下，若某种溶剂（或混合溶剂）的溶解度参数与所用树脂的溶解度参数一致，或在所用树脂的溶解范围内，则该溶剂（或混合溶剂）在理论上就能有效地溶解所用树脂。

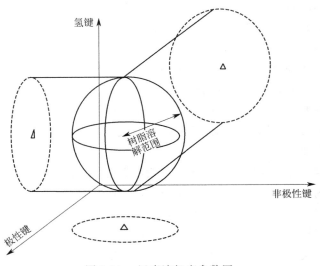

图 2-24　汉森溶解度参数图

因此，在设计溶剂配方时，我们首先要测出所用树脂的溶解度参数和溶解范围。然后再据此设计出混合溶剂配方，该配方的溶解度参数必须与所用树脂的溶解度参数大致相等或在所用树脂的溶解范围内。

另外，随着溶剂挥发，溶剂配方的汉森溶解度参数也因此而变化。在设计溶剂配方时，不但要了解溶剂配方原来的汉森溶解度参数，也需要知道溶剂配方的汉森参数在挥发中是如何改变的。若溶剂配方的溶解度参数在挥发过程中超出所用树脂的溶解范围，就会使涂料的性能变差。所以，在设计溶剂配方时，还要考虑混合溶剂总挥发速率等其他因素。

## 2. 总挥发速率曲线

良好的溶剂配方除了要有适当的溶解度参数外，需要注意的另一因素是总挥发速率曲线（图 2-25）。

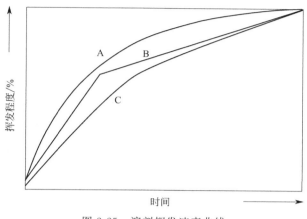

图 2-25 溶剂挥发速率曲线

溶剂配方通常由几类溶剂调配而成。通常配方中有三类主要溶剂：低沸点溶剂、中沸点溶剂和高沸点溶剂。这三类主要溶剂的成分（比例）除了影响溶解度参数外，也影响挥发速率曲线。

在涂料烘烤时，挥发速率和时间需控制得恰到好处，太快或太慢都会影响涂层的品质。如果配方中低沸点溶剂太多，溶剂比例欠佳，挥发速率在开始时太快，过后又缓慢下来。由于低沸点溶剂挥发很快，在烘烤初期，大量溶剂的流失，使得涂层表面过早成型，阻止了剩余溶剂蒸气的逸出，涂层就容易起泡。该现象可表现为图 2-25 中的挥发曲线 B。图 2-25 中曲线 C 则是低沸点溶剂不足，树脂停留在液态过久，易造成涂层缩孔。一般搭配得当的溶剂配方将会有像 A 一般的挥发曲线。刚开始时，挥发速率较快，然后逐渐缓慢下来。此时，涂层开始逐渐成形，剩余的溶剂让树脂分子有限制地移动，促使涂层呈现较佳的流平性及光泽，改善柔韧性和附着力。

## 3. 黏度、安全性

溶剂配方的黏度也是需考虑的因素。黏度高的溶剂配方会限制树脂的用量。这对整体成本与环保会起负面影响。黏度过低，则可能在运用时造成不便，增大增稠剂用量。溶剂配方的安全性主要取决于配方中溶剂的特性。理想的溶剂配方所采用的溶剂必须对环境、人体都不会造成威胁。闪点不能太低，以免有火患之忧。毒性要低，且能被生物分解成无害成分。

## 4. 成本低、原料易得

通过配方设计，通常可得到若干新配方，由于溶剂价格的波动性，我们要选取成本较低、原料易采购的溶剂作为首选配方。

另外，由于配方设计的技术性和时效性很强，国内厂家一方面要加强研发力量，增强企业内功，同时也要横向联合，充分利用现有的有利条件，例如可向有关公司提供现在厂里所用的树脂样品，由其为您设计新的配方。

下面结合实际情况，介绍溶剂的配方设计，并浅析设计溶剂配方时应注意的因素。

实例：环氧树脂罐头漆。设计要求：在新配方中不用原溶剂配方内毒性较大的乙二醇二丁醚（表 2-11）。设计新配方时，尽量符合原配方的汉森溶解度参数和其他物理性质。首先依据原配方中每个溶剂的溶解度参数和浓度算出原配方的溶解度参数，再据此计算出符合原配方条件的新配方（表 2-12）。新配方的挥发曲线须符合图 2-25 曲线 A。

表 2-11  环氧树脂罐头漆溶剂配方调整

| 溶剂 | 原配方 | 配方 1 | 配方 2 | 配方 3 | 配方 4 |
| --- | --- | --- | --- | --- | --- |
| 乙二醇二丁醚 | 50 | — | — | — | — |
| 芳烃 150 | 50 | 15 | 15 | 20 | 15 |
| 芳烃 100 | — | 30 | — | — | — |
| DBE(二价酸酯) | — | 10 | 15 | 13 | 15 |
| 二丙二醇单甲醚 | — | — | — | — | 10 |
| 丙二醇单甲醚乙酸酯 | — | 20 | 30 | — | — |
| Exxate600 己基乙酸酯 | — | — | 40 | 47 | 60 |
| 双丙酮醇 | — | 25 | — | — | — |
| DIBK | — | — | — | 20 | — |

表 2-12  环氧树脂罐头漆溶剂配方参数分析

| 特性 | 原配方 | 配方 1 | 配方 2 | 配方 3 | 配方 4 |
| --- | --- | --- | --- | --- | --- |
| 非极性键 | 8.14 | 8.18 | 7.97 | 8.02 | 7.97 |
| 极性键 | 1.49 | 1.85 | 1.64 | 1.43 | 1.55 |
| 氢键 | 3.72 | 3.20 | 3.41 | 2.75 | 3.37 |
| 总溶解度参数 | 9.07 | 8.97 | 8.83 | 8.60 | 8.79 |
| 黏度/Pa·s | 1.531 | 1.394 | 1.211 | 1.141 | 1.318 |
| 相对密度 | 0.895 | 0.926 | 0.93 | 0.885 | 0.911 |
| 90%挥发时间/s | 6089 | 4034 | 5886 | 6186 | 6949 |

先把树脂溶解在 30 多种不同的溶剂里，然后把试验结果输入电脑程序中计算出树脂的汉森溶解度参数以及溶解范围。然后再以另一个电脑程序计算出符合树脂汉森溶解度参数以及溶解范围的新配方。同样，新配方的挥发曲线须符合图 2-25 曲线 A。90%挥发时间指的是让 90%的溶剂在室温下挥发所需的时间（s）。较长的挥发时间适用于高温烤漆，较短的挥发时间适用于低温、室温自干的涂料。

如果树脂的氢键与极性键较高，但由于树脂的溶解范围很大，新配方的溶解参数并不必与树脂非常靠近，只要溶剂在树脂的溶解范围里就能溶解树脂。

# 四、溶剂的发展方向

涂料中因为含有大量的 VOC，不仅对人体健康造成伤害，而且对大气造成严重污染，因而成为环境污染源之一。针对这些情况，世界各国纷纷出台各种法律法规来限制涂料中有机溶剂的使用，我国自 2001 年以来，制定了涂料行业两个强制性标准 GB 18581 和 GB 18582 来限制室内装饰装修材料以及内墙涂料中有害物质的使用。针对汽车用涂料出台了强制性国家标准 GB 24409《汽车涂料中有害物质限量》，对汽车涂料中的 VOC 含量、有害溶剂使用规定以及重金属含量有了明确的限制。

国家层面的各种法规和政策文件也相继出台。环发〔2012〕130 号《重点区域大气污染防治"十二五"规划》要求积极推进汽车制造与维修、船舶制造、集装箱、电子产品、家用电器、家具制造、装备制造、电线电缆等行业表面涂装工艺挥发性有机物的污染控制。国发〔2013〕37 号《大气污染防治行动计划》提出完善涂料、胶黏剂等产品挥发性有机物限值标准，推广使用水性涂料，鼓励生产、销售和使用低毒、低挥发性有机溶剂。财政部与税务总局于 2015 年 1 月 26 日发布的《关于对涂料征收消费税的通知》中规定，对施工状态下 VOCs 含量低于 420g/L（含）的涂料免征消费税。2016 年 1 月 1 日施行的《中华人民共和国大气污染防治法》第四十六条要求，工业涂装企业应当使用低挥发性有机物含量的涂料，并建立台账，记录生产原料、辅料的使用量、废弃量、去向以及挥发性有机物含量。

世界各国不遗余力地推行各项环保法规和措施，旨在减少涂料中 VOCs 对环境的破坏和对人体健康的危害，环保化已成为全球涂料行业共同的发展趋势和目标。

## 1. 碳酸二甲酯在涂料中的应用

碳酸二甲酯是一种新兴的绿色基础化学原料。近 10 年来，碳酸二甲酯及其衍生物的研究开发，已成为世界化工研究热点之一，并取得突破性进展，应用领域也在日益扩大。

碳酸二甲酯（DMC），常温时是一种无色透明、略有气味、微甜的液体，熔点 4℃，沸点 90.1℃，密度 1.0699g/cm$^3$，难溶于水，但可以与醇、醚、酮等几乎所有的有机溶剂混溶。碳酸二甲酯毒性很低，对小白鼠、大白鼠致死中量 $LD_{50}=6.4\sim12.8$mg/kg，由于其独特的分子结构（$CH_3COOCH_3$），它不仅可以作为甲基化剂，代替光气作为羰基化剂，还可作为提高汽油辛烷值和含氧量的汽油添加剂。

溶剂型涂料将向低 VOC 及低有害气体污染的方向发展。DMC 作为一种优良的低毒性溶剂，在涂料中的应用将有良好的发展前景。

DMC 在热塑性丙烯酸清漆、硝基清漆、醇酸清漆和聚氨酯清漆中的应用。试验表明，DMC 是一种优良的低毒性溶剂，在部分配方中能替代二甲苯、甲苯等有机溶剂，配制的涂料性能可满足涂料的各项性能指标。

表 2-13 列出了常用溶剂相对挥发速率和溶解度参数。从中看出，DMC 的挥发速率介于甲苯和丁酮之间。它的溶解度参数与酮类相近，但是它的氢键值却为 0，依据极性相似原则来看，碳酸二甲酯对弱极性的树脂具有良好的溶解力，对于极性较强的树脂，它需与强极性溶剂混合使用。

表 2-13　常用溶剂相对挥发速率和溶解度参数

| 名称 | 相对挥发速率 | 溶解度参数/(cal/cm$^3$)$^{1/2}$ | 氢键值 |
| --- | --- | --- | --- |
| 碳酸二甲酯 | 3.35 | 10.4 | 0 |
| 二甲苯 | 0.68 | 8.8 | 4.5 |
| 醋酸丁酯 | 1 | 8.5 | 8.8 |
| 甲苯 | 1.95 | 8.9 | 4.5 |
| 丁酮 | 4.65 | 9.3 | 7.7 |
| 醋酸乙酯 | 5.3 | 9 | 8.4 |
| 丙酮 | 7.2 | 9.9 | 9.7 |

## 2. 环保策略与控制

采用国内最先进的涂装工艺和技术。加强表面涂装工艺挥发性有机物排放控制，推进汽车、船舶、集装箱、电子产品、家用电器、家具制造、装备制造、电线电缆等行业表面涂装工艺 VOC 的污染控制；提高水性、高固分等低挥发性有机物含量涂料的使用比例；推广汽车行业先进涂装工艺技术的使用；表面涂装工序密闭作业，有机废气净化率达到90%以上；"十二五"共计352家企业的表面涂装工序完成VOC综合治理。

就环境保护而言，对环境是否有害才是重点所在。ASTM D3960《涂料及相关涂层中挥发性有机化合物含量（VOCs）测定的标准》（序号5）将VOCs定义为能参加大气光化学反应的有机化合物，不参加大气光化学反应就不构成危害，如丙酮、四氯乙烷、醋酸叔丁酯等，美国环境保护署（EPA）对VOCs的定义与此几乎相同（序号6）。

目前市场上已出现用于工业防腐涂料的豁免溶剂，其主要成分为酯类和醋酸叔丁酯的混合物，得到了用户的好评。

环保化已成为全球涂料行业的发展趋势，水性涂料是其中的重要内容之一，然而，在很多工业涂装领域，水性涂料的性能还无法达到使用要求，溶剂型涂料仍将在相当长的一段时间内占据重要地位。溶剂型涂料的生产和施工过程需使用大量溶剂，是VOCs排放的重要来源之一。环保相关的法规和政策文件相继出台，对VOCs的限值要求日益严格。豁免溶剂不对环境构成危害，将其应用于溶剂型涂料的生产和施工，在不影响产品性能的同时兼顾了环保的要求，是应对目前既要使用溶剂型涂料又要符合环保法规这一现状的有效方法。

# 第四节　助　剂

## 一、简介

涂料助剂是指那些少量加入涂料配方中的成分，可控制或增强涂料的性能。它是涂料产品的一类重要组成材料，可以改进生产工艺、改善产品性能（包括液体涂料本身及最终涂膜），提高涂料施工性能、减少对环境的污染，开发新型涂料的特殊功能，推出各种功能性涂料。涂料助剂总共大约有40种不同功能类型。

随着国内助剂市场基本已国际化，国内各种助剂的发展情况基本与国际相似。优质涂料的配方一般包括多种助剂，发挥不同的功能，所用的助剂总共可占配方质量多至10%及配方价值的30%。在某些产品中甚至已到了离不开它的程度。涂料助剂的应用水平，已成为衡量涂料生产技术水平的标志之一。尽管绝大多数助剂在涂料中使用的相对比例不高，但往往对提高和改善涂料和涂膜的性能却能起到十分关键的作用，因此越来越受到业界人士的重视。

涂料助剂又称涂料辅料，是涂料配制的材料之一，助剂不仅可以改进涂料性能、促进涂膜形成，还可以保持储存稳定，改善施工条件，赋予涂料更多的功能，同时合理选用助剂还可以降低成本，提高企业的经济效益。

## 二、类型

一般来说，常见涂料助剂主要有以下几种：流变改性剂、表面活性剂、消泡剂、防腐剂等。流变改性剂能够影响涂料的黏性和流动特性；表面活性剂能够降低涂料的表面张力；消泡剂不仅能够控制泡沫产生，而且能够消除涂料混合生产过程中产生的泡沫；防腐剂能够帮助抑制涂料致腐微生物，无论是在涂料罐中还是在涂层表面，都能帮助防止涂料变质。

### 1. 分散润湿剂

润湿剂能改进颜料粒子对水的可润湿性，有助于保持颜料分散的稳定性。润湿剂的用量一般为千分之几，其副作用是起泡和降低涂膜的耐水性。

分散润湿剂的发展主要集中在几个方面：在分子水平上引入各种功能性基团，使产品在具有更优异润湿分散性能的同时具备一定的抗水性与其他功能。

（1）分散剂的类型

阴离子型润湿分散剂由非极性带负电荷的亲油基团和极性的亲水基团构成，在分子的两端，形成不对称的亲水亲油分子结构。如油酸钠、聚羧酸盐、硫酸酯盐、磺酸盐等。相容性好，广泛用于水性涂料及油墨中。

① 阳离子型润湿分散剂。含非极性带正电荷的基团，如胺盐、季铵盐、吡啶鎓盐等。阳离子表面活性剂吸附力强，对炭黑、各种氧化铁、有机颜料分散效果较好；注意其与基料中羧基起化学反应，不能与阴离子分散剂同时使用。

② 非离子型润湿分散剂。在水中不电离、不带电荷，在颜料表面吸附比较弱，作润湿剂用；为聚乙二醇类和多元醇类，多与阴离子型分散剂配合用于水性色浆、水性涂料及油墨中。

③ 两性型润湿分散剂。是由阴离子和阳离子所组成的化合物。如磷酸酯盐型的高分子聚合物。这类聚合物酸值较高，可能会影响层间附着力。

④ 电中性型润湿分散剂。分子中阴离子和阳离子有机基团的大小基本相等，整个分子呈现中性，但有极性。如油氨基油酸酯 $C_{18}H_{35}NHOOCC_{17}H_{33}$。

⑤ 高分子型超分散剂。具有锚定基团和亲水基团，分散、稳定性为最佳。如聚多己内多酯多元醇-多乙烯亚胺嵌段共聚物型、聚丙烯酸酯型、聚氨酯型或聚酯型高分子分散剂等。

⑥ 受控自由基型超分散剂。ATRP 可合成高度可控制、分子量分布更窄的聚合物；RAFT 可合成整体（基团及分子量）可控制的聚合物；NMP 可控制持续自由基浓度及速度的合成技术。受控技术分散剂分子量分布越窄，锚定基团越集中，分散效率越高。

（2）润湿分散机理

润湿分散机理主要有静电排斥稳定机理以及空间位阻稳定机理。图 2-26 显示了润湿分散稳定示意图。

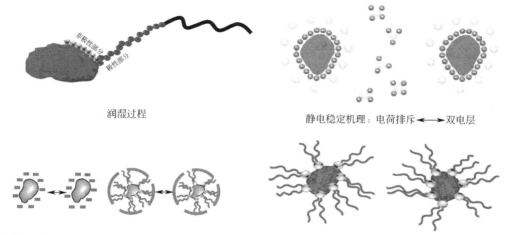

润湿过程　　　　　　　　　静电稳定机理：电荷排斥 ⟷ 双电层

在水性体系中两种稳定机理共存：静电稳定和空间位阻稳定　　空间位阻稳定机理：润湿 ⟷ 空间位阻

图 2-26　润湿分散稳定示意图

（3）分散剂与颜料粒子的相互作用

分散剂与颜料粒子的相互作用包括：离子对，对于无机颜料，高分子分散剂的锚固基团可与颗粒表面的强极性基团形成离子对结合力，如图 2-27 在强极性粒子表面的单点离子对吸附；氢键，对于有机颜料，高分子结构中含有氢键给体或受体，如酯基、羰基、醚键等，可以通过氢键锚固于颜料表面，单一的氢键吸附低，高分子中需要多个锚固基团；π-π 键，范德华力，对于极性低的颜料如炭黑，利用其与颜料分子结构类似的高分子分散剂，通过π-π 键、分子间范德华力吸附于颜料表面；高分子吸附层，当颗粒表面的分子与高分子间的引力大于高分子内部分子间的引力时，高分子就会被吸附在颗粒表面上。高分子的运动单元可以是分子的侧基、支链、链节、链段、分子，运动单元的多重性取决于分子的结构，同时也与温度等外界条件有关。吸附层厚度主要由嵌段共聚物高分子中非吸附性链段的长度决定。一般情况下，高分子吸附层厚度 $\delta$ 为 $10\sim20\mu m$，最好 $\delta\geqslant15\mu m$。

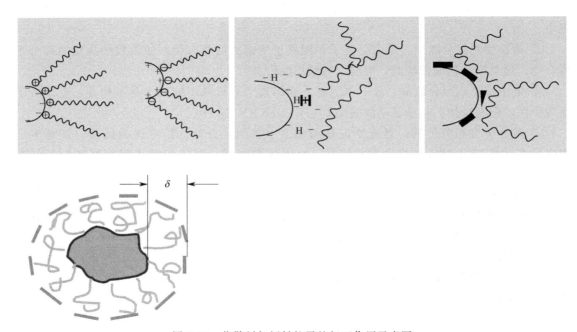

图 2-27　分散剂与颜料粒子的相互作用示意图

（4）高分子润湿分散剂

高分子润湿分散剂是由颜料锚固基团和亲水基团组成。锚固基团有芳基、烷芳基、烃链、氨基等；亲水基团有羧基、磺酸基、羟基、氨基及长链聚醚等。不同种类的分散剂因其化学结构不同，与颜料粒子间的结合方式、结合力大小均有所差别；颜料-分散剂-水三者之间的作用力是粒子能否分散稳定的决定因素，高分子锚固基团越多，与颜料离子的结合力就越大，越有利于分散稳定。亲水基团与水有足够的亲和力，并具备良好的相溶性，聚合物链才能在水中充分伸展，形成有效的立体空间位阻稳定；若分散剂的亲水链太长，则亲油性相对减弱，使分散剂从粒子表面脱落，或在粒子表面产生折叠现象，引起粒子之间的缠结，产生絮凝。若分散剂的亲水链过短，则立体空间效应稳定就差；合成聚合物分散剂时，一般亲水链含 30～80 个碳原子，最好含 50～65 个碳原子、链长为 150Å 左右；分散剂具备一定相溶性的情况下，疏水基越强，分散效果就越好。很多分散剂中都含有芳环结构（疏水基团），利用芳环与颜料分子平面形成强的 π-π 键，使二者牢固地结合在一起。

（5）分散剂对颜料分散体的性能影响

分散剂对颜料分散体的性能影响最大，主要体现在：颜色与色相；展色性；光泽；透明性；黏度；相容性（浮色与发花）；亲水亲油平衡（HLB）；附着力；耐水性；耐温性；耐光性；耐化学品性；耐老化性；耐盐雾性；储存稳定性；施工性。

## 2. 消泡剂

（1）消泡剂作用

涂料中所添加的大多数助剂都属于表面活性剂，能改变涂料的表面张力，致使涂料本身就存在着容易起泡或使泡沫稳定的内部因素。生产过程、施工过程也可能导致泡沫的产生，使操作困难，影响质量，因此消泡剂是涂料配方中不可缺少的助剂品种。

在涂料的研磨阶段可能会产生大量的气泡，因此消泡剂常作为研磨浆料的组分，考虑到表面活性剂在空气或水界面的活性，所以在涂料混合前和在分散设备的研磨室中经常会产生气泡，并且气泡被稳定。产生的气泡使分散过程减缓，并影响涂料的耐潮气性。使用硅烷抑泡剂可能使漆膜表面产生缺陷。在涂料的生产和使用过程中可以将气泡引入涂料中，涂料的原材料如表面活性剂、分散剂等也可以产生气泡。在绝大多数涂料的生产过程中，容易卷入空气而形成气泡，所以在涂料的生产过程中，通过选择合适的搅拌设备及搅拌条件可以避免空气的卷入，同时让涂料尽可能地晾置一段时间，也可以防止空气卷入。

在涂料的施工过程中，在一定程度上也会产生气泡，这主要取决于涂料的施工方式。例如，幕涂可以连续在涂料中卷入空气，无气喷涂也很容易卷入空气，在相对较低的湿度条件下或在高温条件下进行喷涂施工很容易产生气泡。消泡剂可降低或消除涂料中的泡沫。在水性涂料体系中几乎不可能完全除去所有的泡沫，合适的泡沫控制剂可以抑制泡沫的形成，更重要的是，它可以使干膜无气泡及没有由于气泡在干膜中所引起的漆膜的缺陷。好的消泡剂不仅具有很好的破泡能力，而且在室温及加热条件下能够使消泡效果保持长久。好的消泡剂需要与泡沫体系不相容，如果与体系相容性很好，则将有助于产生泡沫。消泡剂必须在整个体系中有非常好的分散性。铺展性是指消泡剂在表面均匀而平滑地扩散，能够覆盖泡沫，并且消除它。其工作机理是：降低泡沫周围液体的表面张力，使小的泡沫聚集成大的泡沫，最终使泡沫破裂。

（2）分类

传统消泡剂的消泡物质（包括矿物油、蜡、金属皂、有机硅、疏水无机硅等）都属于水不溶性物质，必须加入一定量的乳化剂和扩展剂才能使其快速均匀分散到水性体系中发挥消泡作用。当由于某些原因（如涂装前加水冲稀）导致乳化剂从消泡物质表面脱离后，不溶于水的消泡物质就容易在涂膜表面造成缩孔。

传统水性涂料消泡剂品种很多，一般分为三大类：矿物油类消泡剂、聚硅氧烷类消泡剂和其他类消泡剂。矿物油类消泡剂使用比较普遍，主要用于平光和半光乳胶漆中。聚硅氧烷类消泡剂表面张力低，消泡和抑泡能力强，不影响光泽，但使用不当时，会造成涂膜缩孔和重涂性不良等缺陷。传统水性涂料消泡剂以与水相不相容而达到消泡目的，因此容易产生涂膜表面缺陷。近年开发的分子级消泡剂是将消泡活性物质直接接枝在载体物质上形成聚合。

分子级消泡剂，这类消泡剂由特殊的矿物油及特殊的分子级消泡物质组成，整个分子呈类似于网状的超分支结构，具有多个锚定点，同时，具有一定的自乳化作用，无需另外添加乳化剂，不会出现因乳化剂脱离而造成的缩孔现象。另外这类消泡剂特殊的结构使其对基材具有一定的润湿作用，可适当减少润湿剂的用量。

（3）消泡剂的类型及用量对涂膜缩孔的影响

没加消泡剂时，涂膜外观效果很差，有针孔。随着消泡剂量的增多，涂膜外观效果呈现先变好后变差的趋势。这是由于加入少量消泡剂时，消泡剂能与涂料体系良好相容，降低涂料表面张力 $\sigma_L$，利于展布，减弱缩孔程度。但当加入量过多时，消泡剂不能完全与涂料体系相容，部分消泡剂就以较大的液滴形式存在于涂料中，其表面张力低于涂料体系，导致涂膜缩孔。消泡剂过量越多，缩孔越严重。

要有良好的消泡效果，选用的消泡剂表面张力一定要比涂料的表面张力低，且在涂料体系内部要有良好的分散性，且与涂料体系还要有一定的不相容性，但不能产生负面作用。由于消泡剂与涂料体系有一定的不相容性，量少时能降低涂料表面张力 $\sigma_L$，但当加入量过多时，体系内的表面张力差 $\Delta\sigma$ 就会加剧，产生缩孔。因此，在选择消泡剂时，既要考虑其消泡功能，还需考虑其相容性和添加量是否会使涂料表面张力差 $\Delta\sigma$ 增大。

### 3. 增稠剂

（1）简述

增稠剂是一种流变助剂，加入增稠剂后不仅能使涂料增稠，同时还能赋予涂料优异的机械及物理化学稳定性，在涂料施工中起到控制流变性的作用。

（2）分类

增稠剂分为无机增稠剂和有机增稠剂两种。在无机增稠剂方面，纳米技术实现无机物颗粒的纳米化，赋予无机增稠剂一些新的性能；在有机增稠剂方面，聚合物类增稠剂的开发依然是主要发展方向，聚合物类型虽然还是聚氨酯类、聚羧酸盐类为主，但通过添加某些物质进行共聚改性、接枝上某些疏水基团等方法，在提高增稠性能的同时还具有一定的抗水性。另外，为了达到低 VOC 的要求，无溶剂型增稠剂也逐渐成为关注焦点。

碱溶胀增稠剂，碱溶胀增稠剂分为两类：非缔合型碱溶胀增稠剂（ASE）和缔合型碱溶胀增稠剂（HASE），它们都是阴离子增稠剂。非缔合型的 ASE 是聚丙烯酸盐碱溶胀型乳液。

聚氨酯增稠剂，简称 HEUR，是一种疏水基团改性的乙氧基聚氨酯水溶性聚合物，属于非离子型缔合增稠剂。HEUR 是由疏水基团、亲水链和聚氨酯基团三部分组成。疏水基团起缔合作用是增稠的决定因素，通常是油基、十八烷基、十二烷苯基、壬酚基等。亲水链能提供化学稳定性和黏度稳定性，常用的是聚醚，如聚氧乙烯及其衍生物。HEUR 分子链是通过聚氨酯基团来扩展的，所用聚氨酯基团有 IPDI、TDI 和 HMDI 等。环境友好的缔合型聚氨酯增稠剂开发受到普遍重视，如脲改性聚氨酯增稠剂，都是不含 VOC 和 APEO 的缔合型聚氨酯增稠剂。

### 4. 流平剂

（1）简述

流平剂是一种常用的涂料助剂，它能促使涂料在干燥成膜过程中形成一个平整、光滑以及均匀的涂膜。随着人们对涂料外观要求的提高，流平剂的用量与品种也在增多，消费量逐年增加。流平剂种类很多，不同涂料所用的流平剂种类也不尽相同，油性涂料中最常用的流平剂就是丙烯酸酯类聚合物，通常应用于溶剂型涂料和粉末涂料中，尤其是在粉末涂料的生产和应用过程中。水性涂料中最常用的流平剂是聚氨酯类。特别是在中高档乳胶漆中被广泛应用。其他有流平作用的助剂是有机硅类与缔合型碱溶胀流平增稠剂。

（2）分类

流平剂分类：有机硅氧烷或改性有机硅氧烷流平剂；聚丙烯酸酯类流平剂；氟流平剂或含氟改性流平剂。流平剂中的溶剂型通常以高沸点溶剂为主要成分，如芳烃、酯、酮、醇醚等，有些品种还添加少量的其他表面活性剂。这类流平剂可以调节溶剂对树脂的溶解性及挥发速度，避免因黏度大、溶剂挥发过快而影响漆膜流动所造成的流平问题，在烘烤型涂料中还可以防止气泡、针孔现象的产生。改性有机硅氧烷流平剂，纯聚二甲基硅氧烷结构如下：

$$-Si(CH_3)_2-O-Si(CH_3)_2-O-Si(CH_3)_2-$$

聚醚改性结构式如下：

$$-Si(CH_3)_2-O-[Si(CH_3)_2-O]_x-[Si(CH_3)(R)-O]_y-Si(CH_3)_2-$$
$$R: -(C_2H_4O)_a-(C_3H_6O)_b H$$

聚酯改性主要用于烘烤漆中，其结构如下：

$$-Si(CH_3)_2-O-[Si(CH_3)_2-O]_x-[Si(CH_3)(R)-O]_y-Si(CH_3)_2-$$
$$R: -R^1(OCR^2CO)_x CH_3$$

有机硅改性：通过在主链的侧基上引入有机基团，如苯基或烷基来改性，可以改善与涂料的混溶性、耐热性等。

$$-Si(CH_3)_2-O-[Si(CH_3)_2-O]_x-[Si(CH_3)(R)-O]_y-Si(CH_3)_2-$$
$$R: -(CH_2)_m-CH_2-\bigcirc$$

反应性官能团改性：通过在主链的侧基接入带有反应性的官能团进行改性，这些反应基团指可以与树脂或固化剂进行交联反应的基团，如羟基、氨基、羧基、环氧基、异氰酸酯类等。

聚丙烯酸酯类流平剂，理想的聚丙烯酸酯类流平剂应具有：较窄的分子量分布；较低的表面张力；较低的玻璃化温度；适当的分子量以及与成膜物有限的相容性。

这种流平剂由于比涂料的表面张力低以及不完全混溶性而部分迁移到涂层表面，在湿膜表面形成单分子膜，减少了表层流动，促进涂膜表面张力均匀化，抑制溶剂挥发速度，给予湿膜更多的流平时间，因而起到减轻或消除橘皮、刷痕、针孔、缩孔、浮色、发花等表面缺陷的作用。

这类流平剂与成膜树脂的相容性非常重要，如果相容性太好则不会在涂膜表面形成单分子层而影响流平作用。但是相容性过差的流平剂又会导致涂膜发雾，光泽降低，失光等不良现象。

与改性的聚二甲基硅氧烷流平剂相比，聚丙烯酸酯类流平剂相对安全，即使添加过量也不会影响重涂性和层间附着力，随着其用量增加，表面张力下降，缩孔减少，光泽、鲜映性提高，但过量会带来副作用，如漆膜发雾、失光等。通常其最高用量不超过涂料总量的 2%。

氟碳聚合物及氟碳改性聚合物助剂，氟碳助剂有较高的表面活性，高的热稳定性，高的化学稳定性及憎水油特性，即所谓的三高二憎。在涂料中加入少量的氟碳助剂可以提高涂料的流平性并增加涂层的光洁度，实验表明：氟碳助剂比聚硅氧烷流平剂用于涂料的效果更好。

尽管氟碳助剂的成本较高，但由于其添加量少而且有些性能是含硅或碳氢助剂（如聚丙烯酸酯）不能达到的或者说要达到这个性能需要加入大量的助剂。

## 5. 催干剂

催干剂是涂料工业的常用助剂，其作用是加速漆膜的氧化、聚合、干燥，达到快干的目的。传统的钴、锰、铅、锌、钙等有机酸皂催干剂品种繁多，有的色深，有的价高，有的有毒。近年开发的稀土催干剂产品，较好地解决了上述问题，但也只能部分取代价昂物稀的钴催干剂，开发新型的完全取代钴的催干剂，一直是涂料行业的迫切愿望。

## 6. 基材润湿剂

使用基材润湿剂，涂膜缩孔会减少，在合适的添加量时，润湿效果最好，可以解决涂膜缩孔问题。这是因为基材润湿剂与水性涂料的相容性好，能有效润湿基材，减少固液界面张力，与流平剂协同使用，能防止涂膜缩孔的产生。

# 第五节　涂料配方设计

## 一、简介

涂料的配方是一挑战性任务。一种新涂料的配方难度较之所谓的纯粹研究更具有技术挑战性。任何涂料都必须符合许多要求；有无数的原料、无数的原料组合和配比。测试方法常受制于大范围的误差，其结果往往不能良好的预测性能。面对不同的基材和施工方法，常常还有成本约束。涂料是一种精细化学品，产量需求有限，不值得耗费大量时间。历史上，配方的难题是靠将已知性能满意的涂料稍加改动来解决的，这基于用户的要求、施工团队以及配方工程师的密切配合。现在却要求在更短的时间内将配方做出重大变动，VOC 排放的控制，以及越来越多的原料被鉴定为具有潜在的严重毒性危害。

涂料工业利润率低是因为大部分的技术努力消耗于尝试抄袭竞争对手的产品和/或沿用老概念，而不是用于创造新的研究开发。

## 二、配方设计要点

### 1. 背景研究

首先，评估知识背景，查阅有关的科学文献，搜阅供应商的技术数据，搜阅本单位或互联网上所有相关背景。与用户的技术人员讨论沟通。目前许多公司正在增加数据库，将涂料组成的变数与实地的性能表现的比较，这些数据将提供有效的信息。特别需要确定哪些指标确实是不可能的，对其研究是无用的。例如，欲开发一种平光而乌黑的涂料，或欲开发一种白漆，使其光泽相等于乌黑漆的光泽，这种设想永远不能实现。对有光的涂料，无人能匹配其颜色使所有的照明角度下和观察角度下与低光泽涂料匹配。没有可能制备一种动力学控制的单组分涂料在 30℃储存稳定性达 6 个月，而能在 80℃下 30min 内固化。但也要注意确定并非不可能的技术指标。例如，10 年前都认为水性涂料的防腐性能指标比不上油性涂料，然而，现在纳米金属防腐活性添加剂的开发，使原来不能实现的技术指标变为可能。

## 2. 技术指标的确定找出所需涂料产品关键的质量控制指标

比如客户需要"更硬"的涂料，修改配方制备的涂料。客户用了几个月后，投诉涂料耐蚀寿命低劣。进一步了解客户需求却是提高耐磨性，因此，确定关键技术指标非常重要。涂料具有很多技术指标，设计时需要按照重要程度排列，如分为必要要求、重要要求以及"若能做到更好"等。

## 3. 应用基础科学原理

固化理论表明，涂料在室温固化、交联受可获得的自由体积所限制，若反应完全的体系的 $T_g$ 明显高于室温，则交联反应会滞缓，可能在完成前就停止了。因此，需要挑选能完全反应的原料。这种情况利用科学原理指导涂料配方，会少做许多无用功。理解了控制户外耐候性的原理，相比实验室测试法，能更好地预料一种新涂料的耐候性。运用这些知识使人们集中努力于其组成。如果能理解防腐蚀最近的工作，查阅配方而预测涂料的防腐性能，胜过做盐雾实验作出的预料。理解科学原理更易对涂料配方改进性能。

玻璃基材由于光洁度较高，常规涂料在其上附着力和耐溶剂性能较差，因此通常在涂料体系中加入一定量的硅烷偶联剂，以促进涂层与玻璃基材的附着。实验选取了 KH-550（氨基硅烷）、KH-560（环氧基硅烷）、KH-570（甲氧基硅烷）3 种常用硅烷作为体系的附着力促进剂，添加量为漆液的 1%，考察了其对涂膜耐水、耐酒精浸泡和耐水煮的影响，结果见表 2-14。结果表明，偶联剂 KH-550、KH-560 能显著改善涂膜的耐水与耐酒精浸泡性能，但是由于 KH-550 为氨基硅烷，经高温烘烤固化后涂膜黄变严重，而 KH-570 对涂膜耐酒精性能提升较小。因此，宜选择 KH-560 为附着力促进剂。KH-560 的加量在 1%～2% 为宜。

表 2-14 不同硅烷偶联剂对涂膜性能的影响

| 涂膜性能 | 不同偶联剂种类的涂膜性能参数 | | | |
| --- | --- | --- | --- | --- |
| | 空白 | KH-550 | KH-560 | KH-570 |
| 耐水/h | 5 | 24 | 24 | 24 |
| 耐酒精/h | 0.5 | 4 | 4 | 2 |
| 耐水煮/min | 10 | 40 | 40 | 30 |
| 层间附着力 | 优 | 优 | 优 | 优 |

固化剂的种类对涂层性能影响显著，表 2-15 列出固化剂种类对固化涂层性能的影响。结果表明，采用氨基树脂固化时，固化涂膜的综合性优异，硬度可以达到 4H，但是涂膜耐水煮性能稍差。采用水性封闭型异氰酸酯固化时，附着力和层间附着力同氨基树脂固化相同，并且固化涂膜耐水煮性能更优异，水煮 1h 后板面基本无泡、不失光，并且涂膜性能恢复很快。

考虑到涂膜的综合性能和封闭性异氰酸酯固化剂成本较高的因素，采用以氨基树脂为

表 2-15　固化剂种类对固化涂层性能的影响

| 涂膜性能 | 不同固化剂种类的涂膜性能参数 | |
| --- | --- | --- |
| | 氨基树脂 | 封闭性异氰酸酯 |
| 铅笔硬度 | 4H | 3H |
| 光泽度(60°)/% | 95 | 93 |
| 附着力/级 | 1 | 1 |
| 耐水煮/min | 20 | 60 |
| 层间附着力 | 优 | 优 |

主，封闭性异氰酸酯固化剂为辅的复合固化剂体系。在氨基树脂/封闭性异氰酸酯配比为3∶1时，固化涂膜的综合性能最优。

由于改性聚丙烯的结晶度高、耐溶剂性强、表面极性和表面能低，使得涂膜难以附着，再加上改性聚丙烯塑料的多品种化，因此聚丙烯塑料基材的涂料及其涂装，是涂料行业十分关注的问题。为了解决附着力差的问题，以往一直在尝试使用化学氧化处理、火焰处理等方法使其表面活化来改善黏附性。这些方法的工序复杂且设备昂贵，并且表面处理的效果不均匀、活化时效短，难以保证对附着力的促进效果。图 2-28 显示了采用复合涂层体系改善聚丙烯塑料基材与装饰涂层的黏附性。

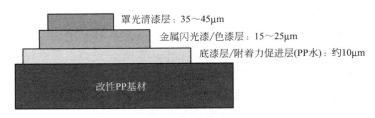

图 2-28　聚丙烯塑料涂料复合涂层体系

聚丙烯塑料基材表面自下向上依次为底漆层/附着力促进层、色漆层和罩光清漆层。其中底漆层/附着力促进层一般为一层氯化聚丙烯清漆，俗称 PP 水，作用是提升涂层与基材之间的附着力。PP 水主要是将氯化聚丙烯树脂（CPP）溶解在甲苯和二甲苯中制成，溶剂含量在 95% 以上，PP 水对环境的污染是非常严重的。并且 CPP 树脂层厚度>5μm 附着力会下降，耐水性也会降低，涂层容易剥落。而 CPP 树脂层<5μm 则容易产生漏喷，装饰涂层在漏喷点没有附着力。PP 水产品虽然环保，但存在的另一个缺陷是，用氯化聚烯烃处理底材时，PP 水涂层与色漆之间的附着力经常会存在问题；此外，PP 水形成的附着力促进层与一些树脂（如丙烯酸树脂）复配时相容性差，容易出现分层，影响涂料外观性状。因此，开发 PP 涂料底漆［丙烯酸改性氯化聚丙烯树脂（PA-CPP）］，能够替代 PP 水、与聚丙烯基材具有较好的附着力、与色漆层具有优异的层间附着力，同时复合涂层满足汽车保险杠技术指标要求是 PP 塑料涂料行业一个实用方案。

提高基材与涂层附着的主要机理有机械附着和化学附着，还有静电附着、扩散附着等。

① 机械附着。当涂料施工于含有孔、洞、裂隙的基材上时，涂料渗透到基材的空隙或凹凸不平中，就像木材拼合的钉子钉入木材一样，起到机械铆定的连接作用，即"机械锚定作用"。对基材进行喷砂处理属于这种机理，通过机械打磨方法增加基材的表面粗糙度，扩大了涂料和基材的界面面积，提高了涂料对基材的渗透率、润湿性，有利于涂料附着力的提高。

② 化学附着。通过分子间静电力、范德华力、氢键等化学力作用，使涂料对基材表面产生附着性。在漆膜和基材之间形成了化学共价键，与其他作用相比这种化学共价键联结的强度最大，并且耐久性最好。如面涂层成膜物质的反应基团，如—OH 或者—COOH 与底层表面过剩的基团之间相互结合，可以比较形象地称之为"桥接效应"。再如氨基聚合物对交联醇酸树脂具有很强的附着力，就是因为两者之间发生了氨-酯交换反应，形成了酰胺键。

③ 静电附着。漆膜和基材表面均带有静电电荷，由于静电电荷之间的相互作用，在一定程度上能提高漆膜和基材表面的附着力。

④ 扩散附着。当涂料在基材的表面上润湿铺展后，涂料分子的链段会穿过涂料和基材之间的界面向基材扩散，形成一种交错的结构，进而提高附着力。提高附着的结合方式如图 2-29 所示。

掌握基本理论知识，理解性质和组成之间的关系，人们便可以按原理来设计基料。例如知道哪些因素控制着 $T_g$，哪些因素控制着交联密度，哪些因素控制着玻璃化转变区域的宽度。理解了以上参数与漆膜性能的关系，设计出一种树脂和与之相配合的交联剂就比较容易，而不必像今日依靠试差法。某一温度的"最佳"催化剂并不一定是另一个温度的"最佳"催化剂。涂料的"最佳"颜料，用于不同类型基料时并不一定是"最佳"颜料。掌握涂料实验的基础课程，任何一定规模项目的规划应包括统计的实验设计。

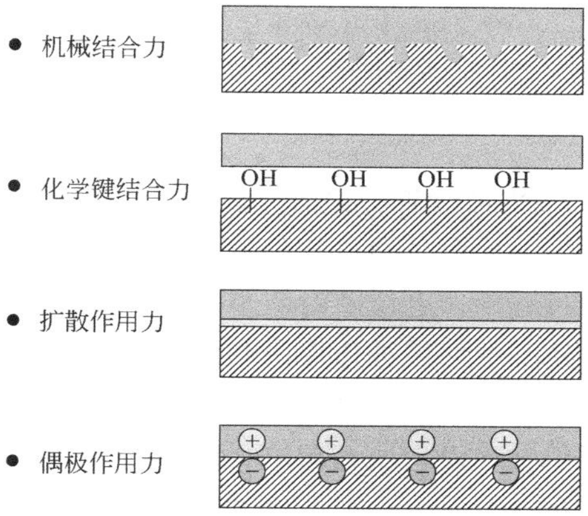

图 2-29　常见的几种附着结合方式

## 4. 体积分数

在涂料配方中体积分数相比质量分数对性能的影响更为显著。颜料体积分数（PVC）是指涂料中颜料和填料的体积与配方中所有非挥发分（包括合成树脂乳液中的固体组分、颜料和填料等）的总体积之比，即 PVC＝颜料和填料的体积/（颜料和填料的体积＋固体基料的体积）×100%。临界颜料体积分数（CPVC）是指当 PVC 超过某一数值时，涂料的许多性能发生突变（一般是突然变差）时所对应的 PVC。

当只有颜料组分时，颜料体积分数是 100%。当基料（溶剂/胶黏剂）逐渐加入颜料中时，颜料粒间空隙的空气被基料取代，堆积状颜料层的空隙刚好完全被基料充满时颜料所占体积分数就是临界颜料体积分数。

自从 1949 年 W. K. Asbeek 和 M. Vanfoo 首先提出临界颜料体积分数概念以来，经过多年的研究，使人们越来越清楚地认识到任何一个涂料体系中，针对每个特定的颜料填料或其混合物，都存在一个 CPVC，CPVC 直接影响涂料性能、外观和应用。

涂层性能与成膜物质及颜料填料之比例有关，而与二者重量的直接关系不明显。因此，常用 PVC 计算颜料填料用量。

在成膜树脂和溶剂组成确定的涂料体系中，在 PVC 某一值以上，涂层的气体和液体渗透率、附着力、光泽，甚至抗张强度、伸长率等会发生相当大的变化。此 PVC 值就是该涂料体系的 CPVC 值。图 2-30 非常形象地说明 PVC 值对涂层性能的影响。

涂料的 CPVC 值，可以利用渗透率曲线测定。此时，介质对涂层的渗透性最低，因为

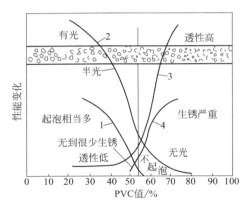

图 2-30  PVC 对涂层性能的影响
1—起泡性；2—光泽；3—透气
性与透水性；4—生锈性

PVC 处于 CPVC 时，溶剂挥发后留在颜料填料之间的孔隙被足够的成膜物质填充；当 PVC＞CPVC 时，成膜物质不够填充孔隙，涂层中就出现针孔，导致介质的渗透率显著提高。为了保障涂层的良好综合性能，通常选择 PVC/CPVC＝0.2～0.7 为颜料填料用量。

CPVC 是乳胶漆的一个重要性能参数。在 PVC 低于 CPVC 时，涂膜中的基料能够充分地润湿和包覆颜料颗粒。这时，颜料分散在基料中处于不连续的分散状态；达 CPVC 时，涂膜中恰好有足够的基料润湿质点；而当 PVC 高于 CPVC 时，基料无法润湿所有的颜料颗粒，而只能使其松散地存于涂膜中，这样颜料颗粒之间就存在空隙，从而使涂膜的质量变差。

PVC 对于决定防锈漆的效果来讲起着重要作用。在 CPVC 以下时，防锈性能随 PVC 的增加而增加。超过临界值，其防锈性能急剧下降。因此一般实际应用时均低于 CPVC。在浸泡过程中，电流随时间呈降低趋势，这可能是由于膜下形成的腐蚀产物对涂层孔隙的堵塞和防锈颜料的缓蚀作用引起的。当 PVC/CPVC 为 0.7 时，当浸泡一段时间后，试片的电流有所上升。这种现象与乳胶涂料的成膜过程有关。当 PVC 较低时，有足够的乳液粒子来润湿颜填料表面，填充颜填料间的缝隙，容易形成较连续的乳胶涂层，这种涂层虽然对 $H_2O$ 和氧的透过率大，但对离子的渗透性小，而涂层在溶液中的导电性是由于 $Na^+$ 和 $Cl^-$ 的渗透引起的，所以涂层的电导率较低。到了浸渍后期，涂膜起泡老化，离子渗透性增大，导致电流略有增加。

当重质碳酸钙的含量不超过 CPVC 时，涂料的拉伸强度、断裂伸长率、黏度及施工应用性能均明显增加，但低温性能受其影响较小；当重质碳酸钙的含量超过 CPVC 时，涂料的拉伸强度与断裂伸长率骤降，黏度剧增，低温柔性也会出现较大幅度的衰减。

## 5. 配方实验报告

写报告会促使人们回顾久远的工作并规划下一步工作。报告最具价值部分是不成功的实验。成百上千的不成功实验是巨大的信息财富，可用以解决当前涂料生产问题，使未来的工作减至最小，或满足一种不同用途涂料的要求。特别关键的是收集实际应用的结果，将其性能表现归入数据库中。涂料领域是会令人感到挫败的，因为有许多变数需要处理，但这也是有趣和具有挑战性的。控制成功的主要因素是热情地处理和解决复杂的问题。

## 6. 必须了解采用的法规

不仅是现在的法规，而是项目周期中潜在发生的法规。无人能正确地预料到未来的法规，但应有必要的预测。如对含锌黄颜料的防腐蚀底漆开始做研究，且预期目标为 5 年后形成显著增加的销售是具有风险的，因为已知锌黄是人类致癌物。

## 7. 确定科学的测试方法

实验室测试方法不能充分预测实用性能。因为涂料是复杂的组合物，其最终用途的要求是可变的，所以仅靠单一测试是非常危险的。某些广泛采用的测试，如防腐蚀的耐盐雾实验，已经被多次反复证明与实用结果不符。应事先对评估指标用实际应用性能的涂料作参比标准，再做机械、光谱和热性能测试。Dickie 发表了一种方法体系，集合实验室性能测试结果、实地应用历史、环境因素、设计参数和降解的基础来预测实际服役性能。发展可靠性理论以开发更好的方法体系至关重要。

## 8. 成本的要求

配方设计时不仅必须了解真正容许的成本上限，而且也须知道时间的要求。不现实的成本和时间的目标能导致项目规划时做出错误的决定。一个项目的潜在价值应与其估算的总成本相比较。好项目开始时往往经济效益不高，然而，这种项目的潜在费用，会有合理的回报。

参 考 文 献

[1] 凌建雄，李芳，李游，等 . 可控自由基聚合技术在涂料树脂合成中的应用 . MPF，2012，15（11）：5-13.
[2] 汤诚，冯俊，朱志录，等 . 氟碳超支化醇酸的制备及其涂料性能研究 . 中国涂料，2010，25（4）：57-60.
[3] 童国忠，陈奇毅，熊国刚 . 凝胶色谱法分析涂料树脂 . 上海涂料，2003，41（6）：28-33.
[4] 戴红斌 . 低毒无苯醇酸树脂的研制 . 福建建材，2008，104（3）：11-13.
[5] 童身毅 . 涂料树脂的相容性 . 中国涂料，2010，25（5）：65-68.
[6] 杨红光，杨建军，吴庆云，等 . 水性聚氨酯固化剂的研究进展 . 化工新型材料，2016，44（7）：15-17.
[7] 刘倩，黄高山，汤金丽，等 . 低醚化氨基树脂合成工艺及配方的优化 . 上海涂料，2008，46（5）：17-19.
[8] 赵金榜 . 水性环氧固化剂的研发简史及其今后发展方向 . MPF，2014，17（2）：28-33.
[9] 王小海，郜学云，刘跃进，等 . 钛白粉的性能及其在涂料中的应用 . China Academic Journal Electronic Publishing House，2019，6：171-181.
[10] 玉渊，陆强，赵文斐，等 . 颜料的物化性能对涂料的影响 . MPF，2018，21（8）：33-36.
[11] 张亨 . 体质颜料概述 . MPF，2018，21（8）：24-27.
[12] 蔡帅 . 铁系颜料在涂料应用中的最新进展 . 中国涂料，2017，32（11）：45-48.
[13] 俎喜红，胡剑青，王锋，等 . 环境友好防锈涂料的研究进展化工进展，2008，27（9）：1394-1399.
[14] 王兴魁，陈京才 . 涂料用混合溶剂的调配原理 . 焦作教育学院，1995，1：59-62.
[15] 陆刚 . 探析涂料配方中溶剂的功用及性能特点 . 上海毛麻科技，2016，4：26-32.
[16] 崔旭，钟珊珊 . 浅析溶剂配方的设计 . 涂料工业，2000，1：29-31.
[17] 陆文明，王李军，张荣伟，等 . 碳酸二甲酯在涂料中的应用 . 涂料技术与文摘，2004，25（5）：21-23.
[18] 谢海 . 涂料环保化进程中豁免溶剂的作用 . 涂层与防护，2018，39（7）：53-56.
[19] 肖九梅 . 涂料助剂发展趋势 . 化学工业，2015，33（8）：19-25.
[20] Wicks Z W，Jones F N，Peter Pappas S. Organic Coatings：Science and Technology. New York：Wiley，1999.
[21] 魏群 . 水性涂料界面活性分散剂的开发 . 中国涂料，2008，23（11）：42-48.
[22] 茅素芬，王纬春 . 临界颜料填料体积浓度的测定及应用 . 涂料工业，1994，6：10-13.
[23] 张玉兴，许飞，何庆迪，等 . 汽车保险杠用聚丙烯塑料涂料底漆的研制及应用 . 涂料技术与文摘，2017，38（9）：1-5.
[24] 张丽，牛明军，刘雪莹，等 . 水性防锈涂料的配方筛选及防锈性能研究 . 高分子材料科学与工程，2005，21（1）：260-263.
[25] 王石平 . UV 树脂对 UV 涂料附着力的影响规律探索 . 当代化工研究，2019，12：23-24.
[26] 张汉青，许飞，胡中，等 . 玻璃基材用水性涂料的制备及性能研究 . 中国涂料，2016，31（5）：43-46.
[27] Dickie R A. Toward a unified strategy of service life prediction. J Coat Technol. 1992，64（809）：61-65.

第三章

# 涂料界面原理与应用

## 第一节　多分散体系的流变性质

### 一、简介

黏度是涂料体系中一个非常重要的参数，它直接关系着涂料储存稳定性、施工性能、涂抹成型及涂层厚度。涂料的沉降和分离、流动性差、成型慢、流挂等现象仍然是亟待解决的问题。

非牛顿流体的触变性是流体黏度随剪切时间变化的响应行为。触变性亦称摇变，是指物体（如油漆、涂料）受到剪切时稠度变小，停止剪切时稠度又增加，或受到剪切时稠度变大，停止剪切时稠度又变小的一"触"即"变"的性质。触变性是一种可逆的溶胶现象，普遍存在于高分子悬浮液中，代表流体黏度对时间的依赖性。

通过向涂料中加入合适的增黏剂增加其触变性，以满足涂料在刷涂、喷涂、滚涂等施工过程中有良好的流动性（施工性）和快速成型（施工效果）。

触变性的机理，触变性流体因其内部分子的物理团聚或静电吸引形成氢键，使得流体内部形成一个网状结构，在外力作用下，微观上网状结构随剪切时间发生改变，宏观上表现出剪切变稀或剪切增稠现象，其机理如图3-1所示。

触变性的测试方法如下。

### 1. 触变环法

触变环法的原理是，当剪切速率从0连续增加到一个定值，再从这个定值逐渐下降到0，测定其应力随剪切速率的变化，所作出的剪切应力-剪切速率的封闭曲线为触变环。通过改变不同时间和不同最大剪切速率值，可以得到不同面积的触变环。触变环的面积越大则触变性越大，反之则越小。图3-2显示典型涂料流变曲线图。

虽然这种方法是常用方法之一，在测定触变性过程中存在剪切速率和作用时间两个变量，而这两个变量都是触变性的影响因素，故只能通过这种方法判定多种涂料触变性的好坏，不如触变指数法简单直观。

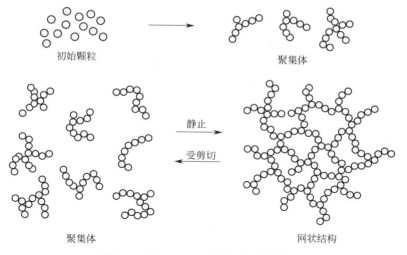

图 3-1 触变性分散体系的颗粒间作用

## 2. 触变指数法

对于牛顿流体或黏度较小的流体，触变指数是指 6r/min 的黏度与 60r/min 黏度的比值，即 $I_t = \eta_6/\eta_{60}$。

我国的 NDJ-1 型黏度计及布鲁克菲尔德同步电动黏度计（Brookfield synchroelectric viscometer），仅适用于测试牛顿流体或黏度在 10mPa·s 以下的近似牛顿流体涂料的黏度。在涂料这类非牛顿流体中，触变指数用 5.6r/min 的黏度与 65r/min 的黏度比值表示，即 $I_t = \eta_{5.6}/\eta_{65}$。

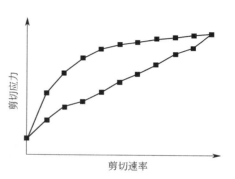

图 3-2 典型涂料流变曲线图

触变指数的意义为在两种不同转速条件下低转速表观黏度与高转速表观黏度的比值，反映出流体在剪切力作用下结构被破坏后恢复原有结构能力的好坏。

溶剂型涂料中常用的增黏剂主要有气相二氧化硅、有机膨润土、聚酰胺蜡及氢化蓖麻油等。气相二氧化硅粒子表面含有的硅醇基通过形成氢键能产生立体网状结构，而有机膨润土的片状结构上的氧和氢氧基团亦能形成氢键产生立体网状结构，聚酰胺蜡则是由自身乳化形成网状膨润结构，以增加体系黏度。当受外力作用时，氢键断裂以保证良好的流动性。而氢化蓖麻油是通过其在溶剂型涂料中的溶解度来实现触变的效果。图 3-3 显示气相二氧化硅触变增稠原理。

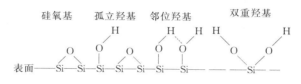

图 3-3 气相二氧化硅触变增稠原理

## 3. 静切力

静切力是表征涂料流变性质的一个重要指标。它的物理概念是，当涂料在外力作用下产生的切应力等于或大于静切力时，即发生可察觉到的流动。静切力越大，涂料表现出的固体性质越强；反之，表现出的液体性质越强。静切力随时间的变化过程就是稠化过程。可见静切力是衡量涂料涂刷性、流挂性和悬浮性的重要数据，由于涂料分散相在分散介质中会形成结构，形成结构后使流动阻力增加，流动前必须拆散结构，克服阻力，使粒子呈分散状态。因此静切力可反映涂料结构力的大小。有人建议用 NXS-11 型黏度计测得的流变曲线外延得到静切力值。由于受人的主观影响，外延法误差较大。有的文献介绍采用 U 形管进行直接测定，但用此方法测试稍稀涂料时，水会渗入到涂料中，另一方面对液面的观察也不便，以致造成很大测量误差。

图 3-4 给出一种测试静切力的示意图，测试装置由一台 500g 天平改装而成，天平一端秤盘下由金属丝 2 钩住预先埋入涂料 4 中的不锈钢片 3，片的尺寸为 5cm×8cm，另一端的秤盘中放一只小烧杯 5，实验前先用磅码 6 平衡，待静置 10min 后，向烧杯中滴水。当天平指针开始偏转，立即停止滴水，将烧杯内的水倒入小量筒，量其体积，则涂料的静切力 $\tau_0$ 可由下式求解：

$$\tau_0 = V/(2hb) \ (g/cm^2)$$

式中，$V$ 为滴入烧杯中水的体积，$cm^3$，其数值等于水的克数；$h$ 为不锈钢片的长度，8cm；$b$ 为不锈钢片的宽度，5cm。经换算：$\tau_0 = 1.225m$（Pa）。式中 $m$ 为滴入烧杯中水的质量。

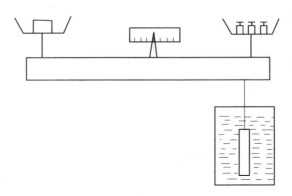

图 3-4　静切力测试仪示意图

图 3-5 显示水性铝矾土石英粉铸钢涂料静切力测试结果，结果表明，随着羧甲基纤维素（CMC）、钠膨润土（$P_{Na}$）加入量的增加，涂料的静切力相应增大。从涂料内部结构入手分析其原因，作为防沉剂和黏结剂加入涂料中的 CMC 与 $P_{Na}$，由于其高分子链节上极性原子或原子团的带电性，如 CMC 中羧基（$COO^-$）带负电，而黏土、膨润土表面也带负电。当这些高分子链节相互靠近时，不同极性的原子或原子团或黏土表面与高分子链节之间相互吸引，最后较为紧密地结合在一块形成桥联作用。这种桥联结构使涂料具有静切力。而且随着加入量的增加，形成的桥联点的数目增多，因此静切力 $\tau_0$ 增加。

作为触变剂而加入涂料中的凹凸棒黏土（简称 AP 黏土）对涂料静切力的影响见图 3-5 曲线 2。涂料的静切力随着 AP 黏土加入量的增加而增大，且增大幅度比 $P_{Na}$ 明显，这是由于凹凸棒黏土晶胞中连接单元层的氧键易断，具有纤维状、针状、交织状组织，单个晶体长

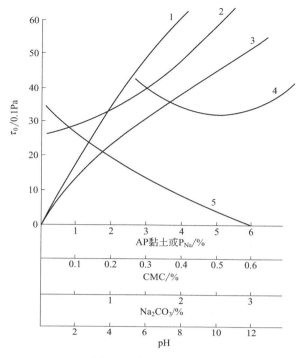

图 3-5　涂料的静切力

1—CMC；2—AP 黏土；3—$P_{Na}$；4—pH 值；5—$Na_2CO_3$

度在几微米以下，宽仅 250nm，凹凸棒黏土的吸油量也较低，表明它的可交换阳离子较少，其胶团的扩散层较厚。由于它具有上述结构特征，尽管不像蒙脱石之类具有层片状结构的黏土那样膨胀，它在水悬浮液中也有很强的形成胶体的能力。在比其他黏土低得多的含量下就能形成稳定的高浓度悬浮液。凹凸棒黏土在水中分散后，其针状晶体束被拆散而形成杂乱的网格，网格束缚液体使体系增稠，从而形成较大的结构力。

　　由图 3-5 中曲线 4 可知，pH 值对涂料静切力的影响较为复杂，pH 值实际上反映了涂料中 $H^+$ 浓度。涂料中 $H^+$ 被带负电的黏土粒子及 CMC 中的羧基（$COO^-$）所吸引。$H^+$ 起桥联作用，将高分子与高分子或黏土与高分子联结在一块形成氢键。就这意味着 $H^+$ 能促进涂料桥联作用的形成。由图中可以看出，pH＝5.5 较 pH＝8、pH＝10 的静切力增加，但当 pH＝13 时，涂料中 $OH^-$ 大大增加，涂料的静切力有所回升，这可能是由于 $OH^-$ 也能增加涂料内部结构之间作用力的缘故。

　　在涂料的配制与使用过程中，由于某种原因加入或混入各种电解质（如 $Na_2CO_3$），它对静切力的影响见图 3-5 曲线 5。可见随着 $Na_2CO_3$ 加入量增加，涂料的静切力下降，这是由于高分子链节、AP 黏土、$P_{Na}$ 等粒子在水溶液中均带电性。因此在某种程度上具有胶体的性能，吸引反离子，形成吸附层与扩散层。这样增加各种粒子之间作用力，促进桥联的形成。而外加电解质使得扩散层被压缩，使桥联作用减弱，因而改变了涂料的静切力。

　　静切力与触变性具有一定的关系，由实验结果可知，具有触变性的涂料都具有静切力 $\tau_0$，而静切力为零的胀塑体则无触变性，具有反触变性。$\tau_0$ 大的涂料，触变性也较高。因此可以认为静切力 $\tau_0$ 和触变性均受涂料内部结构的支配。

分析涂料的悬浮性、流平性、流挂性时均应贯穿 $\tau_0$ 的大小与涂料流动这一基本线索。悬浮体的核心问题是基料在有机-无机复合体中的沉降问题。实验证实，反映涂料低剪流变特性和静态结构特性的 $\tau_0$ 与涂料的悬浮性有良好的对应关系。$\tau_0$ 从基料沉降的对立面预示沉降的难易程度。而流平性实质上是涂料刷后慢慢流平削减刷痕的过程。若流动阻力小，则流平性好，反之则差。由于流平过程中涂料流动速度极慢，剪切速率 $r$ 很低，所以低 $r$ 范围内 $\tau_0$ 值的高低，在一定程度上就反映了流动过程中阻力的大小。对无触变性的涂料，在低 $r$ 范围内的 $\tau_0$ 越大，则流动性越差；对具有触变性的涂料，由于剪切时变稀，停剪后需一定时间才能增大黏度，就在这段时间内涂料具有流平效应；也正是由于这个缘故，可以适当提高涂料的静切力 $\tau_0$，这样可以有效地阻止涂料在垂直面上流淌。悬浮性、涂挂性好的涂料无疑会影响流平性，但只要 $\tau_0$ 不太高，并使涂料具有一定的触变性，则此矛盾可求得解决。

## 二、颜填料对溶剂型涂料流变性能的影响

涂料的一系列性能与其颜料的分散稳定性具有密切关系。尤其是当涂料从低固含量、高分子量聚合物体系向高固含量、低分子量聚合物体系发展时，颜料的分散稳定性已成为迫切需要解决的问题。

流变性测定方法无需对浓体系进行稀释，直接分析，减小了测试偏差。这尤其是对高固分颜料分散体系具有实际意义，是表征颜料分散体系稳定性的理想方法。

一般，分散体系的流变性质依赖于下列因素：①流体介质的黏度；②颜料粒子的浓度；③颜料粒子的形状和尺寸；④颜料粒子之间的相互作用。

图 3-6 与图 3-7 分别显示钛白-甲苯分散体系的流动曲线以及钛白分散体系的表观黏度-剪切速率关系曲线。在实验过程中保持钛白颜料在漆浆中的固体分为 $30\%\sim40\%$（质量分数），钛白研磨尺寸为 $5\mu m$，因此，通过比较就可以反映出分散剂对颜料粒子之间的相互作用的影响，即反映出钛白分散状态的变化。图 3-6 中的曲线 3，曲线趋近直线，其延长线几乎通过原点，即接近牛顿型流体。其对应的分散体沉降率很低、分散良好。其表观黏度对剪切速率的变化在很宽的测试范围内表现为几乎不变的恒定值（图 3-7 中的曲线 3）。而曲线 1 为不加任何分散剂的分散体系，曲线 2 分散剂的非极性部分与曲线 3 相同，而极性部分更强，随着表观沉降程度的增加，其流动行为逐渐出现触变性，形成触变环（图 3-6 中的曲线 1、2）。相应地，表观黏度在剪切速率范围内的变化也较大。可以说明，具有明显的触变环的体系是不稳定的絮凝性体系。

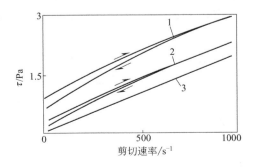

图 3-6　钛白-甲苯分散体系的流动曲线

1—未加分散剂；2—加入分散剂 1；3—加入分散剂 2

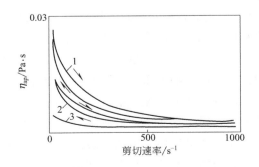

图 3-7　钛白分散体系的表观黏度-剪切速率关系曲线

1—未加分散剂；2—加入分散剂 1；3—加入分散剂 2

絮凝性体系之所以形成明显的触变环，起因于絮凝粒子间的相互作用。在分散体系中，粒子可以通过絮凝接触而形成网构。要使网构可逆流动，需要外加一个临界剪切应力值，通常称为屈服值。超过屈服值后，网构被部分破坏，随着剪切速率的增加，越来越多的网点被破坏，黏度随之降低。当剪切速率回复下降时，被破坏的网构会重建。但由于滞后性，某一剪切速率下的重建网构不能完全恢复到破坏前的水平，使此时所需的切应力低于剪切速率上升时的值，故而形成一个滞后圈，即触变环。图 3-8 显示了触变环面积与相对沉降率的关系曲线，结果表明，触变环面积越大，相对沉降率越大。

良好的分散体系在很宽的剪切速率范围内符合牛顿流体的流动特性。具有不同程度絮凝性的分散体系的流动曲线则不符合线性关系，且有不同程度的屈服值。

为了考察流动曲线的类型，对实验点作二次多项式的逼近拟合。拟合的二次项系数都非常小，可略去不计。所以，拟合曲线为直线，常数项则为屈服值。将屈服值对相对沉降率作图，如图 3-9 所示。由图看出，屈服值愈大，相应分散体系的沉降率愈高，稳定性愈差；反之，屈服值很小时，沉降率亦很低。可以认为，屈服值是絮凝程度的一种衡量。

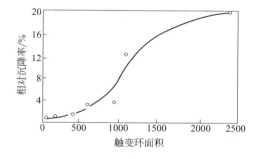

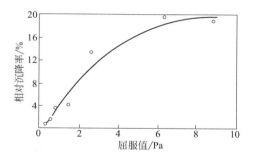

图 3-8   触变环面积与相对沉降率的关系曲线          图 3-9   相对沉降率与屈服值的关系曲线

# 三、颜填料对水性涂料流变性能的影响

## 1. 简述

涉及悬浮液的加工步骤的科学基础是简明的胶体化学，其在制备粒径及其粒径分布可控的纳米颗粒中非常重要，对形成复合材料微结构和微体系结构起着决定性作用。

胶体稳定原理：胶体定义为由一个或多个分散的相转变为连续分散相，至少有一个尺寸在 1nm 到 $1\mu m$ 之间的组合体系。在涂料制备中，重点是固体在液体中的分散，称为悬浮液。决定胶体性质的因素有粒子尺寸和形状、表面性质、粒子间相互作用和粒子与分散介质的相互作用，例如，固液界面。涂料制备包括控制这些相互作用以优化稳定悬浮，更好的微观结构控制和增强性能。与胶体有关的主要参数如下：①粒径，必须足够小防止沉降，例如$<1\mu m$；②布朗运动允许粒子在液体中保持分散，克服重力；③光的透射取决于粒子的大小，如果它足够小出现色散并可观察到光束（丁达尔效应）；④水动力；⑤毛细管力；⑥范德华引力；⑦静电斥力；⑧空间位阻稳定力。充分控制这些相互作用力是获得制备稳定涂料悬浮液的关键。简而言之，一个悬浮微粒体系在范德华引力的作用下趋于不稳定，短距离吸引力非常强大，导致粒子聚并，或在重力作用下沉淀。

研究悬浮体稳定性最广泛的模型是DLVO理论，由Derjaguin Landau与Verwey Over-beck提出，该理论认为相互作用是范德华吸引势和静电势。根据粒子间的距离，可分为三种情况：近距离处聚集粒子带负电荷，悬浮物不能再分散；一个最大的能量屏障，带正电荷，中等距离相应于最稳定的状态；在更远的距离上可能有第二个发生絮凝的最小值，絮凝物可以再分散。

当粒子靠近到几个分子直径以下，DLVO理论无法描述粒子对势能。DLVO理论考虑介质将粒子分离为一个结构连续体，适用于远距离，但当粒子接近到几纳米时不适用。为了解释这些短距离的相互作用，除DLVO力外需要考虑吸引力、排斥力或振荡力，也可以是前面描述的两个短距离DLVO力。这来自溶剂化、结构和水化力。当液体分子局限于两个表面之间的狭窄区域，出现短程振荡力，它们被诱导成多层组装。这叫作几何效应，称为溶剂振荡力或结构力。此外，粒子表面-溶剂相互作用可以诱导并产生一个溶剂化力，它是单调的不是振荡的，可以呈现吸引或排斥力。如果液体是水，溶剂化力被称为水化力。水分子与含有亲水基团（如离子键、两性键或氢键）的表面可以产生强烈的相互作用。在水的情况下，据报道有些黏土，在表面活性剂溶液中和其他胶体分散体，在非常高的反离子浓度下，仍然可以保持均匀稳定状态，根据DLVO理论，它们应该在一个较低的反离子浓度限度就会凝聚。当不同的电解质加到高度分散的氧化铝水滑石悬浮液中（pH=4），产生了类似于水化力的单调排斥力。超过一定的盐浓度（大约0.1mol/L）排斥势垒降低，所以粒子会凝聚，但是此时形成了具有吸引力的网络，它的强度随着盐含量的增加而增加，水滑石变成了塑料，在保持黏合的同时促进粒子重排。产生的势阱的深度和单位体积的粒子控制着网络的强度，这与等电点的强度不同。这些排斥的水化力在陶瓷加工中有重要意义，因为技术上的不可压缩陶瓷可以通过塑性变形固结，表现为黏土。

粒子在分散介质中保持自由的聚合物分子吸附的体积限制现象，这就是所谓的空间稳定，这种稳定需要聚合物在粒子表面牢固的锚定，以及吸附聚合物链的长度必须足够长，以提供期望的空间阻碍效应。聚合物稳定更适合有机溶剂体系，但出于健康、环境和成本考虑，最好使用水体系。对于水体系，通常使用聚电解质，它们是由带电单体形成的聚合物链聚（丙烯酸酯）、聚（碳酸盐）等。在聚合物吸附的情况下，阻止粒子间的接触，在较长的距离上提供电荷静电斥力，这就是为什么这个稳定机制称为静电稳定。

测定悬浮液的稳定性，如前所述，悬浮液的稳定性取决于下列因素：与颜料特性相关的特定参数有组成、粒径分布、比表面积、相组成，粒子形状等；与悬浮液有关的有pH值、性质、防沉剂的浓度、电解质的存在（杂质等）、不同类型添加剂（黏合剂，增塑剂，增稠剂，消泡剂等）、研磨/混合条件、温度、老化时间等。所有这些参数都会显著影响悬浮性能测定与涂料的性能。因此，必须对悬浮液进行良好的表征以优化操作中的不同参数。

涂料涉及的是高浓度悬浮液，因此，对涂料制备来说，表征其流变特性至关重要。原则上，对于高固体含量的悬浮液，黏度必须尽可能低，以减少在干燥时水分去除的影响。这对于减少涂层收缩和获得涂层最大密度非常重要。一般来说，轻微的剪切变稀是必需的，使静止时的黏度保持在较高的水平以延缓沉降作用。必须避免剪切增稠，因为在混合和研磨剪切时黏度增加，不利于涂料制备。事实上，剪切增稠比剪切变稀更不常见，通常出现在不规则、非等轴粒子和高固体浓度情况下。这个在传统陶瓷中很常见，具有典型的平板状颗粒或纤维悬浮液或细长颗粒。图3-10显示了棒状颗粒的研磨效果，莫来石悬浮液流变行为。图3-10表明，研磨后平均尺寸从$1.8\mu m$变为$0.7\mu m$，长宽比从0.5减小到0.3，研磨前粉末制备悬浮液呈现强剪切增稠现象，而研磨后这个现象消失了。

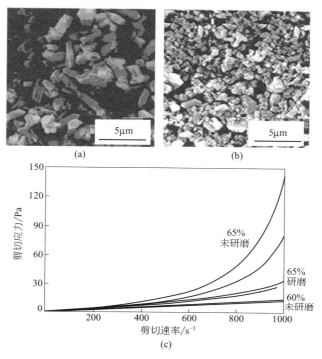

图 3-10　粒径和长径比对莫来石浓缩悬浮液流变性能的影响

　　图 3-10 展示了一个商业产品的扫描电镜图片莫来石粉末，研磨前［图 3-10(a)］和磨碎 7h 后［图 3-10(b)］，粒度从 $1.8\mu m$ 减小到 $0.7\mu m$，宽高比从 0.5 变为 0.3，以及 60％和 65％的莫来石悬浮液流动曲线，和以 65％固体制备的研磨粉末的悬浮稳定性可以用多种测试方法来评估，提供互相补充的信息，最重要的测试有粒径、Zeta 电位、沉降和流变行为。

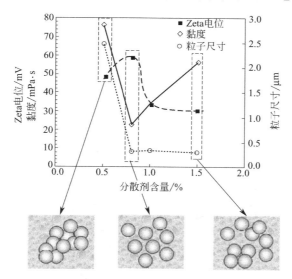

图 3-11　75％固体氧化铝悬浮液的粒径、Zeta 电位和黏度与聚丙烯酸浓度的关系
聚丙烯酸基聚电解质（0.5％、0.8％、1.0％和 1.5％）

图 3-11 显示 75％固体氧化铝和不同浓度聚丙烯酸基聚电解质（0.5％、0.8％、1.0％和 1.5％）制备的悬浮液的粒径、Zeta 电位以及黏度之间的关系，显示配合完美的测试，揭示了微观结构对流变性能的影响。分散剂浓度不足，存在团聚体，从测量的大颗粒尺寸与高黏度可以明显看出。对于最佳的分散含量，黏度达到最小值，对应的 Zeta 电位最大。因为好的分散，粒径也有所降低。过量的分散剂可能导致 Zeta 电位降低，黏度增加。

## 2. 影响颜料分散行为的因素

### （1）研磨方式

在研磨过程中，由于有效尺寸减小或由于团聚体分散，粒度分布变窄，平均粒径减小。因此，沉淀的倾向性降低，悬浮稳定性增大。同时，尺寸减小会产生比表面积的增加，即这些新的表面和粒子趋向于重新聚集，因此黏度增大。然后，监测粒子尺寸达到最小值时的研磨时间非常关键，因为稍微延长研磨时间，粒子尺寸又会增大。选择合适的研磨时间必须平衡研磨效率和可能出现研磨设备的污染。图 3-12 显示了不同研磨方式（螺旋搅拌、球磨机、离心式研磨和粉末研磨）对 65％固体的 $Si_3N_4$ 悬浮液的流动曲线的影响。结果表明，粉末研磨得到的悬浮液黏度最低，而螺旋搅拌分散制备的悬浮液黏度最高。

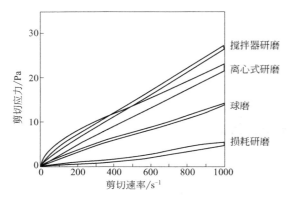

图 3-12　研磨方式对含 65％固体的
$Si_3N_4$ 悬浮液的流动曲线的影响

### （2）超声分散

近年来，利用超声波仪分散越来越流行。事实上，声波发生器不仅具有很强的分散能力，而且由于没有剪切作用，研磨带来的污染少。但是，超声波会产生局部过热，可能促进聚并。当黏度较低时，超声提高分散性，降低黏度。但是，如果黏度高或对时间有依赖性悬浮体系，超声分散会将水浆变成糊状。因此，进行超声波处理时，使用冰浴或温度控制器，以避免过热。分散中黏度或低黏度悬浮液，在几分钟内就可以均质化，而使用球磨机可能需要数小时研磨。

另外，提供稳定性所需的分散剂浓度随分散粒子表面积增加而增加。在纳米粒子的情况下，随着表面/体积比增加，得到的具有良好流动性悬浮液的固含量要低得多。分散亚微米大小的粒子所需的分散剂含量通常小于干态固体 1％，而在纳米粒子的情况下，在保持流动性的同时，固含量大幅度降低，同时所需的分散剂浓度大幅度增加。例如，纳米二氧化钛高达 30％（体积分数）的浓缩悬浮液，需用固体物质量分数为 4％的分散剂制备。

### （3）制备悬浮液时的加料顺序

在制备含有多组分悬浮液时，添加顺序会影响悬浮体系的性能。少组分先加会获得更加均匀的悬浮液，一旦它被分散，主相必须合并。不管哪种情况下，相应固体粉末的分散剂必须在其之前添加。否则，将获得难以再分散的悬浮液。同样，当悬浮液中需要不同的添加剂时，组分的添加顺序至关重要。分散剂应在粒子和其他有机物之前添加以防止其他有机物竞争性吸附到粒子表面。

### （4）固体负载量

众所周知浓缩悬浮液黏度随着固体体积分数的增加而增大。有几种模型可以预测黏度随固体体积分数的变化。陶瓷悬浮液中最常用的一种是 Krieger 模型与 Krieger-Dougherty 修正模型。这些模型包括最大填充分数，即实际可制备的粒子含量黏度向无穷大方向急剧增加时的填充分数。这些模型非常有用，因为它们可以预测悬浮液在任何固体负载量悬浮液中的黏度。Krieger-Dougherty 模型中提出的方程是：

$$\eta_r = \left(1 - \frac{\varphi}{\varphi_m}\right)^{-2.5\varphi_m}$$

$\eta_r$ 为悬浮液的相对黏度（相对于溶剂），悬浮液中固体的体积分数为 $\varphi$，最大填充系数为 $\varphi_m$，即黏度无穷大时的填充系数。系数 2.5 为球度系数。在修正的 Krieger-Dougherty 模型中指数变为 $n$，值可以不同于 2.5，对应偏离球形。

（5）粒径和形状

悬浮液的性能受粒径和形状影响很大。图 3-13 显示粒子形貌（球形、米粒状）、片状以及棒状）制备的悬浮液黏度随固体体积分数的变化。结果表明在相同体积分数条件下，棒状悬浮液黏度最大，而球形悬浮液黏度最小。

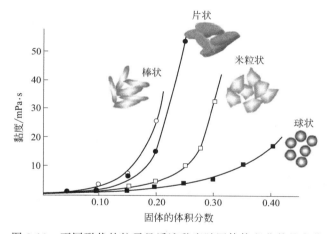

图 3-13　不同形状的粒子悬浮液黏度随固体体积分数的变化

（6）粒子表面官能化

颜料粒子经过化学官能化后，其水性分散液的性质会发生显著的变化。图 3-14 显示了表面化学改性二氧化钛 R-706 颜料分步合成示意图，说明了甲基三羟硅醇钾盐以及三甲基硅基衍生化的化学反应键合原理。

图 3-15 中的图像显示 TMS-K-MTHS-A-R-706 的颜料粒子尺寸为 290nm±5nm，组成均匀的约 6nm 聚硅氧烷涂层，包括缩合的 K-MTHS 和 TMS 功能基。

图 3-16 显示水性高固体浓度 70%（37% 体积分数）A-R-706、K-MTHS-A-R-706 和 TMS-K-MTHS 分散体的流变性，以了解表面键合水解聚硅氧烷形成的壳对 A-R-706 材料在水中的分散性的影响。70%（37% 体积分数）K-MTHS-A-R-706 悬浮液的流变特性（无分散剂）如图 3-16(a) 所示。这种悬浮液剪切速率为 $0.1s^{-1}$ 时的黏度为 1.3Pa·s。当加入（相对于颜料 0.05% 的量）中性表面活性剂 Triton X-100 时，当剪切速率为 $0.1s^{-1}$ 时悬浮液的黏度进一步降低至 0.56Pa·s，如图 3-16(b) 所示。我们观察到当使用聚阴离子分散

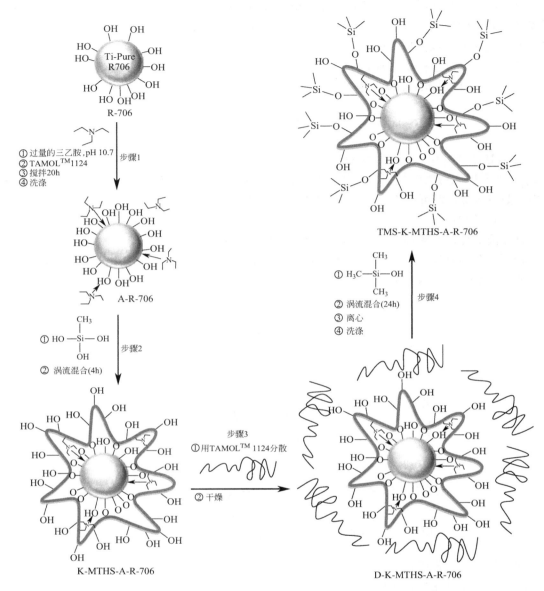

图 3-14  表面化学改性二氧化钛 R-706 颜料分步合成示意图
（"A"—胺；K-MTHS—甲基三羟硅醇钾盐；"D"—分散剂；TMS—三甲基硅基；
绿色的环带有山峰和山谷，描绘了聚硅氧烷壳的环尾性质）

剂 TAMOL™ 1124（相对于颜料质量的 0.3%）代替 Triton X-100，黏度没有下降。相反，在 TAMOL™ 1124 存在下，在 $0.1 \sim 1s^{-1}$ 的低剪切速率下观察到屈服应力值，这可能归因于大团聚体的形成。因此，K-MTHS-A-R-706 分散在水中不需要有机聚电解质分散剂，这不同于没有功能化的 R-706 颜料在形成高浓度 [70%（37% 体积分数）或更高] 时需要加入阴离子型分散剂。70%（37% 体积分数）的 TMS-K-MTHS-A-R-706 悬浮液的流变数据如图 3-16(c) 所示。在剪切速率为 $0.1s^{-1}$（与 K-MTHS 相比，不添加任何分散剂或表面活性剂）时的黏度降低到 $0.27Pa \cdot s$。当少量中性表面活性剂 Triton X-100（相对于颜料质量

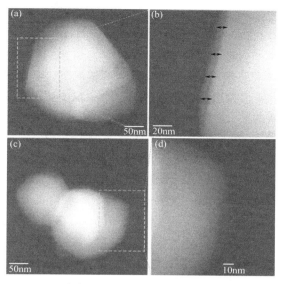

图 3-15　$OsO_4/K_4Fe(CN)_6$ 染色的 HAADF-STEM 图像 TMS-K-MTHS-A-R-706 系列

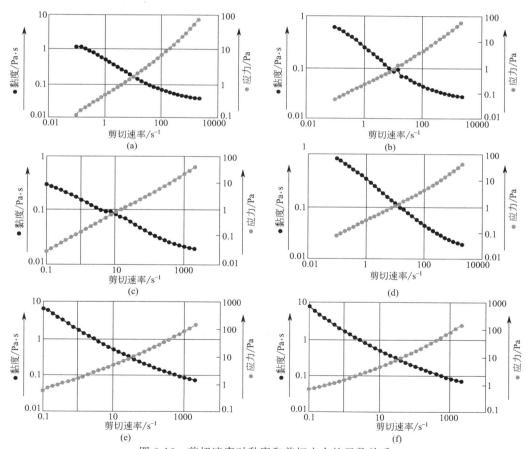

图 3-16　剪切速率对黏度和剪切应力的函数关系

（a）无任何分散剂时质量分数为 70% 的 K-MTHS-A-R-706 固含量浆；（b）0.05% Triton X-100 中质量分数为 70% 的 K-MTHS-A-R-706 固含量浆；（c）无任何分散剂时质量分数为 70% 的 TMS-K-MTHS-A-R-706 固含量浆；（d）0.05% Triton X-100 中质量分数为 70% 的 TMS-K-MTHS-A-R-706 固含量浆；（e）无任何分散剂时质量分数为 75% 的 TMS-K-MTHS-A-R-706 固含量浆；（f）0.05% Triton X-100 中质量分数为 75% 的 TMS-K-MTHS-A-R-706 固含量浆

0.05%）加入浆料，剪切速率为 $0.1s^{-1}$ 时，悬浮液的黏度略有增加到 0.85Pa·s，如图 3-16(d) 所示。然而，在 70%（37%体积分数）中加入 $TAMOL^{TM}$ 1124 剪切速率为 $0.1s^{-1}$ 时 TMS-K-MTHS-A-R-706 水悬浮液的黏度没有影响。TMS-K-MTHS-A-R-706 的悬浮液，固体含量为 75%（43%体积分数），在没有分散剂的情况下，剪切速率为 $0.1s^{-1}$ 时黏度为 6.1Pa·s，如图 3-16(e) 所示。以前的研究表明，这些粒子间距离减小，相邻粒子间的范德华力增大，导致悬浮液黏度增大。图 3-16(f) 中的数据显示，在 0.05%中性分散剂 Triton X-100 存在下，以 $0.1s^{-1}$ 的剪切速率，黏度略微增加至 7.5Pa·s。事实上，K-MTHS-A-R-706 和 TMS-K-MTHS-A-R-706 形成稳定的悬浮液。TMS-K-MTHS-A-R-706 相对于 K-MTHS-A-R-706 的黏度低是由于减少了不同粒子之间 SiOH—HOSi 氢键，这些功能基被 TMS 封住。此外，聚阴离子分散剂和中性表面活性剂不会降低 TMS-K-MTHS-A-R-706 悬浮液的黏度。基于图 3-16 中数据计算了幂律模型的流变学参数，列于表 3-1 中。

**表 3-1  颜料的流变学参数**

| 样品 | 相对于颜料质量的分散剂或表面活性剂 | 悬浮液质量分数/%（体积分数/%） | 剪切速率为 $0.1s^{-1}$ 时黏度/Pa·s | 剪切速率为 $0.1s^{-1}$ 时前切应力/Pa |
|---|---|---|---|---|
| R-706 | 不加 | 70(37) | 湿膏 | 湿膏 |
| | 0.3% $TAMOL^{TM}$ 1124 | 70(37) | 0.9 | 0.09 |
| A-R-706 | 不加 | 75(43) | 10 | 1 |
| K-MTHS-A-R-706 | 不加 | 70(37) | 1.3 | 0.13 |
| | 0.3% $TAMOL^{TM}$ 1124 | 70(37) | 1.3 | 0.13 |
| | 0.05%Triton X-100 | 70(37) | 0.56 | 0.055 |
| TMS-K-MTHS-A-R-706 | 不加 | 70(37) | 0.27 | 0.027 |
| | | 75(43) | 6.1 | 0.61 |
| | 0.3% $TAMOL^{TM}$ 1124 | 70(37) | 0.28 | 0.027 |
| | | 75(43) | 6.2 | 0.62 |
| | 0.05%Triton X-100 | 70(37) | 0.85 | 0.085 |
| | | 75(43) | 7.5 | 0.75 |

Zeta 电位数据测试结果显示在碱性条件下 pH 值范围为 7~10.2，所有材料均未显示负的表面电荷，并具有相等的 Zeta 电位范围：$-50$~$-40mV$。即使在较低的 pH 值（3~7）范围内，Zeta 电位也没有显著差异。因此，TMS-K-MTHS-A-R-706 悬浮液增加的分散稳定性以及低黏度，主要是由于在颜料表面接枝聚硅氧烷涂层提供的空间位阻稳定而不是静电稳定作用机理。

# 第二节　涂料的界面化学

## 一、表面能与表面张力

从日常生活中可知，使一个体系形成新的表面需要做功，或者说要给体系一定的能量，如把肥皂泡吹大，把木材劈开等。这说明表面比本体有更多的能量。在平衡状态下，单位表面积能量的增加值就是表面能。对于有流动性的液体，可以认为总是处于平衡状态，也可以用作用在单位长度上的力来表示，称为表面张力。表面能的 SI 单位是 $mJ/m^2$。表面张力的 SI 单位是 $mN/m$。表面能与表面张力同量纲、同数值，常用希腊字母 $\sigma$ 表示。

一个体系若是组成一定，它的表面张力在一定的温度和压力下是恒定的，若增加表面积 $\Delta A$ ，体系能量的增加 $\Delta G$ 是：

$$\Delta G = \Delta A \sigma$$

由此可知，任何体系都是趋向处于能量最低的状态，如水向低处流。上式表明，为了使体系能量降低，液体总是趋向于使表面积 $\Delta A$ 最小。在各种形态中，球形表面积是最小的，因此小液滴（重力作用可以忽略）总是趋向形成球状。

使体系能量降低的另一条途径是使表面张力降低。因此，物体表面总会吸附一些表面张力低的物质，如油污。在多组分的溶液中，表面张力低的物质总是趋向于富集在表面，以降低体系的表面张力。

有许多方法可以直接测量液体的表面张力，如滴体积法、环法、吊片法、滴外形法、最大气泡压力法等。

液体表面张力与温度有关。一般涂料用溶剂和水的表面张力随温度上升而下降。表 3-2 给出了一些液体在 20℃时的表面张力数值。

表 3-2　20℃时的表面张力数值

| 物质 | $\sigma/(mN/m)$ | 物质 | $\sigma/(mN/m)$ |
|---|---|---|---|
| 正己烷 | 18.4 | 苯 | 29.0 |
| 正辛烷 | 21.8 | 三氯甲烷 | 28.5 |
| 乙醚 | 17.0 | 1,2-二氯乙烷 | 32.2 |
| 四氯化碳 | 26.9 | 二硫化碳 | 32.3 |
| 间二甲苯 | 28.9 | 水 | 72.8 |
| 甲苯 | 28.5 | 汞 | 484.0 |

图 3-17 显示最大气泡压力法测试表面张力示意图，其原理是：

$$p_{附} = 2\sigma/r$$

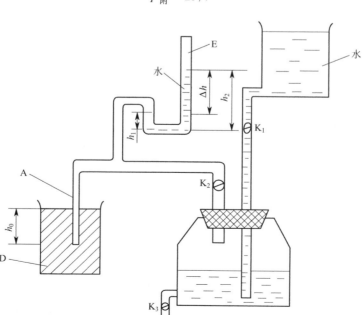

图 3-17　表面张力测试装置示意图

测定时将带支管的毛细管 A 浸入待测定表面张力的涂料 D 中，管端距液面 $h_0$，欲在管端形成一半径为 $r$ 的气泡，打开阀 $K_1$、$K_2$，施加压力 $p$（气泡内的压力可通过一标有刻度的 U 形压力计 E 内的水柱高差 $h_2-h_1=\Delta h$ 来度量），以平衡 $h_0$ 处液体的静压力和气泡曲面的附加压力。即：

$$p=h_0 g\rho_涂+2\sigma/r$$

式中，$\rho_涂$ 为涂料的密度；$g$ 为重力加速度；$r$ 为毛细管半径。

在吹气过程中，开始时毛细管端气泡的曲率半径逐渐减小，直到气泡曲率半径等于毛细管半径 $r$ 时，气泡的曲率半径最小，曲面的附加压力最大。当继续吹气时，气泡的曲率半径反而增大，附加压力减小。此方法是利用气泡曲率半径等于毛细管口半径时，曲面的 $p_附$ 最大的特点测定涂料的 $\sigma$。当 $p_附$ 为最大时，在 U 形压力计上也会显示出最大的 $\Delta h$ 值。

对计算方程进行整理得到：

$$\sigma=1/4 dg[(h_2-h_1)\rho_水-h_0\rho_涂]$$

通过用不同直径的毛细管测试，进行误差分析，发现用 $d=1.5mm$ 的毛细管测得的数据误差小，所以得到：

$$\sigma=1/4\times1.5\times9.8[\Delta h\,\rho_水-h_0\rho_涂]$$

式中，$h_0$ 为毛细管浸入涂料中的深度（一般取 50mm）；$\rho_水$、$\rho_涂$ 分别为水、涂料的密度，$g/cm^3$；$\Delta h$ 为 U 形压力计上的水柱高度差，mm。这种测试方法的相对误差小于 5%。

涂料添加剂对表面张力的影响：表面张力对涂料在铸型上的铺展能力、渗透能力、黏结能力以及流平性有重要影响，研究涂料的表面张力对于改善涂料性能有重大意义。表面张力实质上是体系中表面分子受到作用力不平衡的结果。涂料的内部结构决定于分子受到的作用力大小，因而表面张力必然在一定程度上反映出内部结构情况。涂料中的桥联是由于分子间的作用力所形成的，必然要在表面张力上反映出来。因而凡影响桥联形成的因素都影响涂料的表面张力。图 3-18 显示水性铝矾土石英粉铸钢涂料表面张力测试结果。

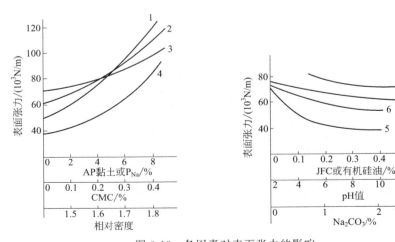

图 3-18　各因素对表面张力的影响

1—CMC；2—$P_{Na}$；3—AP 黏土；4—相对密度；5—JFC；6—有机硅油；7—pH 值；8—$Na_2CO_3$

随着 CMC、AP 黏土、$P_{Na}$ 加入量的增加，涂料的表面张力均有不同程度的增加，这表明各种防沉剂、黏结剂及触变剂都不同程度地促进涂料形成桥键连接，且以 CMC 最为显著，使分子间的引力增加，因而 $\sigma$ 上升。相对密度增大，则涂料内部结构致密，网状结构交联点多，因而作用力强，致使表面张力增加。

pH 值增大 $\sigma$ 下降，pH 值增大到一定程度后，$\sigma$ 又有所回升。这实质上是由于 $H^+$ 浓度的改变影响着氢键的形成。当 $H^+$ 浓度较高时，增加了涂料粒团间的吸引力。因而表现出表面张力 $\sigma$ 大，当 pH 值增加，$H^+$ 浓度减小，表面张力 $\sigma$ 下降。当 pH 值很大时，一方面 $H^+$ 不足，削弱桥联作用，同时大量 $OH^-$ 的存在，可能会增加各粒团之间的吸引力，表现出表面张力升高。加入涂料中的电解质 $Na_2CO_3$ 增加时，$\sigma$ 下降。这是由于外加电解质削弱了扩散层，不利于桥联的形成，涂料粒团之间的吸引作用减少，造成表面张力 $\sigma$ 下降。

渗透剂 JFC 和有机硅油消泡剂均使表面张力 $\sigma$ 下降，JFC 的效果尤其明显。JFC 是脂肪醇聚氧乙烯醚，有机硅油消泡剂是以甲基聚硅氧烷为主体的高分子聚合物配以表面活性剂乳化而成的非离子型乳状液体，它们均属于表面活性剂物质，有亲水基团和疏水基团。亲水基团和水相吸引，疏水基团被排斥在表面，结果内部分子对表面分子的吸引力大大减弱，因而，$\sigma$ 下降。

综上所述，一般随着黏结剂、悬浮剂加入量的增加，$\sigma$ 有所增大，但增大的幅度不同，pH 值和中性盐对表面张力也有影响。表面活性剂对 $\sigma$ 的影响较大，即涂料的 $\sigma$ 对表面活性剂十分敏感，应慎用之。涂料相对密度对 $\sigma$ 也有较大影响，应加以控制。

试验和理论都已经证明，在弯曲液面两侧存在压力差。若液体内部压力为 $p$，外部压力为 $p'$，压力差 $\Delta p = p - p'$，对于圆球形液滴有如下关系：

$$\Delta p = p - p' = 2\sigma/r$$

式中，$r$ 为液滴的半径；$\sigma$ 为液体的表面张力。当液面为凸面时 $\Delta p$ 为正值；当液面为凹面时 $\Delta p$ 为负值；液面为平面时 $\Delta p = 0$。液滴半径越小或液体表面张力越大，$\Delta p$ 则越大。$\Delta p$ 也称为毛细压力，由此可以解释毛细上升现象和涂料涂布中产生的一些弊病。

对于非球形的弯曲液面有如下关系：

$$\Delta p = \sigma(1/R_1 + 1/R_2)$$

式中，$R_1$ 和 $R_2$ 是曲面的主要半径。

在涂料中表面活性剂常作为乳化剂、润湿剂以及分散剂等来使用。能显著降低液体的表面张力的物质称为表面活性剂。如无特指，一般市售的表面活性剂是对水而言的，即它们只能使水的表面张力显著降低。含氟表面活性剂既可降低水的表面张力，也可以降低有机溶剂的表面张力。

表面活性剂分子结构的特点是具有"两亲性"，即分子中有一部分是亲水的，另一部分是亲油的。亲油部分一般是长链的碳氢基（含氟表面活性剂是碳氢基中一部分被氟取代）。根据亲水基是否在水中电离，表面活性剂可分为离子型和非离子型。在离子型表面活性剂中，又根据与亲油基相连的是阴离子、阳离子和两性离子，分为阴离子表面活性剂、阳离子表面活性剂和两性表面活性剂。实际应用的表面活性剂常是各种类型的复合型。

下面简要说明表面活性剂能降低水的表面张力的原因。从表 3-2 可知，碳氢基的表面张力一般在 $20 \sim 30 mN/m$ 左右，而水的表面张力为 $72.8 mN/m$。当表面活性剂溶于水中时，将富集在水的表面，亲水基伸向水中，亲油基朝向空气。当水的表面被亲油基覆盖时，表面张力主要由碳氢基决定，使表面张力显著下降。

动态表面张力：水性涂料配方中通常会加入表面活性剂来降低介质水的表面张力，假设在喷雾后涂料液滴的瞬间表面张力为 $\delta_0$，经过喷雾以后由于比表面积急剧变化，将引起涂料液滴内部的表面活性剂向表面迁移，以便于降低液滴的总表面能，所以必将引起表面张力变化。

可以用 $\Delta\sigma$ 来表示，那么存在：

$$\sigma = \sigma_0 + \Delta\sigma = \sigma_0 + \mathrm{d}\sigma/\mathrm{d}t$$

式中，$\sigma_0$ 为离开喷枪瞬间的液滴表面张力，mN/m；$\sigma$ 为液滴飞行过程中任意时刻表面张力，mN/m。

由于表面张力 $\sigma$ 是一个随时间变化的数值，所以称之为动态表面张力。因为表面活性剂迁移至液滴表面，表面张力就会降低，所以直到液滴落到基材表面的整个飞行时间内，表面张力都在不断减小，如果液滴到达基材表面需要的时间为 $t_1$，那么此刻涂料的表面张力 $\delta_1$ 就是 $\delta_0$ 减去表面张力在此过程的变化值。令基材的表面张力为 $\sigma_{基材}$，所以涂料在基材表面的作用满足条件：

$\sigma_{基材} > \sigma$，涂料可以润湿基材，涂膜能够连续；

$\sigma_{基材} < \sigma$，涂料不能润湿基材，涂膜发生收缩。

对于施工过程中的立面作业面而言，涂料抵达基材表面时的表面张力，如果高于基材的表面张力，将会导致涂料滚落或流淌等不良现象，引起表面弊病和涂料浪费。

测量液体的动态表面张力通常采用最大气泡法，其操作过程是通过毛细管向液体中鼓泡，形成新的气液表面，随着鼓泡时间的延长气泡体积会逐渐增大，直到气泡离开毛细管口。图 3-19 描述了这个过程，在鼓泡初始时气泡半径较小，而离开毛细管时气泡半径较大，这一变化过程持续的时间就是气泡在液体中的存在寿命，称为气泡寿命 $\tau$。

根据拉普拉斯方程，可以计算出液体的表面张力：

$$\sigma = p/r$$

式中，$\sigma$ 为表面张力，mN/m；$p$ 为气泡内部压力，N/m²；$r$ 为毛细管半径，m。

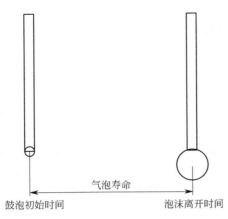

气泡寿命

鼓泡初始时间　　　　　泡沫离开时间

图 3-19　最大气泡法测定表面张力

由于测试的鼓泡过程中表面积不断变大，同时表面活性剂不断向气泡表面迁移来降低液体的表面张力，所以在气泡体积最大时的表面张力可以计算：

$$\sigma_{max} = \sigma_{初} + \mathrm{d}\sigma/\mathrm{d}\tau$$

式中，$\sigma$ 为表面张力，mN/m；$\tau$ 为气泡寿命，s。

根据动态表面张力测试原理可推知，测试仪的气泡寿命 $\tau$ 与喷涂施工过程中涂料的飞行时间 $t$ 有相似的特点，所以可以测试气泡寿命结束时的表面张力来模拟涂料喷涂过程涂料的动态表面张力。

动态表面张力仪的测量原理见图 3-19，采用德国克吕士 KRUSS B-100 仪器测试。喷涂实验：将基材马口铁（尺寸：200mm×100mm×0.28mm）固定在准备好的活动板上，活动板垂直于桌面放置；将喷枪的喷头固定在铁架上，并保持喷枪口与基材的直线距离为300mm，连接好水性涂料供给管道，开启喷枪对基材喷涂 20s 后停止；观察涂膜表面缩孔与流淌程度。

表 3-3 显示涂料动态表面张力对喷涂效果的影响。

表 3-3　涂料动态表面张力对喷涂效果的影响比较

| 编号 | 1# | 2# | 3# | 4# |
|---|---|---|---|---|
| 动态表面张力(167ms)/(mN/m) | 32.2 | 41.7 | 50.8 | 35.3 |
| 缩孔/个 | 1 | 7 | 较多,覆盖不完整 | 2 |
| 流淌 | 无 | 无 | 严重 | 无 |

由表 3-3 可以看出，动态表面张力低于 40mN/m 的水性涂料具有较好的喷涂施工效果，所以将动态表面张力控制于 40mN/m 之下是选择表面活性剂的条件。

表 3-4 显示表面活性剂类型对涂料的动态表面张力的影响。

表 3-4　涂料的动态表面张力（0.6%表面活性剂乳液）的影响　　单位：mN/m

| 气泡寿命/ms | 空白 | 炔二醇聚醚 | 嵌段聚醚 | 有机硅聚醚 |
|---|---|---|---|---|
| 500 | 45.9 | 29.9 | 29.1 | 42.6 |
| 250 | 47.0 | 30.8 | 29.7 | 43.6 |
| 167 | 47.7 | 31.4 | 31.0 | 44.0 |
| 125 | 48.3 | 31.8 | 31.6 | 44.3 |

表 3-4 表明，加入表面活性剂都会不同程度降低水性涂料体系的动态表面张力，但是相比而言，有机硅聚醚表面活性不如其他对比样品，造成这种结果的原因是表面活性剂分子从涂料内部迁移至涂料表面的过程受表面活性剂分子结构影响。表 3-4 中炔二醇类表面活性剂，分子量小，是双子类表面活性剂，在水中的迁移能力强；嵌段聚醚类表面活性剂，尽管分子链稍长，但分子链段中疏水链与亲水基交替相间，形成了多子表面活性剂，同样具有较强的迁移能力；有机硅聚醚是硅氧烷侧链聚氧乙烯醚类表面活性剂，疏水基为硅氧烷链段，而长的聚氧乙烯醚链则为亲水基，这样的表面活性剂分子较大，导致迁移过程稍慢，而且容易形成胶束或气泡而逃逸，而不能及时完成迁移行为；所以不同的表面活性剂分子结构决定了涂料动态表面张力的表现行为不同。

炔二醇聚醚稳泡性最差，嵌段聚醚的稳泡性也不高，相对而言较适合作为涂料的表面活性剂。

# 二、涂料液体在固体基质上铺展的条件

在以上讨论中，只涉及表面张力或表面能。液体或固体与空气的界面称为表面。表面张力与表面能的知识适用于一切界面，如固液界面，在任何界面上都存在界面能或称界面张力。

把液体滴在固体表面时，常形成一液滴停留在固体表面，如图 3-20 所示。在固（S）、液（L）、气（G）三相交界处，自固/液界面经液体内部到气/液界面的夹角称为接触角，用 $\theta$ 表示。从力的平衡考虑，平衡接触角

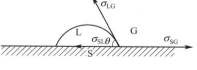

图 3-20　润湿方程示意图

与固/气界面张力（$\sigma_{SG}$）、固/液界面张力（$\sigma_{SL}$）、液/气界面张力（$\sigma_{LG}$）之间有如下关系：

$$\sigma_{SG} - \sigma_{SL} = \sigma_{LG} \cos\theta$$

上式称为润湿方程，也称为杨氏方程。从润湿方程可见，欲使液滴铺展（$\theta \to 0°$），固/气界面张力（即固体表面张力）越大越好，而液体表面张力和固/液界面张力越小越好。

由上述润湿方程看到，表面能高（或说表面张力大）的固体比表面能低的固体更容易被润湿。固体的表面能是很难测定的。根据固体表面是否容易被润湿将其分为两大类：高能表

面与低能表面。一般液体的表面张力都在 100mN/m 以下。因此，以该值作为高能表面与低能表面的分界值。金属及其氧化物、硫化物以及无机盐属高能表面，它们容易被一般液体所润湿。通常的聚合物或固体有机物表面能与一般液体相近，它们的润湿性随相互接触的固液两相的组成和性质而不同。

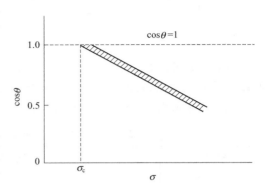

图 3-21　固体的润湿临界表面张力

将表面张力不同的液体滴在同一种低能固体表面时，随液体表面张力减小，接触角应当减小（$\cos\theta$ 增大）。试验发现，以液体表面张力为横坐标，以 $\cos\theta$ 为纵坐标，会得出如图 3-21 所示的一条窄带，窄带的下限与 $\cos\theta=1$ 的交点所对应的液体的表面张力称为该固体的润湿临界表面张力，用 $\sigma_c$ 表示。由此看到，$\sigma_c$ 的含义是只有表面张力小于该值的液体才能在此固体上铺展。

表 3-5 给出了一些聚合物、有机固体和单分子层的 $\sigma_c$ 值。由表 3-5 可见，含氟聚合物 $\sigma_c$ 最低，是最不容易被润湿的。若用甲苯（$\sigma=28.5\text{mN/m}$）滴在聚四氟乙烯表面，将不能铺展开；而在聚氯乙烯表面则可以铺展。应该特别指出，固体表面的润湿性取决于其表层结构。如果表面吸附了某种低 $\sigma_c$ 的物质，表面润湿性变差。

表 3-5　一些低能固体表面的 $\sigma_c$

| 固体表面 | $\sigma_c$/(mN/m) | 固体表面 | $\sigma_c$/(mN/m) |
|---|---|---|---|
| 聚四氟乙烯 | 18 | 聚氯乙烯 | 43 |
| 聚三氟乙烯 | 22 | 尼龙 66 | 46 |
| 聚乙烯 | 31 | 石蜡 | 26 |
| 聚苯乙烯 | 33 | 全氟月桂酸（单分子层） | 6 |
| 聚乙烯醇 | 37 | 硬脂酸（单分子层） | 24 |
| 聚甲基丙烯酸甲酯 | 39 | 苯甲酸（单分子层） | 53 |
| 聚丙烯 | 31 | | |

润湿与铺展：表面张力是影响液体能否在固体表面上自发铺展的关键因素之一，在涂料的制造和涂刷过程中，润湿和自发展布是非常必要的条件，因此，表面张力是评价涂料性能好坏的一个重要标准。

## 1. 沾湿

液体对固体的沾湿能力可用黏附功 $W_A$ 来表示，见下式。

$$\Delta E = E_1 - E_2 = W_A = (\sigma_{SG} - \sigma_{SL}) - \sigma_{LG}$$

式中，$\sigma_{SG}$ 为固体的表面张力；$\sigma_{SL}$ 为液体/固体间的表面张力；$\sigma_{LG}$ 为液体的表面张力。

上式体现出要使沾湿容易进行则使液体的表面张力尽量小。黏附功 $W_A$ 是液固沾湿时体系对环境所做的最大功，$W_A \geq 0$ 是液体沾湿固体的条件。其中固体的表面张力 $\sigma_{SG}$（又称为固体的表面自由能）越大，固体越容易被一些液体所沾湿。所以 $\sigma_{SG}$ 越大，黏附功 $W_A$ 越高，体系越稳定，液固沾湿性越好。

## 2. 浸湿

设界面为单位面积，在某温度压力下，浸湿模型以总自由能 $E_1$ 及 $E_2$ 表达，即发生浸湿前后，表面及界面上存在的能量见下式。

$$\Delta E = W_i = A = \sigma_{SG} - \sigma_{LG}$$

上式同样显示出表面张力对于浸湿所起的关键作用。$W_i > 0$ 是液体自动浸湿固体的条件。$W_i$ 值越大，则液体在固体表面上取代气体的能力越强。$W_i$ 在浸湿作用中又称为黏附张力，常用 $A$ 表示。

## 3. 铺展

设固体的表面能为 $E_1$，经液体涂布后为 $E_2$，涂布前后的表面能差为 $\Delta E$，$\Delta E$ 称为铺展系数（$S$），$\sigma_{SG} - \sigma_{LG}$ 即为固体表面张力或润湿张力。$\Delta E = S = (\sigma_{SG} - \sigma_{SL}) - \sigma_{LG}$ 这个公式适用于完全光滑的固体表面。$S > 0$ 是液体在固体表面上自动展开的条件。如下式所示。

$$S = \Delta E = E_1 - E_2 = \sigma_{SG} - (\sigma_{LG} + \sigma_{SL}) = (\sigma_{SG} - \sigma_{SL}) - \sigma_{LG}$$

当 $S > 0$ 时，则 $\sigma_{SG} - \sigma_{SL} > \sigma_{LG}$，即液体表面张力小于固体表面的润湿张力，此时液体涂布在固体表面后会使体系的表面能下降，液体即使无外力也能自发展布。只要液体的量足，就会连续地从固体表面取代气体，自动铺满固体表面。

当 $S = 0$ 时，则 $\sigma_{SG} - \sigma_{SL} = \sigma_{LG}$，即液体表面张力等于固体表面的润湿张力，固体表面的表面能在涂布液体的前后没有变化，所以当液体借外力在固体表面涂布后将不再展布或回缩。

当 $S < 0$ 时，则 $\sigma_{SG} - \sigma_{SL} < \sigma_{LG}$，即液体表面张力大于固体表面的润湿张力。此时液体涂布在固体表面后将增加体系的表面能。为了顺应能量趋向最小的规律，即使借外力涂布后也必然要回缩。

3 种润湿过程均与黏附张力有关。$W_A > W_i > S$，故只要 $S > 0$，即能自动铺展的体系，其他润湿过程皆能自发进行。图 3-22 显示 3 种润湿过程示意图。表面张力低的液体自动向表面张力高的液体上铺展。

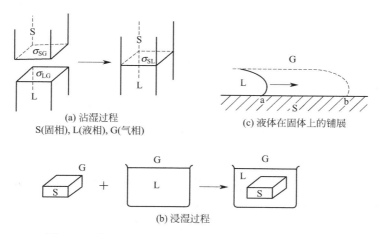

(a) 沾湿过程
S(固相), L(液相), G(气相)

(c) 液体在固体上的铺展

(b) 浸湿过程

图 3-22　沾湿（a）、浸湿（b）和液体在固体上铺展（c）

涂层与塑料在界面上的作用机理可归纳为物理吸附、化学键合、渗透黏附、机械拴接和桥联黏附四种作用方式。不同的界面作用方式所形成的界面结合力影响塑料/涂料界面涂层附着状态和附着力。在这四种作用方式中，物理吸附在所有塑料/涂层界面上都普遍存在；机械拴接和桥联黏附作用与塑料表面的粗糙度有关，随塑料表面粗糙度的增加，这种界面作用方式对附着力的贡献增大；化学键合作用只存在于含有化学活性的塑料/涂层界面之中；渗透黏附作用存在于表面微溶解或溶胀的塑料与其涂层界面上，对于耐溶剂性能好的热固性塑料和高结晶度的聚烯烃塑料，由于表面难于溶解或溶胀，这种界面作用方式被认为很少出现。下面以聚丙烯（PP）为例分析涂料的组成设计对界面渗透的影响。表3-6列出了PP涂料底漆与面漆配方组成，而表3-7列出了PP与涂料体系各组分的表面张力和溶解度参数。

表 3-6　涂料配方

| 组　　分 | 底漆/% | 面漆/% |
|---|---|---|
| 羧化的氯化聚烯烃树脂 | 25～30 | 55～65 |
| 混合芳烃 | 55～58 | 10～15 |
| 环己酮 | 15～17 | 5～8 |
| 助剂 | 约1% | 约1% |
| 金红石型钛白粉 | 12～15 | — |

表 3-7　PP与涂料体系各组分的表面张力和溶解度参数的比较

| 物理参数 | PP | 甲苯 | 二甲苯 | 环己酮 | 氯化聚烯烃 | 助剂 |
|---|---|---|---|---|---|---|
| 表面张力/(mN/m) | 31 | 28.53 | 28.08 | 34.5 | 39 | 25～26 |
| 溶解度参数/(cal/cm$^3$)$^{1/2}$ | 7.8～10.5 | 8.8 | 8.9 | 9.9 | 9.9～13.3 | |

为了增加其溶解性能和降低溶剂挥发速度，添加了溶解度参数相对较高的环己酮。助剂选用聚醚改性有机硅类流平剂，其表面张力只有25～26mN/cm，它能在短时间内迁移至涂层表面形成单分子层，降低界面张力，增加润湿性，促进涂膜表面张力均一化，起到降低表面梯度，防止缩孔的作用。

对于热固性塑料和结晶性好的PP塑料，对酮类表现出一定程度的敏感性，塑料表面的轻微溶胀，导致了涂料树脂高分子与塑料高分子之间的扩散与渗透，并形成一扩散层，在该界面上形成了渗透黏附作用，提高了涂层对塑料底材的附着力。结果使得上述涂料的附着力达到2级。

# 三、粗糙表面对涂料润湿的影响

杨氏方程描述了固体表面静态接触角与界面张力间的关系，只适用于平整、均匀以及惰性的固体表面［见图3-23（a）］。实际生活中的固体表面，往往都有粗糙的表面微结构，分析其表面的润湿性时，要考虑表面粗糙度的影响，需借助于Wenzel、Cassie-Baxter等理论。

## 1. Wenzel 方程

固体表面存在粗糙结构时，会使其表面的亲水性、疏水性发生明显变化。在光滑的平整表面，例如，聚四氟乙烯的表面，其本征接触角最大只有108°，但如果在固体表面加工微纳米精微结构，可使其表面的表观接触角达到170°。Wenzel认为，液滴接触非复合阶层粗糙表面时，液体能完全浸入凹槽，呈均相湿接触。粗糙表面的存在使固/液实际接触面大于观察到的表观接触面，因而可以增强固体表面的亲水性或疏水性，如图3-23（b）所示。Wenzel从杨氏方程出发，建立了Wenzel方程：

$$r(\sigma_{SG}-\sigma_{SL})=\sigma_{LG}\cos\theta_W^*$$

把杨氏方程代入上式得：

$$\cos\theta_W^*=r\cos\theta$$

Wenzel 方程中，$\theta_W^*$ 为受固体表面粗糙度影响的表观接触角；$r$ 称为粗糙度因子，数值上等于实际固/液接触面面积与表观固/液接触面面积之比，$r\geqslant1$；$\theta$ 为本征接触角，由固体表面的化学组成决定。由 Wenzel 方程可以看出，当 $\theta<90°$ 时，$\theta_W^*<\theta<90°$；当 $\theta>90°$ 时，$90°<\theta<\theta_W^*$；可见，固体表面微细粗糙结构的存在使亲水的表面更亲水，疏水的表面更疏水，即表面粗糙度因子对固体表面的润湿性具有放大效应。液滴在高表面能的粗糙界面，易于完全浸入凹槽，在超亲水表面，表观接触角与本征接触角有如下关系。

$$\cos\theta_W^*=f_s(\cos\theta-1)+1$$

式中，$f_s$ 为固相分率。

研究发现，通过表面微加工技术，可使亲水材料（$\theta<90°$）表现出超疏水性（$\theta_W^*>90°$），这一现象无法用 Wenzel 理论作出合理的解释，表明了 Wenzel 理论的局限性。

## 2. Cassie-Baxter 方程

Cassie 和 Baxter 通过对自然界中超疏水现象的分析，提出了复合接触面的概念。Cassie 认为，在疏水表面上，液滴与非复合阶层粗糙表面接触时只与表面的凸起部分接触，液滴下面的凹槽中会截流空气，表观上的液/固接触面其实是由固液气共同组成，是一种复合接触，属异相湿接触〔如图 3-23（c）所示〕。根据 Cassie 方程：

$$\cos\theta_{CB}^*=f_s(\cos\theta+1)-1$$

式中，$\theta_{CB}^*$ 为水滴在粗糙表面的表观接触角；$\theta$ 为与粗糙表面化学组成相同的平整表面的本征接触角；$f_s$ 是表观接触面上固体的面积分数，又称固相分率。从 Cassie 方程可以看出，$f_s$ 值越小，本征接触角 $\theta$ 越大，则表观接触角 $\theta_{CB}^*$ 越大，即疏水性越好。如果同时考虑复合接触面、表面粗糙度因子（$\gamma_f$）对固体表面润湿性的影响，则需要对 Cassie 方程进行修正：

$$\cos\theta_{CB}^*=r_f f_s\cos\theta+f_s-1$$

当 $f_s=1$，$r_f=r$ 时，Cassie 方程又变成了 Wenzel 方程。

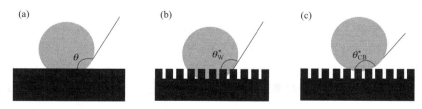

图 3-23　固体表面的接触角

（a）杨氏润湿态；（b）Wenzel（均相）润湿态；（c）Cassie-Baxter（异相）润湿态

总之，在具有均匀粗糙结构的固体表面，若粗糙微结构的尺寸远远小于水滴的半径，其润湿现象可以借助 Wenzel 和 Cassie 方程解释，若粗糙固体表面的物质具有亲水性，则液体会完全浸满表面的凹槽，适合用 Wenzel 方程解释；若粗糙固体表面的物质具有强疏水性，则液滴悬着于粗糙的微凸体表面，适用 Cassie 方程说明。

# 第三节　表面张力及流变行为引起的涂层弊病

## 一、简述

涂料涂布过程中或干燥后，有许多弊病是与表面张力相关的，如对流窝（也称为贝纳尔德，Benard cell）、缩孔、厚边、回缩或脱润湿、黏合破坏或脱层等。

表面张力引起的涂层弊病在溶剂型涂料中更为常见。在水性涂料中，由于总是采用表面活性剂，使涂料的表面张力较为恒定，弊病产生的起因与表面张力的关系相对较少。

流动改性剂在涂料中起着许多作用，主要用于减轻、消除涂膜的表面缺陷，改善涂膜外观。在涂料的生产和成膜过程中，它们有助于颜料的分散，改善其对底材的润湿，促进流动流平，控制缩孔、鱼眼、橘皮和针孔等。

## 二、涂层弊病及原因分析

### 1. 流平与流挂

基本的流平方程如下所示：

$$n\frac{a_0}{a_t} = \frac{16\pi^4}{3} \times \frac{\sigma x^3}{\lambda^4} \times \int \frac{dt}{\eta}$$

式中，$a_0$ 为初始振幅，cm；$a_t$ 为在时间 $t$ 时的振幅，cm；$x$ 为涂层平均厚度，cm；$\lambda$ 为波长，cm；$\eta$ 为黏度，Pa；$\sigma$ 为表面张力，mN/m；$t$ 为时间。

把上式转化成常用对数，并把诸常数化简为单一的常数值，得到下式：

$$\lg \frac{a_0}{a_t} = \frac{226\sigma x^3}{\lambda^4} \times \int \frac{dt}{\eta}$$

该流平方程式最大限度地揭示出表面张力对于流平性的重要影响，表面张力是液态涂层发生流平的动力。

流挂：涂料涂覆于垂直物体表面，在涂膜形成过程中湿膜受到重力的作用朝下流动，形成不均匀的涂膜，称为"流挂"。一般发生在施工件的垂直面，湿膜在重力作用下向下流动，形成局部或整体的上薄下厚涂层，严重的有不均一的条纹和流痕出现。

涂膜流挂主要取决于涂料的内在品质和涂料的流变性能。据介绍，为防止流挂，有的涂料生产厂家在涂料中加入防流挂树脂或者添加适量的流变助剂如有机膨润土等，其防流挂机理为：加入防流挂树脂后，体系形成一种疏松的网络结构。这种网络结构是可逆的，在强剪切力的作用下，结构破坏甚至消失，导致涂料黏度下降。当涂料刷上工件后，在充分流平的同时，网络结构又迅速形成，引起黏度的增加，从而防止了湿漆膜的流挂。所以，要预防流挂的发生，必须从涂料本身着手，在配方中添加适量的流变助剂或者防流挂树脂，从而改善其流变性能。

从流变学得到涂料的垂流的经验公式为：

$$Q = \rho g \Delta^3 / (3\eta)$$

式中，$Q$ 为垂直面漆膜总体质量位移总量，表示流挂的程度；$\rho$ 为涂料的密度；$\eta$ 为动态黏度；$g$ 为重力加速度；$\Delta$ 为涂膜总厚度。

从上式可以看出，流挂的程度与涂膜总厚度的三次方及涂料的密度成正比，与涂料的动态黏度成反比，所以，对已确定的涂料而言，涂刷厚度的影响最大，其次是黏度。在实际施工过程中，应控制好涂膜的厚度；其次，稀释剂不宜加得太多，而应当使涂料保持相对较高的施工黏度。其他如喷涂距离太近，各涂层之间的间隔时间太短，喷枪的喷嘴口径过大也会造成流挂。

施工原因造成的流挂现象解决方案，多次薄喷（干膜厚度一次在 $20 \sim 30 \mu m$），控制枪距（不小于 $30 cm$）和喷涂压力，争取做到枪距均匀一致；控制正确的施工黏度，施工现场调漆时最好配备黏度杯；保证配套涂层间有足够的间隔时间以及选用合适的喷嘴。

热力学上能被润湿的，动力学上也可能润湿不好。若固化时间 $t_c$ 大于润湿所需时间 $t$。则：

$$t = 2\eta L^2 / (r\sigma_{LG}\cos\theta)$$

$t$ 为对长度为 $L$、半径为 $r$ 的孔隙进行润湿所需时间。图 3-24 显示了流平与流挂示意图。

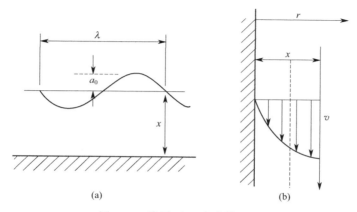

图 3-24　流平（a）和流挂（b）

实际应用时，要综合考虑流平与涂料的保护功能。图 3-25 给出了流平效果示意图。结果表明太好的流平效果不利于涂料的保护。

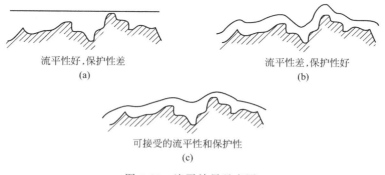

流平性好,保护性差
(a)

流平性差,保护性好
(b)

可接受的流平性和保护性
(c)

图 3-25　流平效果示意图

## 2. 缩孔

缩孔指的是在涂料表面上由低表面张力点引起的特殊缺陷。液体从低表面张力点流到高表面张力点形成缩孔，如图 3-26 所示。低表面张力点可以由空气中的灰尘、油滴、凝胶颗粒产生，也可以是由于使用了浓度高于其溶解度的聚硅氧烷消泡剂而产生。液体会以惊人的高速从低表面张力点流出，其速度可达 65cm/s。

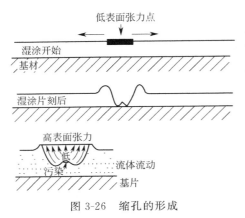

图 3-26　缩孔的形成

涂料从低黏度恢复到高黏度的这段时间，其黏度就是缩孔形成的关键黏度。低表面张力的组分扩散引起涂层材料本体迁移，其迁移形成缩孔期间涂料的流量 $q$ 和形成的缩孔深度 $d_c$ 如下式所示：

$$q = h_2 \Delta\sigma / \eta, d_c = 3\Delta\sigma / (\rho g d)$$

式中，$\Delta\sigma$ 为高低表面张力区域间的表面张力差；$\rho$ 为涂料密度；$g$ 为重力加速度；$\eta$ 为涂料黏度，这个黏度越低，而且低黏度流体存在的时间越长，涂料流平越好。缩孔形成期间涂料流量和缩孔深度表达式表明，表面张力差值越大，缩孔越大。在表面张力差的驱动下，涂料快速由低表面张力处流向高表面张力处，也就是说缩孔形成的阻力更小。缩孔深度 $d_c$ 与涂膜厚度 $d$ 成反比关系，厚涂膜在表层涂料被周围的高表面张力液滴拉开后，下层涂料涌上弥补，缩孔深度变浅。在有表面张力差存在的前提下，缩孔更易形成。

常见解决方法是用助剂降低涂料表面张力以减少缩孔增加流平。由于表层液体的快速流动和底层液体的拖曳，缩孔的边缘升高。常常可以观察到有个"峰尖"保持在缩孔的正中，而实际上中心部位是很薄的，仅有 1 个单分子层留在基材上。为了防止缩孔的产生，通常采用薄层和高黏度以减少缩孔。要特别注意涂布环境的清洁，以避免空气中污物的影响。

改变表面活性剂或使用附加表面活性剂对减少缩孔也很有效。这可能是因为新的表面活性剂或附加表面活性剂能较好地润湿并分散污物颗粒。

缩孔产生原因：基板的前处理不好，基板表面还残留有油、灰尘等污染物，致使涂料涂敷后由于表面张力的差异而产生涂膜收缩；所用涂料体系的极性偏高，表面张力比较大，对基材表面的润湿性不良而产生缩孔；涂料内部的气泡释放不利，导致气泡随涂料带到板面，经涂漆辊碾压造成漆膜缩孔等。为了消除缩孔，需要确保基板处理充分，表面没有油与灰尘等杂质；保持生产环境清洁；使涂料与基板之间的温差不要太大；可以通过选择合适的表面助剂，适当降低体系的表面张力，提高体系对基材表面的润湿，以改善流平和消除缩孔；选择合适的混合溶剂调整涂料的上机黏度，并在涂料中配合安全的消泡助剂，以获得良好的流平和消泡平衡性能。

## 3. 针孔

涂膜干燥后，在涂膜表面形成针状小孔，严重时针孔大小似皮革的毛孔，这一现象叫做"针孔"。主要原因是涂料刷得太厚，其次是溶剂挥发得太快。在闪干过程中（10～15min），涂料表面黏度已相当大，相对较多的溶剂被封在漆膜里，由于其快速挥发而形成逃逸通道，溶剂顶破漆膜就形成了"针孔"。产生的原因有：面漆本身释放气泡能力差；厚涂完流平时间太短就进烘房烘烤，或烘烤温度过高，升温太快；涂料中混入其他物质，如溶剂性涂料中混入水分等；喷漆间空气流速太快，导致表干过快；环境湿度过高。

防治对策是根据溶解度参数理论严格选用涂料中的混合溶剂，使其挥发速度得到平衡。

在涂料中添加适量的流平剂，有利于消除针孔。另外，要严格控制施工黏度，并适当选用挥发速度较慢的稀释剂，使得涂层表面有充足的时间来流平。最后值得一提的是，已产生絮凝的涂料更易出现"针孔"现象，应禁止使用。

可选用慢干稀释剂，低温烘烤；严格按照施工工艺要求，保证足够的流平时间；烘烤时逐渐升温；保证调漆设备、工具干净无污物、水分，不用的涂料和稀释剂密封存好；调整喷漆间的空气流动速率以及环境湿度大于80%时不宜喷涂亮光面漆。

## 4. 起泡

起泡的原因：被涂基板表面不干净，可能带有盐、碱、油污等残留物；涂膜过厚或混合溶剂使用不当，造成高温快速烘烤时，表面漆膜的固化致使涂膜内部溶剂未完全挥发而引起鼓泡；此外在高温条件下长期存放以及所用涂料的耐水或耐湿热性差都有可能造成成品卷材在存放过程中的漆膜起泡。预防起泡：改善前处理，保证被涂基板表面干净，没有盐、碱、油污等残留物；可以通过调整树脂与固化剂的配比，选择活性更高的羟基组分和氨基固化剂等方法来缩短固化时间，保证涂膜能够在较短的时间内充分固化，达到理想的交联密度。此外，还可以通过选用不同挥发梯度的混合溶剂，使涂膜在固化过程中梯度挥发，不仅可以保证涂膜的后期流平，还可有效避免厚涂漆膜的起泡问题。

## 5. 橘皮

涂料流动性差，涂膜流平不好，有凹凸起伏的橘皮状波纹。橘皮形成原因：喷涂黏度太大，流动性能差；雾化不良；喷漆间内空气流速过大，导致溶剂挥发过快；喷涂时喷枪与施喷件表面距离不合适，喷涂压力太大。消除橘皮，使用配套稀释剂，将涂料调至合适的喷涂黏度；调整出漆量和雾化效果，实在不行，则需更换雾化性能好的喷涂设备；调整喷漆间的空气流速，喷距不宜太近，喷涂压力要适中。图 3-27 显示了橘皮形成示意图。

图 3-27　橘皮形成示意图

## 6. 对流窝（贝纳尔德窝）

当溶剂在湿涂层表面挥发时，将产生两种作用：即由于溶剂挥发时吸热，使挥发中心附近温度降低；另外挥发中心附近的颜料和成膜物的浓度增大。这两种作用都使挥发中心附近的表面张力增大（液体表面张力随温度升高而降低）。这样，挥发中心四周的涂料有比中心处更高的表面张力，形成从中心向外的拉力（见图 3-28）。与此同时，由于挥发中心附近的固体含量增加，其相对密度将大于涂膜底部，因此将产生上下方向的对流旋涡（见图 3-28）。由于表面张力梯度和密度梯度形成的这种涡流一直进行到各处表面张力相等和（或）涂料的黏度变得很大为止。

当涂料中含有两种以上颜料时，对流窝的形成会造成涂膜发花。当然，发花也与颜料粒子的密度和彼此的絮凝状态有关。为了减少对流窝的影响可以采取如下措施：采用薄涂层，可以减少液体流动形成的对流；恰当选用混合溶剂，混合溶剂中各组分挥发率和表面张力都不相同，应当注意尽量避免选用挥发速率过快的溶剂，因为挥发太快，使挥发中心附近温度骤然下降，导致表面张力梯度加大，溶剂的表面张力的不同在设计混合溶剂时也应予以注意；降低表面张力，选用降低表面张力效果强的表面活性剂（如含氟表面活性剂、聚甲基硅

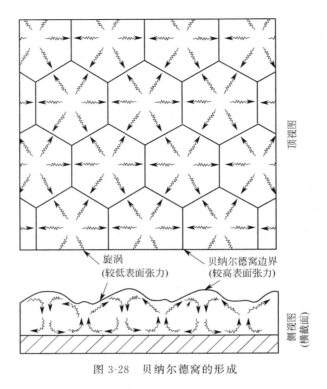

图 3-28 贝纳尔德窝的形成

氧烷表面活性剂等），可以减少表面张力梯度，从而减弱形成对流窝的推动力；增加涂料的黏度，可以增大液体流动的阻力，减少对流窝。

## 7. 厚边

厚边也称为淤边、疏边。厚边的产生如图 3-29 所示。由于正常涂布中，涂料对基材都有良好的润湿性，这意味着涂料在基材上边缘部位比较薄（因为接触角小于 $90°$）。在涂布干燥过程中，溶剂挥发速率是相同的，因此，边缘部位的固体浓度增加快。当不使用表面活性剂时，固体浓度高的地方通常表面张力较高，这是因为已溶解固体的表面张力一般都高于溶剂的表面张力。边缘处这种较高的表面张力引起涂料向边缘流动，形成厚边。加入表面活性剂对防止厚边的形成是有效的。

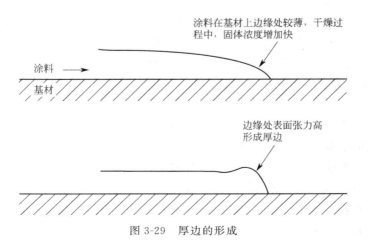

图 3-29 厚边的形成

## 8. 脱润湿与回缩

涂料在基材上润湿的要求是涂料液体的表面张力要低，基材的表面能要高。否则，在涂布后不久涂层会脱润湿，也就是说，涂层从已涂布的地方缩回。这种脱润湿大面积出现时称为回缩。

这种弊病产生的过程可用图 3-30(a) 来说明。当涂层很薄时，由于不润湿，在基材上一旦出现了一个很小的干燥点，而这点的表面能又很低，就会形成图 3-30(b) 的脱润湿情况。

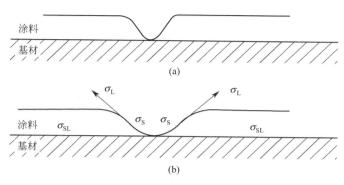

图 3-30　脱润湿的形成

在基材表面产生干燥点的原因：基材表面能不够高；基材表面有油污；空气的污染（缩孔的形成）；贝纳尔德窝的出现以及基材表面有小凸起等。

脱润湿和回缩不发生在对基材的涂布过程中，而是发生在涂布之后不久。很出人意料，在聚四氟乙烯（$\sigma_c$ 是 18mN/m）上涂不含表面活性剂的水溶液是可以的，但是在涂布之后，液体几乎立刻脱润湿。可以从两方面注意防止脱润湿的产生：一是固体基材的表面能与涂料液体的表面张力要匹配，固体的表面能要高，涂料液体的表面张力要低；另一方面是要防止基材表面干燥点的出现。

## 9. 黏合破坏和脱层

当涂料液体和基材表面张力或表面能没有调整好时，并不总是发生脱润湿和回缩。若基材表面能与涂料液体的表面张力的不匹配性不太严重，或涂层很厚时，脱润湿力可能不足以使液体产生较大的移动，但对基材的黏附力会非常小，而且涂层很容易被从基材上除去。当涂布时使用了适当的涂料液体，但错误地将其涂在了塑料底材的反面（未经预处理的一面）时，会出现这种情况。经过干燥的涂层，肉眼看起来很好，但当被卷曲或振动时，涂层便从底材上脱离下来，成了一个独立完整的游离薄片。

## 10. 发花和浮色

发花属颜料动态分离现象之一。颜料在水平方向发生分离现象以致涂膜颜色不均而出现发花。浮色是颜色在垂直方向上发生变化，涂料在成膜和干燥过程中一种或多种颜料发生分离，一种颜料浮到表面，另一种颜料原位不动或是沉到底部（图 3-31）。

导致涂料的浮色发花因素很多，颜填料粒径差，体系中各物质的表面张力差，各物质的HLB 以及乳液与色浆的兼容性等对乳胶漆的浮色发花造成较大影响。如果白浆或色浆之间的表面张力与体系的表面张力差较大时，用这种浆配制的涂料比较容易出现浮色。乳液与色浆兼容性好则涂料和涂膜的浮色发花情况会好很多，乳液对色浆润湿好则色漆展色性也很好。

当色浆与各类乳液或乳胶漆混合时，色浆的分散稳定性表现就不一样，当颜料粒子表面的表面活性剂与乳液粒子表面吸附的表面活性剂即乳化剂或者水之间的亲和力大时，颜料粒子所吸附的表面活性剂被剥离，使得颜料粒子表面的保护层变薄，造成颜料的絮凝，从而引起涂料涂膜的浮色发花。当然当乳液颗粒外的乳化剂与色浆中颜填料粒子外的表面活性剂兼容性好时，则乳液对这些颜填料粒子的润湿就好，整个色漆的展色性就好，色彩鲜艳，且不浮色。

　　HLB 是个很敏感的问题，在生产涂料时常使用多种材料：乳液、颜料、填料、溶剂、助溶剂及各类助剂。这些材料它们都有自己的 HLB，各材料的 HLB 匹配则涂料整个体系的性能就很优良，浮色、发花、分水等现象就会克服。当然当乳液、颜填料选定以后，HLB 就没法改变了，但可以通过仔细选择助剂，即润湿分散剂、增稠剂等来调整整个体系的 HLB 值，使整个体系的 HLB 值平衡。亲油的物质其亲油端的表面张力小，涂料储存在容器储罐中，这些亲油的物质容易浮到表面上来，从热力学角度来讲，整个体系能量降低，体系稳定。当生产的乳胶漆在静态即在容器中就浮色，不仅开罐效果不好，施工性能也不好，涂膜状态也不好。如果涂料浮白色，说明白浆 HLB 值比较小，白浆比较亲油，所以，生产白浆时就要把白浆做得亲水一点；如果涂料浮的是色浆的颜色，说明白浆 HLB 值比较大，比较亲水，则在生产白浆时就要把白浆做得亲油一些，来阻止涂料浮色。

　　HLB 的匹配，可以通过仔细选择润湿与分散剂来完成。阴离子分散剂中带疏水基团的铵盐分散剂比羧酸钠盐类分散剂要亲油，HLB 值小，且带疏水基团的铵盐分散剂对乳胶漆涂膜的浮色也有很大改善。因为当颜填料粒子包裹了这种类型的分散剂时，颜填料粒子周围不仅有静电阻力，还存在空间位阻，而且涂膜在干燥过程中，随着水分的蒸发，铵盐中氨也挥发，使得此类分散剂更疏水一些，从而包裹了此类分散剂的颜填料粒子与成膜物兼容性更好，加上空间位阻使得结构变得很膨松，从而使涂膜在干燥过程中涂膜浮色，即动态过程中浮色也得到抑制。一些假塑性强的缔合增稠剂与 HLB 值较大的表面活性剂有很大的亲和性，使其在颜料表面上脱附，造成颜料的聚集和絮凝，进而使体系着色力下降并生成浮色发花。在有机和无机颜料混用的体系中，尤其是钛白与青蓝、青绿和炭黑色浆共用时，采用假塑性弱的缔合增稠剂可获得色泽较为满意的乳胶漆并有良好的流平性。增稠剂或分散剂等某些基团如疏水端基，颜料粒子有较强的亲和力，吸附颜料粒子形成桥架絮凝导致涂料浮色，强疏水缔合型增稠剂，如因疏水基团对色浆粒子的吸附，引起桥架絮凝着色性较差，碱溶胀型增稠剂因所带离子电荷数量不同，成盐增稠后在涂膜干燥中导致成膜物带电荷数量不同，耐强极性颜料粒子亲和力不同，浮色严重程度，不同体系在展色方面亦存在差异。

　　抑制发花和浮色对策：

　　① 通过选择聚合物与颜料之间的相容性或匹配性可以解决浮色发花。但是配方设计上受到一定的限制，且不是从根本上解决浮色，选用适宜的润湿分散剂，调节粒子表面性质，调节其运动平衡性，才是控制浮色的最好方法。润湿分散剂吸附在颜料粒子表面，改善颜料粒子表面性质，改善展色性，改善或控制浮色现象，常用的润湿分散剂有阴离子、阳离子、非离子型与多官能团型。润湿分散剂吸附在颜料粒子表面，改变颜料表面的极性，分解改变颜料表面的结构，调节主成膜物质（聚合物与颜料粒子之间的亲和力）。

　　② 不管何种原因引起有色颜料絮凝、浮白以及颜料絮凝浮色，都可使用润湿分散剂来解决絮凝，改善粒子表面性质预防或控制浮色，在控制浮色过程中几种浮色现象可以相互转变。如水性涂料体系中涂膜出现色浆絮凝浮白色，基础漆制备添加亲油的低极性的助剂改性钛白粒子，或将润湿分散剂添加在色浆中，改性色浆颜料粒子，抗浮色助剂可以抗涂膜浮白色。

　　③ 某些体系中可以抗涂膜浮色，在成品漆中添加阴离子型润湿分散剂，吸附在炭黑或

有机紫颜料粒子表面，改善了颜料粒子表面性质，增强了极性，这些无极性、弱极性粒子具有与白粒子一样的极性，与聚合物具有同样程度的吸附絮凝，因而在涂膜干燥中运动能力相当，控制了浮色。选用强力降低表面张力的表面活性剂时，常用有机硅表面活性剂，使其在涂膜干燥过程中迁移到表面形成单一的分子膜，平衡表面张力而控制发花；但是浮色有可能依然存在。

④ 解决絮凝发花或浮色还可以添加一些可生成触变结构的添加剂，使在漆膜中形成一种网络结构，阻止颜料分离和流动，控制颜料絮凝、沉降和贝纳尔德窝流动，减轻浮色发花现象，但是使用增稠剂有可能会影响体系和施工黏度，体系的 pH 值也需要控制得当。图 3-31 显示了发花与浮色示意图。

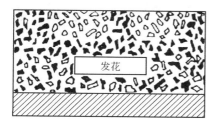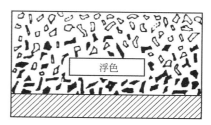

图 3-31　发花与浮色示意图

## 参 考 文 献

[1] Guan T，Dua Z K，Chang X Y，et al. A reactive hydrophobically modified ethoxylated urethane（HEUR）associative polymer bearing benzophenone terminal groups：Synthesis，thickening and photo-initiating reactivity. Polymer，2019，178：121552.

[2] Hiemenz P C. 胶体与表面化原理. 周祖康，等译. 北京：北京大学出版社，1986：49.

[3] 王海波，刘德山，李艳梅. 表面活性剂对分散体系黏度影响的特殊性. 高等学校化学学报，2005，26（4）：737-741.

[4] 伍秋美，阮建明，黄伯云，等. 低固相含量 SiO₂ 分散体系流变性研究. 化学学报，2006，64（5）：1543-1547.

[5] 牟伯中，罗平亚. 黏土/水分散体系的黏度方程. 胶体与聚合物，2001，19（1）：25-27.

[6] Mishra M K，Schottle C，van Dyk A，et al. Comprising Nanoscale Organosilane Shells：Concentrated Aqueous Dispersions and Corrosion-Resistant Waterborne Coatings. ACS Applied Materials & Interfaces，2019，11（47）：44851-44864.

[7] 刘安华，吴璧耀，蒋子铎. 钛白——甲苯体系的流变性与分散稳定性关系. 国外建材科技，1995，16（1）：34-38.

[8] 胡圣飞，李慧，胡伟，等. 触变性研究进展及应用综述. 湖北工业大学学报，27（2）：57-60.

[9] 吴国华. 涂料静切力及表面张力的研究. 安徽工学院学报，1993，12（3）：33-39.

[10] 龚海青，郭洪猷，王平. 表面张力引起的涂层弊病（一）. 现代涂料与涂装，2000，3：1-3.

[11] 龚海青，郭洪猷，王平. 表面张力引起的涂层弊病（二）. 现代涂料与涂装，2000，4：1-2.

[12] 谢卫红，杜红涛，季凯. 纳米材料对水性涂层表面张力的影响. 涂料工业，2011，41（2）：37-41.

[13] 刘会元，牛广轶，盛荣良. 涂料的流动、流平与相关助剂的应用. 上海涂料，2007，46（10）：37-39.

[14] 韩薇，张舜. 水性集装箱涂料的动态表面张力解决方案. 中国涂料，2018，33（2）：41-45.

[15] 彭金花，张海梅. PP 塑料专用涂料的研制报告. 科学实验，2003，2：5-6.

[16] 冯晓娟，石彦龙，杨武. 材料表面的润湿性. 化学通报，2014，77（5）：418-423.

[17] 吴奎录. 浅谈预涂卷材生产中漆病成因及对策. 应用技术，2003，3：3，5.

[18] 庞文武，陈炳耀，姚荣茂，等. 乳胶漆浮色发花因素探讨. MPF，2019，22（1）：32-34.

[19] Rodrigo M. Better ceramics through colloid chemistry. Journal of the European Ceramic Society，2020，40：559-587.

# 第四章

# 涂料的制备及生产安全管理

制备涂料的过程一般分为两个步骤。一是备料，包括对颜料进行分散和研磨、处理和溶解成膜物质，准备助剂等。二是配制涂料，主要是把各种原料按照合适的次序在高速搅拌的涂料混合器中均匀地混合在一起，并经合适目数的筛网过滤，除去杂质后备用。

## 第一节　涂料的制备

### 一、清漆的制备

清漆主要成分是树脂和溶剂，成膜后，其光泽美丽。清漆是一种涂料，它是以树脂为主要成膜物质加上溶剂组成的。它的主要成分是树脂和溶剂或者树脂、油和溶剂。品种很多，用途较广。下面以快干高固低黏双组分聚氨酯清漆来介绍其制备与表征。

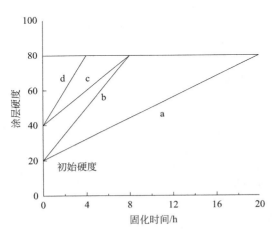

图 4-1　双组分聚氨酯涂料干燥过程中的初始硬度及硬度发展趋势

双组分丙烯酸聚氨酯清漆的干燥是物理过程和化学过程同时发生的。物理过程主要指溶剂的挥发，化学过程指树脂和固化剂之间的交联反应。通常要求清漆的快速干燥，是希望清漆迅速干燥至具有一定的硬度，能够满足抛光的需要。一般来说，在清漆喷涂后，溶剂的挥发是十分迅速的，在通常状态下，0.5h 内溶剂已挥发超过 90%。抛开溶剂的影响，清漆的干燥速度主要取决于两个方面，即涂层初始状态硬度的高低及树脂和固化剂的反应速度。据此可以将涂层分为 4 种类型（图 4-1）：初始硬度低，固化反应速度慢的涂层（a）；初始硬度低，固化反应速度快的涂层（b）；初始硬度高，固化反应速度慢的涂层（c）；初始硬度高，固化反应速度快的涂层（d）。

为获得干燥速度更快的涂料体系，应当期望涂层具有较高的初始硬度，同时应加快树脂和固化剂的交联速度。涂层较高的初始硬度，主要通过选用具有较高玻璃化转变温度（$T_g$）的树脂或分子链更刚硬的固化剂（如 IPDI 三聚体）来实现。树脂和固化剂的交联速度，则与树脂的反应活性或催化剂的使用有关。市面上的超快干涂料体系，大多遵循这一原理。对于高固低黏清漆，为了实现其较低的 VOC 含量，一般要大幅降低成膜物质的分子量。然而，大分子的分子量与其玻璃化温度在一定范围内呈现正相关的关系，即树脂的分子量越小，玻璃化温度也越低。这导致涂层初始状态的硬度起点低，因此涂层的干燥速度十分缓慢。如果采用超快干羟基丙烯酸树脂和高固低黏聚酯树脂共混的方案，超快干羟基丙烯酸树脂一般具有较高的玻璃化温度、较大的分子量和较高的反应活性，利用其提高涂层的初始硬度，并能够与固化剂快速反应。同时利用高固低黏聚酯树脂的黏度低、VOC 含量低的特点，结合两者的优势，来制备快干高固低黏的清漆。

制备双组分聚氨酯清漆的原材料：超快干羟基丙烯酸树脂 A（固含量 60%，羟基含量 4.2%），工业级，巴斯夫公司；聚酯树脂 B（固含量 90%，羟基含量 4.2%），河南道尔环保科技有限公司；二甲苯、丙二醇甲醚醋酸酯，工业级；醋酸丁酯、醋酸乙酯（聚氨酯级），工业级；二月桂酸二丁基锡（T-12），工业级；流平剂（BYK-331），德国毕克；流平剂（EFKA-3600），埃夫卡；快干稀释剂，工业级；HDI 三聚体类固化剂，工业级，拜耳材料科技有限公司。制备配方如表 4-1 所示。

表 4-1 双组分聚氨酯清漆的制备

| 组分 | 原料 | 质量份 | | | |
|---|---|---|---|---|---|
| | | 配方 1 | 配方 2 | 配方 3 | 配方 4 |
| A 组分：漆 | 树脂 A | 75 | 60 | 45 | 30 |
| | 树脂 B | — | 15 | 30 | 45 |
| | 醋酸丁酯 | 9.3 | 9.3 | 9.3 | 9.3 |
| | 醋酸乙酯 | 5.4 | 5.4 | 5.4 | 5.4 |
| | 二甲苯 | 6.0 | 6.0 | 6.0 | 6.0 |
| | 丙二醇甲醚醋酸酯 | 3.4 | 3.4 | 3.4 | 3.4 |
| | 流平剂 331 | 0.4 | 0.4 | 0.4 | 0.4 |
| | 流平剂 3600 | 0.2 | 0.2 | 0.2 | 0.2 |
| | T-12(10%) | 0.3 | 0.3 | 0.3 | 0.3 |
| B 组分：固化剂 | 按—NCO：—OH＝1.05 计算 | 50 | 50 | 50 | 50 |
| 快干稀释剂 | 调整至涂 4 号杯黏度 16～18s | 5～10 | 5～10 | 5～10 | 5～10 |

清漆的 VOC 含量依据 ISO 11890-1 进行测定；清漆膜的表干时间依据标准 GB/T 1728 测定；抛光时间采用指压法进行评估；硬度依据标准 GB/T 6739 测定；光泽依据标准 GB/T 9754 测定；DOI 采用 BYK AW4840 橘皮仪进行测定。

## 二、色漆的制备

色漆属于黏稠性漆料，主要由溶剂和助剂构成，整个体系包含多种相界面，不同成分始终处于相互作用状态下，因而该体系稳定性较低，非常容易出现相界面分离问题。但是色漆生产需要在相对稳定状态下，一旦出现分离问题，色漆黏稠性就会受到显著影响，这种涂料在施工之后所取得的效果也并不理想。因此，色漆不仅仅是不同组成物的简单搅拌，而是应该借助有效分散手段，分散到漆料结构内。

从广义层面来说，固体物质分布在液体或者是气体状态中，被称为分散。对于涂料来说，分散主要表示颜料均匀分布在树脂溶液中，并且处于相对稳定体系下。颜料在涂料内分散相对烦琐，基本上可以划分为三个阶段，分别为润湿阶段、解聚阶段与稳定化阶段。

① 润湿阶段　颜料颗粒表面的最表层一定会接触水分及空气，不同颗粒之间缝隙也都会被空气填满。颜料想要均匀分散到漆料中，前提条件就是需要应用漆料替代水分及空气，同时，在颜料颗粒表面构成包覆膜。漆料替代水分及空气同时在颜料表面形成包覆膜的过程，就是颜料润湿阶段。

② 解聚阶段　颜料在漆料中分散，漆料仅仅和颜料颗粒表面接触是远远不够的，主要原因是由于颜料无法处在稳定分散状态下。所以，这就需要施加外力，对颜料颗粒进行分解，将其体积都变为原级颗粒，增加颜料颗粒和涂料接触面积。解聚阶段是借助施加外力，让颜料恢复到原级颗粒的过程。

③ 稳定化阶段　颜料想要在漆料体系内稳定分布，主要借助两种机理实现，这两种机理分别为空间位阻稳定作用及电荷排斥稳定作用。正常情况下，在水溶液环境下，颜料颗粒介电常数相对较高，电荷所具备的稳定作用十分显著。颜料颗粒正负离子在吸附之后，会逐渐向相反溶液转移，进而在溶液表面形成带电粒子薄膜。粒子表面在聚集相反粒子电荷情况下，就会构成双电荷层，这种粒子分布也被称为平衡粒子。双电荷层伴随着溶液深度的增加，数量不断下降。两个粒子在相互接触过程中，并不出现电荷排斥，必然会造成颜料颗粒电荷重新分布，增加粒子之间斥力，分散体系就可以处于稳定状态，这个阶段也被称为稳定化阶段。

## 1. 分散研磨设备

高速分散机，是涂料众多分散装备中结构最为简单的一种，在运行过程中和砂磨机相结合充当颜料预混合装备，在部分情况下，高速分散机也可以成为单独颜料分散装备。高速分散机中最为关键的零件为分散叶轮，分散叶轮边缘呈现弯曲齿状，倾斜角度大约在30°左右，每一个齿面在运行中都会产生冲击力。实际上，物料从齿面内部向边缘运动，这就属于剪切作用。漆料往返于齿面及边缘，处于加速及减速状态下，黏度也就会逐渐下降。高速分散机优势为：结构简单，实际操作及后期养护便捷，生产效率较高，伴随着高速分散机装备类别不断增加，进而应用范围越加广泛。

砂磨机产生于20世纪50年代后期，首次在我国应用是20世纪60年代。砂磨机自身体积相对较小，可以连续开展分散操作，运行效率较高，进而得到了广泛应用，同时，逐渐替代了球磨机在涂料中的作用。砂磨机主要由五部分构成，分别为研磨筒体、分散盘组件、电机、机架及主轴。

分散性作为颜料和体质颜料的一项重要应用性能，近年来越来越受到颜料生产企业以及其用户的重视，目前国内尚无评定分散性用的系列方法。国际标准化组织ISO制定了评定分散性用的分散方法系列标准ISO 8780-1～6以及分散性评定方法系列标准ISO 8781-1～3。内容介绍如下：

ISO 8780《颜料和体质颜料　评定分散性用的分散方法》分为6个部分：

第1部分（总则）对评定分散性用分散方法和评定方法的常用术语进行了解释，对影响测试结果的因素（采用的漆基体系、分散方法和评定方法）进行了说明。

第 2 部分（用振荡磨分散）适用于低黏度研磨料的研磨分散，使用的仪器设备主要有油漆调制机。此法通过振荡使研磨球在研磨料中作自由运动，将颜料分散于介质中。

第 3 部分（用高速搅拌机分散）适用于高黏度研磨料的研磨分散，使用的仪器设备主要有高速搅拌机。此法通过高速搅拌机高速旋转对研磨料形成高剪切力，使颜料分散于介质中。

第 4 部分（用砂磨分散）适用于低、中黏度的研磨料的研磨分散，使用的仪器设备主要有砂磨。此法通过搅拌带动研磨球在研磨料中作自由运动，使颜料分散于介质中。

第 5 部分（用自动平磨机分散）适用于高黏度研磨料的研磨分散，使用的仪器设备主要有自动平磨机。此法将研磨料置于磨板间，通过在自动平磨机磨板上施加一定负载，以板的旋转使颜料分散于介质中。

第 6 部分（用三辊磨分散）适用于较宽范围的高黏度研磨料的研磨分散，使用的仪器设备主要有三辊磨。此法通过调节三辊磨辊子之间的接触压力使研磨料均匀分布于辊子之间，辊子转动使颜料分散于介质中。

上述 6 个部分中，第 1 部分是其他 5 个部分的基础。第 2~6 部分分别介绍了 5 种分散方法，分别适用于不同的领域。6 个部分作为一个整体满足了不同产品和不同使用者的要求。

ISO8781《颜料和体质颜料　分散性的评定方法》分为 3 个部分：

第 1 部分（由着色颜料的着色力变化进行评定）适用于着色颜料分散性的评定。其主要内容为在规定的条件下，将试验颜料和商定的参照颜料分阶段地分散至商定的漆基体系中。在每个渐进的分散阶段后，取出部分研磨料分别与白色颜料浆混合形成冲淡浆。每个冲淡浆的着色力（$K/S$）可用光谱光度计测得。计算试验颜料和参照颜料在选定的相同阶段下 2 个分散体之间着色力增加值（以百分数表示）来评定两者之间的分散性差异。也可以绘制着色力递增图（$K/S$ 值对分散阶段 $t_i$ 函数的曲线图）来详细地评定了解颜料的分散难易程度。

第 2 部分（由研磨细度的变化进行评定）适用于所有颜料分散性的评定。其主要内容为在规定的条件下试验颜料和商定的参照颜料分别分阶段地分散在商定的漆基体系中。在完成每个分散阶段后，取出部分研磨料测定研磨细度。绘制随分散阶段而变化的研磨细度曲线图。由图可以确定获得商定研磨细度所需的分散阶段。

第 3 部分（由光泽的变化进行评定）适用于所有颜料分散性的评定。其主要内容为在规定的条件下，将试验颜料和商定的参照颜料分别分阶段地分散在商定的漆基体系中。在逐步加强的分散阶段后，取出部分研磨料，制成涂料，涂布在底材上，自然干燥或烘干。然后测定干膜的镜面光泽。绘制随分散阶段而变化的光泽曲线图。由图可以确定获得商定镜面光泽值所需的分散阶段。

## 2. 配色

调色，把 2 个以上的原色混合成指定的颜色。原色，不掺杂其他成分的颜色，只用一种颜料制成的涂料叫原色漆。色样（标准板），调色的标准、被指定的颜色叫色样（色样有多种形式，如涂板、布、皮革、木片、电镀板、玻璃板等比较多见）。颜色再现，在调色的操作条件固定的情况下，相同的颜色可以反复调出。允许范围，在调色工作中，被指定的标准色和新调色之间合格范围内的色差。

颜料混色原理，减法混合原理，即：红＋黄＋蓝＝黑，这就是我们涂料中所用的混色原理，所以对我们涂料调色而言，随着调色的进行，涂料的色饱和度都将下降，直到颜色变黑为止。

光的混合，加法混合原理，即：红＋黄＋蓝＝白，这就是我们显示器所用的混色原理。其实我们见到的太阳光是白色的，也正是这个道理，但通过三棱镜我们又能将不同的光分离出来。

中性混合，中性混合是基于人的视觉生理特征所产生的视觉色彩混合，在印刷行业中用得比较多。把不同色彩的以点、线、网、小块面等形状交错杂陈地画在纸上，离开一段距离就能看到空间混合出来的新色。

调色的操作方法，首先，根据样板对原材料进行选定，其中包括：色浆，这是针对样板的色相；铝粉、珠光粉，这是针对样板的特殊效果；消光粉，这是针对样板的光泽；除此之外还有树脂、溶剂以及添加剂等，这主要是针对涂料的性能以及产品规格等而定。

原材料的选择在涂料的调色中是一个比较重要的环节，它将直接关系到调色的成功与否。铝粉和珠光粉必须通过和漆膜的对比，以确定其粒径是否一致，只有选择了合适的铝粉或珠光粉才能让漆膜有理想中的闪光效果。消光粉的选择将会影响到其消光强度，一般粒径越大的消光粉其消光效果就越好，只有选择合适的消光粉才能充分发挥消光粉的效果，以免造成不必要的浪费。而对色浆（颜料）的选择将直接影响到涂料的色相，以及前面所说到的同色异谱现象。

从下料量多的原色开始下料（金属色的场合，先要把铝粉用稀释剂分散调匀），下料少的原色要微量地分几次慎重下料。特别是着色力大、配比量少的原色下料时，要特别注意，通常可以根据配方或以往的经验，适当减去部分的用量，如有需要再进行补加。因为此类原料下料稍稍过量要调整时，就要投入多量的原色或金属色，这会对生产造成很大的损失。

涂板的制作方法，首先，需要强调的是，任何涂料都只能将其制成样板后与色样进行比较，直接将涂料与色样比较的方法不可取，因为等漆膜干了以后，势必会对涂料的深浅造成一定的影响。而且漆膜未干根本无法判断涂膜的光泽。

色板的制作采用以下方法，喷涂法、辊涂法、刷涂法、辊筒刷涂法、刮涂法、浸涂法、淋涂法以及抽涂法。根据制板的不同方法，可选用喷枪、毛刷以及静电涂装等装置。一般采用喷涂法制板时，需要稀释的液体（稀释剂、水等）。关于稀释比，应该遵照打样时的稀释剂条件，否则对涂膜的光泽会有很大的影响。而且在制作样板时，对涂料的膜厚也有很高的要求，特别是对有光泽要求的场合而言，因为略微的膜厚差异就将影响涂膜的光泽。对金属漆而言，铝粉的定位对漆膜的明暗程度会有很大影响，表 4-2 列出了影响铝粉定位的因素。

表 4-2　漆膜的明暗程度的影响因素

| 效果 | 明亮（淡色） | 暗（深色） |
| --- | --- | --- |
| 稀释剂的比例 | 多 | 少 |
| 使用的稀释剂 | 干燥快 | 干燥慢 |
| 空气压力 | 高 | 低 |
| 喷枪口径 | 小 | 大 |
| 喷枪面积 | 宽 | 窄 |
| 喷枪距离 | 远 | 近 |
| 喷枪运行速度 | 快 | 慢 |

颜色的判定方法，仪器判断，比较科学简单，利用光泽仪直接从数值上看到色板与样板

的光泽差异，从而进行调整。利用色差仪，能直接测出色板与样板在 $L$、$a$、$b$ 值上的差异，通过对这些数值的调整，就能得到色差最接近的样板。

相对仪器判断，肉眼判断比较主观，会受到观察者以及周围环境等诸多因素的影响。当进行目视比较时，对观察者的要求是，观察者必须由没有色视觉缺陷的人来担当，如果观察者佩戴眼镜，镜片必须在整个可见光谱内有均匀的光谱透过率；为了避免眼睛疲劳，在对有强烈色彩板比色后，不要立即对浅色样板和补色样板进行比色；在对明亮的高彩度色进行比色时，如不能迅速作出判定，观察者应对近旁中性灰色看上几分钟再进行比色；如果观察者进行连续比色，则应经常间隔地休息几分钟，以保证目视比色的质量，在休息期间不看彩色物体。一般在建筑物等北侧的太阳阴影下用目视判定。但是，小汽车领域要求在直射阳光下判定。颜色是从光源发出的光，也就是照射到涂膜的入射光线透过吸收后，再反射出来的颜色，光线的性质如变化，涂膜的颜色也会变化。判定时，有必要决定作为基准的光源和明亮度等。在阳光、日光灯以及钨丝灯等光源下，每一种照明都使同一个被测物体看起来不一样。因此，国家标准 GB/T 9761 在对色漆的目视比色评判时，作出了详细的规定。

对于比色工作，可采用自然光或人造日光。自然光，就是部分有云的北方光线，从日出 3h 以后到日落 3h 以前的北方光，光照应均匀，其照度不小于 2000lx。人造日光光照，采用具有 CIE 标准照明体 D65 光谱能量分布近似的光源照明的比色箱，其比色位置的照度应在 1000～4000 lx，比色箱的基体规格应符合 GB/T 9761 的规定。对于深色漆的比色，照度要大些。

为了提高配色效率，使用的原色越少越好；一定要使用和色样上相同的原色；先加入主色（在配色中用量大、着色力小的颜色），再将染色力大的深色（或配色）慢慢地、间断地加入，并不断搅拌，随时观察颜色的变化；微调整时，如果随意添加用于修正的原色的话，颜色的变动会混乱，颜色就调不好，所以要求有正确的判断，判断颜色偏差的方向，颜色是深或浅；哪种原色过多或过少；颜色浑浊还是清晰；光泽过了还是没到，此外，除有经验者外不要同时添加 2 种以上的原色。

当用纯溶剂或高浓度的漆料调稀色浆时，容易发生絮凝；其原因在于调稀过程中，纯溶剂可从原色浆中提取出树脂，使颜料保护层上的树脂部分为溶剂取代，稳定性下降；当用高浓度漆料调稀时，因为有溶剂提取过程，使原色浆中颜料浓度局部大大增加，从而增加絮凝的可能。同样的理由，若用纯溶剂清洗研磨设备或其他容器时，可能导致絮凝而使清洗更加困难，应该用稀的漆料冲洗。

## 3. 色漆生产举例

油性涂料的生产工艺是相似的。制漆工序为物理混合过程，在这个过程中并没有化学反应，主要包括三个步骤：第一，混合。制漆工艺过程中将溶剂、分散剂、颜填料投入到搅拌釜中，将其搅拌均匀，得到混合漆浆。第二，分散、研磨。利用砂磨机将经混合后的漆浆进行研磨，通过这样的方式确保漆浆的研磨尺寸符合涂料产品规定。第三，调和。制漆工艺中的调和又称为调漆，主要按照相关的配方比例将漆料、漆浆以及其他辅助成分配成色漆，达到涂料生产工艺规定的颜色、黏度以及细度。同时真正实现全方位系统稳定化的生产工艺，在制漆工艺过程中的调和工艺将涂料进行分散，进而达到一步成色的目标。现阶段，国内外的涂料生产工艺步骤大致相同，通过混合、调漆设备利用釜式密闭搅拌缸，分散、研磨主要利用密闭砂磨机，而分散设备主要利用高速变速分散机。下面以喷涂型无溶剂重防腐涂料为例来介绍油性涂料的制备与表征。

（1）喷涂型无溶剂重防腐涂料原材料

双酚 A 环氧树脂（NPEL-128），南亚电子材料（昆山）有限公司；双酚 F 环氧树脂（NPEF-170）、酚醛环氧树脂（NPPN-631），南亚塑胶工业股份有限公司；间苯二酚环氧树脂（ERISYS RDGE），美国 CVC 公司；对氨基苯酚环氧树脂（AFG-90），上海合成树脂研究所；脂环族环氧树脂（TTA184），江苏泰特尔新材料科技有限公司；丁基缩水甘油醚（XY501A）、$C_{12}$～$C_{14}$ 烷基缩水甘油醚（XY748）、苯基缩水甘油醚（XY690）、邻甲酚缩水甘油醚（XY691）、对叔丁基苯酚缩水甘油醚（XY693），安徽新远化工有限公司；腰果酚缩水甘油醚（MD2013），上海美东生物材料股份有限公司；三乙烯四胺，上海西陇化工有限公司；固化剂（LB-593），广州市联拓复合材料有限公司；固化剂（Kingcure 425）、固化剂（Kingcure345s），福建王牌精细化工有限公司；固化剂（Ancamide 2396），美国气体化工产品公司；固化剂（混胺），分散剂（BYK164），BYK 公司；消泡剂（TEGO FOAMEX N），迪高公司；流平剂（EFKA3777），巴斯夫公司；钛白粉（R-902），杜邦公司；炭黑（M800），CABOT 公司；滑石粉（325 目），广西龙胜华美滑石开发有限公司；云母粉（1250 目），深圳锦龙辉化工；硫酸钡（BSP-PH），广州昊腾化工；聚四氟乙烯微粉（SJC-100），奥纳化工；气相二氧化硅（TS-720），CABOT 公司。配方如表 4-3 所示。

表 4-3 喷涂型无溶剂重防腐涂料配方

| 原材料名称 | 质量分数/% |
| --- | --- |
| 双酚 F/间苯二酚环氧树脂（NPEF-170/ERISYS RDGE）（8∶1） | 47 |
| 腰果酚缩水甘油醚（MD2013） | 5.2 |
| 分散剂（BYK164） | 0.2 |
| 消泡剂（TEGO FOAMEX N） | 0.2 |
| 流平剂（EFKA3777） | 0.4 |
| 钛白粉（R-902） | 5 |
| 炭黑（M800） | 0.2 |
| 滑石粉（325 目）∶云母粉（1250 目）∶硫酸钡（BSP-PH）＝1∶1∶1 | 21.3 |
| 聚四氟乙烯微粉（SJC-100） | 2 |
| 气相二氧化硅（TS-720） | 1.5 |
| 合计 | 83 |
| 混胺固化剂 | 17 |

喷涂型无溶剂重防腐涂料的制备，将环氧树脂、活性稀释剂、分散剂、消泡剂、流平剂依次添加到铁罐内，开动设备搅拌约 5min，然后投入颜填料和触变剂，高速分散 30min，最后用三辊机研磨到细度至 40μm，100 目过滤包装，固化剂 100 目过滤，分开包装。

上述配方制备的喷涂型无溶剂重防腐涂料，黏度显著低于一般无溶剂环氧涂料，可进行正常的高压无气喷涂，单道涂层厚度达 600μm 以上，喷涂设备压力比宜选择 65∶1 以上，喷涂时环境温度应高于 10℃，否则黏度上升，涂料雾化不充分，影响涂层外观。表 4-4 列出了喷涂型无溶剂重防腐涂料性能。

表 4-4 喷涂型无溶剂重防腐涂料性能

| 项目 | 性能 | 测试方法 |
| --- | --- | --- |
| 混合黏度（25℃） | 2590mPa·s | ISO3219 |
| 表干时间 | 8h | GB/T 1728 |
| 附着力 | 18.5 MPa | GB/T 5210 |

| 项目 | 性能 | 测试方法 |
|---|---|---|
| 热变形温度 | 94℃ | GB/T 1634.1 |
| 邵氏硬度 | 92 D | GB/T 2411 |
| 耐沸水(30 d) | 无起泡、无剥落、无生锈 | GB/T 1733 |
| 耐盐水(3.5%,30d) | 无起泡、无剥落、无生锈 | GB/T 10834 |
| 耐原油(95℃,30d) | 无起泡、无剥落、无生锈 | GB/T 9274 |
| 耐盐酸(10%,30d) | 无起泡、无剥落、无生锈 | GB/T 9274 |
| 耐氢氧化钠(10%,30d) | 无起泡、无剥落、无生锈 | GB/T 9274 |
| 耐中性盐雾(3000h) | 无起泡、无剥落、无生锈 | GB/T 1771 |

（2）水性涂料制备

水性涂料的主要原料包括水、乳液、颜料、助剂以及填充料。而水性涂料的主要生产工艺流程分为以下几步。①前炼。主要是通过将水性类漆涂料原料中的颜料放置在水及分散剂中，使颜料保持充分的湿润，从而使水性类漆涂料的生产流程有序开展。然后利用可变速搅拌机将颜料、水以及助剂进行搅拌，形成浆料。②砂磨。砂磨是水性涂料生产工艺中最为重要的生产工艺，可以利用砂磨机将前炼生产工艺中产生的浆料颜料磨细。例如，汽车涂料所需的涂料粒度为 $10\mu m$ 左右，并且砂磨工艺过程中需要采用玻璃珠作为砂磨介质，从而使工艺稳定开展。③调配。调配的过程就是进行调和以及调色的过程。调和过程就是将合成水性树脂、水以及添加剂等必需的添加原料添加到已经被磨细的色浆中。调色过程就是加入前炼工艺生产过程中产生的色浆，将其制作成为所需的颜色。④质检。质检工艺主要是为了对涂料的性能等进行有效的检测，主要是通过设置小型喷漆柜，将涂料用于试验的钢板上，并且要保证喷漆柜每天运行一定的时间。⑤过滤包装。作为水性涂料生产工艺的最后一个步骤，主要是通过过滤器将原料中含有的颗粒物去除，最后通过不锈钢过滤网，将涂料装入涂料罐。下面以水性地坪涂料的制备为例介绍。

随着强制性国家标准《室内地坪涂料中有害物质限量》颁布。该标准的实施将会继续淘汰溶剂型地坪涂料的生产使用，标准中对挥发性有机物含量和可溶性重金属等提出限定要求，相关环节监管必将趋严，倒逼行业加快研发环保型地坪涂料，加速释放绿色环保涂料的市场空间。室内地坪涂料产品由于其优异的性能，广泛应用于食品、烟草、制药、电子、医疗卫生等行业的生产作业场所、家居及学校、商场等公共场所。每年的产销量不断递增。

在下游需求的拉动下，全球地坪涂料生产也保持稳定增长，2015 年全球地坪漆行业市场规模达到 194.5 亿美元。随着经济发展对家居行业的拉升作用愈发明显，前瞻产业研究院预计，到 2022 年全球地坪漆市场规模将达到 235.8 亿美元。虽然水性和无溶剂型涂料比溶剂型环保，但溶剂型由于其工艺、技术、性能等方面的优势，在地坪涂料中占有相当大的比例。目前国内地坪漆涂料 80% 左右是溶剂型，普通溶剂型地坪涂料和高固体溶剂型地坪涂料主导市场，众多小型地坪涂料企业生产的地坪涂料每千克价格在 10 元左右，价格低廉，被广泛应用在各大工程建设中。

然而，强制性限量标准的制定会推动室内地坪涂料技术的进步，引导室内地坪涂料向环保健康的方向发展、提高室内地坪涂料产品技术水平、有效规范市场以及有利于环保型产品推广和应用。

德国巴斯夫、美国弗美克、瑞士西卡、英国富斯乐、丹麦海虹老人以及意大利马贝这六大外资品牌的市场份额占比约为 78.8%。这就意味着全国数千家民族地坪漆企业在瓜分剩余不到 30% 的市场份额。

因此开发一种绿色环境友好型水性环氧涂料具有较好的现实意义，主要需要解决耐磨性、硬度、饱满度以及施工性同时提高的问题。以达到《绿色产品评价　涂料》（GB/T 35602—2017）、《建筑类涂料与胶粘剂挥发性有机化合物含量限值标准》（DB 11/3005—2017）以及《地坪涂装材料》（GB/T 22374—2018）标准所提出的要求。

制备水性地坪涂料的主要原料：水性环氧固化剂、水性环氧乳液，荷兰 QR Polymers；成膜助剂，陶氏化学；颜填料（不含重金属），南京；润湿分散剂、基材润湿剂，毕克；消泡剂、流平剂，迪高；去离子水。表 4-5 列出了基础配方。

表 4-5　水性环氧地坪面漆基础配方

| 组分 | 原料名称 | m/g |
|---|---|---|
| A 组分 | 水性环氧固化剂 | 25～30 |
| | 去离子水 | 20～25 |
| | 成膜助剂 | 4 |
| | 润湿分散剂 | 0.5～1 |
| | 消泡剂 | 0.4 |
| | 颜填料(不含重金属) | 38～50 |
| | 增稠剂 | 0.3～0.5 |
| | 流平剂 | 0.3～0.5 |
| | 基材润湿剂 | 0.2～0.5 |
| B 组分 | 水性环氧乳液 | 100 |

涂料制备工艺，将水性环氧固化剂、去离子水、成膜助剂、润湿分散剂、消泡剂以及颜填料先用高速分散机分散均匀，然后用砂磨机研磨至细度≤30μm 后过滤，并按照配方比例加入增稠剂、流平剂和基材润湿剂高速搅拌均匀，即得到水性环氧地坪涂料 A 组分；B 组分为水性环氧乳液。表 4-6、表 4-7 分别列出了水性地坪涂料有害物质的限量指标和检测结果以及水性地坪涂料性能指标及其检测结果。

表 4-6　水性地坪涂料有害物质检测结果

| 项目 | | 限量指标 | 检测结果 | 检测方法 |
|---|---|---|---|---|
| 挥发性有机化合物/(g/L) | | ≤120 | ≤50 | GB/T 23986—2009 |
| 总挥发性有机化合物释放量(限室内非工厂化涂装用涂料)/(mg/m³) | | ≤10 | ≤5 | JG/T 481—2015 附录 B |
| 甲醛释放量(限室内非工厂化涂装用涂料)/(mg/m³) | | ≤0.1 | 未检出 | |
| 甲醛含量(乙酰丙酮法,限室内常温自干型涂料)/(mg/m³) | | ≤100 | 未检出 | GB/T 23993—2009 |
| 苯、甲苯、乙苯和二甲苯的含量总和/(mg/kg) | | ≤100 | 未检出 | GB/T 23990—2009 |
| 其他类型的挥发性芳香烃/% | | ≤0.1 | 未检出 | |
| 乙二醇醚(乙二醇丁醚、乙二醇己醚、乙二醇苯醚、二乙二醇丁醚)含量总和/% | | ≤4 | 未检出 | GB/T 23986—2009 |
| 乙二醇醚酯(乙二醇丁醚醋酸酯、二乙二醇丁醚醋酸酯)含量总和/% | | ≤1 | 未检出 | |
| N-甲基吡咯烷酮(NMP)含量/% | | ≤0.1 | 未检出 | GB/T 23986—2009 |
| N,N 二甲基甲酰胺(DMF)含量/% | | ≤0.1 | 未检出 | |
| 重金属元素含量(限木器和地坪用色漆和腻子)/(mg/kg) | 铅(Pb) | ≤20 | 未检出 | GB/T 30647—2014 |
| | 镉(Cd) | ≤20 | 未检出 | |
| | 六价铬(Cr⁶⁺) | ≤20 | 未检出 | GB/T 23986—2009 |
| | 汞(Hg) | ≤20 | 未检出 | GB/T 30647—2014 |
| | 砷(As) | ≤20 | 未检出 | |
| | 钡(Ba) | ≤100 | 未检出 | GB/T 23986—2009 |
| | 硒(Se) | ≤20 | 未检出 | |
| | 锑(Sb) | ≤20 | 未检出 | GB/T 30647—2014 |
| | 钴(Co) | ≤20 | 未检出 | |

表 4-7　水性地坪涂料性能指标及其检测结果

| 项目 | | 指标 | 检测结果 | 检测方法 |
|---|---|---|---|---|
| 涂膜外观 | | 正常 | 符合要求 | GB/T 22374—2018 |
| 干燥时间/h | 表干 | ≤8 | 2 | GB/T 1728—1979 |
| | 实干 | ≤48 | 24 | |
| 光泽(60°)/% | | 商定 | 85.2 | GB/T 9754—2007 |
| 硬度(铅笔硬度) | | H | H | GB/T 6739—2006 |
| 附着力(标准条件)/级 | | ≤1 | 1 | GB/T 9286—1998 |
| 耐磨性(750g/500r)/g | | ≤0.05 | 0.03 | GB/T 1768—2006 |
| 耐冲击性(Ⅱ级) | | 1000g 钢球,高 100cm,涂膜无裂痕、无剥落 | 符合要求 | GB/T 22374—2018 |
| 防滑性(干摩擦系数) | | ≥0.5 | 0.62 | GB/T 4100—2015 |
| 耐水性(168h) | | 不起泡,不剥落,允许轻微变色,2h 后恢复 | 不起泡,不剥落,无变色 | GB/T 1733—1993 |
| 耐碱性(20%NaOH,72h) | | 不起泡,不剥落,允许轻微变色 | 不起泡,不剥落,无变色 | GB/T 9274甲法 |
| 耐酸性(10%$H_2SO_4$,48h) | | 不起泡,不剥落,允许轻微变色 | 不起泡,不剥落,无变色 | GB/T 9274甲法 |
| 耐油性(120#溶剂油,72h) | | 不起泡,不剥落,允许轻微变色 | 不起泡,不剥落,无变色 | GB/T 9274甲法 |

"三分涂料,七分施工",一种优质的涂料需要配合合理的施工工艺才能表现其优良的性能,地坪涂料也是如此。施工工序一般为基层处理,封底漆,环氧砂浆加强层,腻子,面漆。基层处理,施工底漆前,基面应平整,无积水或明显渗漏。水泥地面要求坚硬、平整、不起砂,如有空鼓、脱皮、起砂、裂痕等,必须将中空水泥砂浆进行剔凿并处理干净;对于油污较多的混凝土地面,需用 10%～15% 的盐酸液洗刷,然后用大量清水冲洗干净,若在水磨石、地板砖等光滑地面须先打磨成粗糙面,从而避免附着不良的现象发生。封底漆,底漆主要用来补强根底,稳定基面残留的尘粒。将 A、B 组分按规定比例混合均匀后辊涂于基层表面,使其充分润湿并渗透到混凝土内部,起黏结增强的作用。环氧砂浆加强层,砂浆层的作用是增加漆膜厚度,增强地面承载能力和防腐性能,并延长涂层使用寿命。一般施工时需加入适量粒径不同的混合石英砂,刮涂或镘涂方法进行施工。腻子,腻子层为面涂提供平整坚固的基面。待环氧砂浆增强层充分固化后,用刮刀批刮两道水性环氧腻子,干燥后打磨平整即可。面漆,A、B 组分按质量比 1∶1 混合均匀后,辊涂或喷涂于基层表面,使其自然流平。施工时现场相对湿度应低于 95%,并无明显"返潮"现象;环境温度在 12℃以上,以免固化水平过低,影响涂层的综合性能。施工时要特别控制好漆料的使用时间,可依据漆料的适用期和现场施工人员数量合理分配漆料。面漆施工结束后,24h 内应避免人员入内,根据温度情况做好养护。

（3）粉末涂料

粉末涂料是由特定的化学物质,经特定制备工艺如物理或机械处理后,制成细度均匀的颗粒粉体,并以粉末形态进行涂装的涂料。它与一般溶剂型涂料和水性涂料不同,不使用溶剂或水作为分散介质,而是借助于空气作为分散介质,具有节省能源与资源、环境污染影响小、工艺简便、易实现自动化涂装、涂层坚固耐用、粉末可回收利用等优点,在工业生产中日益得到广泛应用。下面以聚酯树脂基粉末涂料为例来介绍粉末涂料的制备。

聚酯树脂基粉末涂料原材料:低酸值树脂,CE2077 与 P9335;中酸值树脂,P5086 与 1000H;异氰脲酸三缩水甘油酯（TGIC）;金红石型 R996 型钛白粉;流平剂 L88;钛酸酯偶联剂;气相二氧化硅;光亮剂（C701）;安息香;紫外线吸收剂。表 4-8 列出了聚酯树脂基粉末涂料优化配方。

表 4-8　聚酯树脂基粉末涂料优化配方

| 组分 | 用量/g | 备注 |
|---|---|---|
| 聚酯树脂(P9335) | 2900 | 酸值在 25mg KOH/g 左右，胶化时间在 240s |
| 固化剂(TGIC) | 220～270 | TGIC 当量为 107 |
| 钛白粉(R996) | 1500 | |
| 群青 | 10～15 | |
| 永固紫 | 5～10 | |
| 流平剂(L88) | 50～65 | |
| 光亮剂(C701) | 50～80 | |
| 安息香 | 15 | |
| 抗氧剂 | 35～55 | |
| 紫外线吸收剂 | 40 | |
| 硅烷偶联剂 | 50 | |
| 气相二氧化硅 | 50 | |

　　粉末涂料所用的聚酯树脂多属于饱和型聚酯，通常从其端基活性基团的类型来划分，可分为端羧基聚酯和端羟基聚酯两大类。聚酯粉末涂料大多采用端羧基聚酯树脂。端羧基聚酯树脂的酸值为 20～100mg KOH/g，相应的数均分子量在 2000～8000 之间。中、高酸值（45～85mg KOH/g）的聚酯树脂可用于环氧/聚酯混合型粉末涂料中，其施工性、装饰性、储存稳定性以及价格方面都具有较大优势。低、中酸值（20～45mg KOH/g）聚酯树脂可用异氰脲酸三缩水甘油酯（TGIC）作固化剂，主要用于制备耐候性能优越的纯聚酯粉末涂料。

　　树脂的结构和性能是决定粉末涂料质量和涂膜性能的主要因素，所以一般要求树脂应具备下列技术条件，必须含有活性官能团使得在烘烤成膜时可形成网状结构；熔融温度和反应温度之间的温差应较大，以方便施工；为了得到流平性较好的涂膜，要求树脂的熔融黏度低，范围窄，当达到熔点以上温度时，黏度要迅速下降；树脂的物理、化学稳定性好，便于回收利用；树脂具有较高的玻璃化温度和熔点以易于粉碎；树脂颜色宜浅，透明与无毒。

　　固化剂是树脂改性和成膜的一个重要因素，它直接影响着粉末涂料的质量和涂膜性能。因此，选择合适的固化剂至关重要，它应具备下列条件：固化剂常温下是粉末状、粒状或片状；固化剂具有较高化学和物理稳定性；固化剂应无毒（低毒）、无刺激性，烘烤成膜过程中，最好不释放异味和有害气体；固化剂应无色，不能使涂膜着色和外观受到影响。

　　沉淀硫酸钡熔融流动距离最大，流平性最好。轻质碳酸钙熔融流动性最小，流平性较差。究其原因应是不同填料品种之密度及吸油量等内在性能差别较大。对于填料还需指明的是在实际生产中填料用量较高有利于提高涂膜硬度等性能，降低粉末涂料的产品成本，但不宜对涂膜的流动性及涂膜外观产生负面影响。

　　在聚酯粉末涂料中，助剂也是不可缺少的组成成分。常用的助剂主要包括流平剂、涂膜边角覆盖率改进剂、消光剂、热光稳定剂、涂膜物性改性剂、美术型粉末助剂以及一些特殊助剂如抗菌剂、抗污剂以及阻燃剂等。

　　制备工艺，树脂、固化剂、助剂、颜料、填料混合→挤出→压片→粉碎→喷涂→烘烤→成品。首先将所用树脂、颜料、固化剂、填料、助剂按配方称重，放入 CHJ-500 高速混合机，开启破碎与混合功能 5～8min，然后在 SLJ-40G 双螺杆挤出机中熔融挤出，喂料速度 1000r/min，主螺杆转速 2500r/min。一区温度 95℃左右，二区 110℃左右，接下来在 JFY-5010 冷却压片机中通过，传送带与压片机转速 1000r/min。最后放入 ACM-30 磨粉系统，主磨 5000 r/min，副磨 2600r/min，具体根据所需粒径（一般 $D_{50}$ 要求 33～37μm 左右）及时调整主磨、副磨、喂料转速和风机风量，得到聚酯树脂基粉末涂料样粉。表 4-9 列出了粉末生产设备相关标准。

表 4-9　粉末生产设备相关标准

| 标准编号及名称 | 标准介绍 |
| --- | --- |
| HG/T 4273—2011《热固性粉末涂料预混合机》 | 对混合机主要技术参数、机体的结构、安全防护等提出要求 |
| HG/T 4274—2011《热固性粉末涂料挤出机》 | 对单螺杆往复阻尼挤出机和同向双螺杆挤出机的规格系列及技术参数等提出要求 |
| HG/T 4594—2014《热固性粉末涂料冷却压片设备》 | 对不锈钢带冷却压片机、胶带冷却压片机、节状冷却压片机以及滚筒冷却压片机等提出技术、安全等方面的要求 |
| HG/T 4595—2014《热固性粉末涂料微粉粉碎设备》 | 对微粉粉碎设备相关的空气分级磨粉机、选分分离器、集尘箱以及防爆方面提出要求 |
| HG/T 5107—2016《热固性粉末涂料后混合设备》 | 对金属效果粉末涂料绑定机和干（掺）混合设备提出要求 |

粉末涂料的制造技术是基于塑料和微粉化工业广泛使用的设备。因此，粉末涂料工厂的设计完全不同于一般的液体涂料。粉末涂料的生产包括以合理的顺序连接不同的工段工作（包括预混合步骤的准备时间、主设备的准备时间和质量控制时间）。通常规模较小的粉末涂料工厂生产过程可以是不连续的；对于具有较高生产能力的粉末涂料工厂来说，通常是将各个单独的工序集合成连续的生产工艺。主要包括：预混合；熔融挤出；细粉碎；粉末收集和除尘；多旋风粉末回收系统。

粉末涂料的特性与其粒径分布直接相关。颗粒越大带电性越好，有利于实施静电喷涂。但是颗粒的重力和惯性随粒径加大的增长速度大于库仑力的增长速度。颗粒大到一定程度

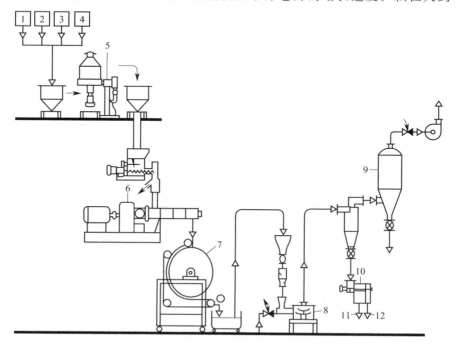

图 4-2　粉末涂料连续生产装置

1—树脂；2—颜料；3—填料；4—添加剂/固化剂；5—某某合器；6—ZSK 型组合式双螺杆挤出机；7—WK 型带破碎（粉碎机的熔体冷却器）；8—粉碎机；9—粉尘过滤器；10—分级筛；11—合格粉分装区；12—筛上物

后，重力会远大于库仑力，导致上粉率和涂膜效果变差。故理想状态下的粉末涂料颗粒粒径应该尽量控制在 $10\sim60\mu m$ 之间。而在考虑粉末粒径对涂层流平性能的影响时，粉末粒径大，烘烤前粉末喷涂量多且分布不均匀，烘烤后涂膜较厚，表面效果不够平整。粉末粒径小时，烘烤前粉末喷涂量小且均匀，烘烤后涂膜较薄，表面效果较平整。但由于粒径过细会产生团聚现象，故制粉过程应注意控制超细粉末与过粗粉末的含量。在考虑粒径影响花纹大小时，粒径越大花纹越大，立体感越强，所以实践中一般花纹粉的粒径比平面粉略大。图 4-2 显示粉末涂料连续生产装置。

采用静电枪喷涂 30g 样粉（空气压力 0.38 MPa，静电高压 76kV）在给定铁质基片上，放入 180℃烘箱，经过 15min 固化处理，对得到的最终涂膜进行性能测试和分析。表 4-10 为聚酯树脂基粉末涂料的性能测试标准及其结果。

**表 4-10　聚酯树脂基粉末涂料的性能测试标准及其结果**

| 项目 | 结果 | 测试标准或仪器 |
|---|---|---|
| 粒度分布/$\mu m$ | $D_{50}=35.9$ | JL-1177 激光粒度测试仪 |
| 不挥发物含量/% | $\geqslant99$ | GB 6554 |
| 熔融流动性（180℃）/mm | $25\sim28$ | ISO 8130-11:2019 |
| 胶化时间/s | 120 | GB/T 16995 |
| 冲击强度/N·cm | 正反冲各 500 | GB/T 1732 |
| 硬度 | $\geqslant$2H | GB/T 6739 |
| 划格试验/级 | 0 | GB/T 9286 |
| 耐候性 | 优 | GB/T 1865 |

# 第二节　涂料生产安全管理

## 一、涂料安全生产技术规范

据不完全统计，我国涂料生产企业达到上万家，规模以上企业 1000 多家，2016 年 1～9 月我国涂料总产量达到 1345.04 万吨。另一方面，涂料生产带来的负面效应也随着生产规模的扩大日益增加。近年来涂料工业生产的安全问题一直比较突出，涂料中的大部分品种是化学危险品，易燃易爆、有毒有害，火灾爆炸、中毒等人身伤亡事故时有发生。如果管理不当或生产中出现失误，就可能发生火灾、爆炸、中毒或灼伤等事故。轻则影响到产品的质量、产量和成本，造成生产环境的污染，重则造成人员伤亡和巨大的经济损失，甚至毁灭整个工厂。因此，安全生产是涂料生产企业的保障，安全生产管理涉及企业中所有人员、设备设施、物料、环境以及职业危害等各方面。

涂料生产的安全、卫生及环境保护问题已引起世界各国的高度重视。许多发达国家还颁布了一系列科学的环保法律法规和安全作业条例。为此，针对涂料生产企业的特点，国家安全生产监督管理总局在 2008 年颁布了我国首个针对涂料生产企业安全技术要求的系统、科学的强制性行业标准 AQ 5204—2008《涂料生产企业安全技术规程》，对涂料生产过程中存在和产生的各类危险、有害因素提出了应采取的基本安全技术措施，对企业安全生产、政府监管部门安全监管等具有很好的指导意义和可操作性，得到了涂料生产企业和政府监管部门的一致好评。

# 二、涂料生产存在的问题及"规范"实施的现实意义

生产溶剂型涂料极易造成安全事故的发生,因此,规范管理溶剂型涂料的安全工作是涂料工业安全管理的重中之重,不仅迫在眉睫,而且任重道远。上述涂料生产企业的现状在安全管理方面主要存在以下问题:

一是大部分涂料生产企业规模相对较小,相当部分企业负责人的安全生产意识还较淡薄,企业安全生产的主体责任没有得到真正落实。企业安全管理还只停留在空喊口号和应付各种检查上面,不能将安全理念真正融入日常的经营管理中去,各层级的安全责任制也无法真正实现既管生产也对安全负责之要求。

二是涂料行业门槛低和以低端中小企业为主,决定了涂料生产企业从业人员的文化素质普遍不高、安全意识不强。虽然,法律制度上已规定了危化品生产企业在生产前必须实施的安全培训,但教学双方大多还只停留在培训形式上,对培训的内容和应起到的效果都不甚重视,再加上各涂料企业缺乏安全培训的长效机制和必要投入,使得各种安全培训走过场的较多,培训内容与实际操作有所脱节。

三是涂料生产企业的安全基础设施要求较高、投入较大,涉及涂料工厂总平面规划、防火防爆、防雷防静电、电气安全、生产装置安全、工业管道安全、安全标志、防尘防毒、防噪声等方面。大部分涂料生产企业负责人,特别是大部分中小企业的负责人,只注重眼前短期的经济利益,不愿意在这些方面投入必要的资金,为涂料生产埋下了众多安全隐患。

四是在众多的涂料生产企业中,风险分级管控和隐患排查治理的双重预防性机制还未真正建立。由于大多数涂料生产企业负责人的安全管理意识不足,中小涂料生产企业中专业安全技术人员严重不足,以及缺乏从风险辨识、风险评估到风险控制的有效性和系统性的管理手段和技术,使得涂料生产企业的安全管理只停留在按外部法规和行政指令被动响应而行事的层面上,还远没有主动建立起系统地对安全风险进行技术评估,全方位地排查安全隐患,并对所发现的安全风险和隐患进行分级管控的持续改进机制。

五是中小涂料生产企业的遍地开花,较为分散,也为安监部门开展安全监督管理工作造成了困难。安全监管部门对众多涂料生产企业发证后的监管力度不够,很多企业图方便省事,取证后置有关规定于不顾,事实上造成了企业守法成本较高,而违法成本较低之怪现象。

"规范"实施的现实意义:①要实现涂料生产单位的安全生产,预防事故,减少损失,一要靠技术,二要靠管理。"规范"将分散在众多的国家或行业标准的安全技术,应用于涂料生产安全作业,从安全技术上规定涂料生产单位安全生产最基本条件和要求,以保障劳动者财产和身体安全,防止伤亡事故发生。②贯彻国家法律法规,提升企业安全保障管理水平,推进行业的技术进步和现代化,"规范"的防火防爆、防尘防毒等众多的安全技术措施,实际上是国家众多科学门类的科研技术成果,这些科技成果应用于涂料生产企业,可加快淘汰落后的生产工艺和装备,推进涂料生产企业的技术改造和技术进步,提升行业的技术装备水平和安全保障水平。③"规范"的实施确保国家有关安全卫生法律法规(标准)在涂料生产企业贯彻实施,同时为政府安全管理部门监督检查,规范涂料生产企业安全生产提供依据。④"规范"的实施是将国家有关安全方面标准具体细化的协调统一,具有针对性、实用性、可操作性,企业减少不必要的安全投入费用,具有较好的经济效益。⑤"规范"的实施使涂料生产企业可以获得有关涂料安全技术的知识和信息,不必进行重复研究,减少安全技

术研究开发的费用。全行业共享安全科研技术成果，具有更好的社会效益。

## 参 考 文 献

［1］ 马晓阳，宋学礼，阮笑雷．快干高固低黏双组份聚氨酯清漆的制备与表征．涂层与防护，2019，40（8）：32-35.

［2］ 王刚．环保水性涂料的高效分散技术与装备．企业技术开发，2017，36（8）：47-51.

［3］ 王亚博，孙丹丹，程健康，等．涂料的生产工艺及市场分析．当代化工研究，2018，11：150-151.

［4］ 宋晓明，陈蕴智．影响颜料分散效果的研究．黑龙江造纸，2008，4：55-57.

［5］ 于国玲，周海中，王学克．涂料调色及影响因素探讨．MPF，2019，22（3）：11-14.

［6］ 范栋岩，焦辉军，杨宁，等．绿色环境友好型水性环氧地坪涂料成膜性能影响因素探讨．中国涂料，2019，34（2）：36-41.

［7］ 鲁毅，高少东，孙志伟．喷涂型无溶剂重防腐涂料的制备和性能研究．广州化工，2017，45（22）：45-47.

［8］ 张华东．粉末涂料生产设备概述．中国涂料，2009，24（2）：64-67.

［9］ 揭唐江南，任杰，田广科．聚酯树脂基粉末涂料的制备及性能．材料保护，2017，50（2）：56-73.

［10］ 马新华，包晓跃，姚飞，等．《涂料生产企业安全技术规范》的编写．MPF，2018，21（4）：13-18.

［11］ 中国涂料工业协会专家委员会．涂料工业安全管理提升行动计划的制定及实施——中国涂料工业绿色发展六大行动计划（2017-2020年）之五．中国涂料，2018，33（10）：6-10.

# 第五章

# 涂装技术

## 第一节  涂装技术简介

### 一、定义

涂装技术，就是在一定的涂装生产环境中，应用涂装所需要的材料、设备，遵照涂装生产的工艺和管理方式而形成的知识体系。以上对涂装技术的定义中，至少包括了 5 个方面的要素：涂装材料（指化工材料及辅料）；涂装设备（含工具）；涂装环境；涂装工艺；涂装管理。这 5 个方面的要素，与其他技术互相渗透交叉，共同构成了涂装技术知识体系。其中"涂装工艺"的定义是，在涂装生产过程中，对于涂装需要的材料、设备、环境等诸要素的结合方式及运作状态的要求、设计和规定。涂装工艺一般由涂装前表面处理（包括表面净化和化学处理）、涂布和干燥（包括烘干）等 3 个基本工序组成。涂装工艺是根据被涂物对外观装饰性的程度与漆膜性能等要求来制定的，它是集中体现涂装设计的最终结果，是工厂设计和涂装施工的技术依据。

### 二、涂装技术五要素

#### 1. 涂装材料

涂装材料是指涂装生产过程中使用的化工材料及辅料。包括清洗剂、表面调整剂、磷化液、钝化液、各种涂料、溶剂、腻子、密封胶、防锈蜡等化工材料；还应包括纱布、砂纸、工艺过程中使用的橡胶与塑料件等。从涂装技术的角度看，对于化工材料应该重点了解材料的各种技术性能，对涂装环境、设备的要求，需要的工艺过程，根据实际情况选择涂装化工材料和辅料。

#### 2. 涂装设备

涂装设备是指涂装生产过程中使用的设备及工具。包括喷抛丸设备及磨料、脱脂、清洗、磷化设备，电泳涂装设备，喷漆室、流平室、烘干室、强冷室；浸涂、辊涂设备，静电喷涂设备，粉末涂装设备；涂料供给装置、涂装机器（专机），涂装运输设备，涂装工位器具；洁净吸尘设备（系统），压缩空气供给设备（设施）；试验仪器设备等。涂装设备是涂装技术知识体系中最重要的硬件形式，对涂装技术的进步影响很大。

## 3. 涂装环境

涂装环境是指涂装设备内部以外的空间环境。从空间上讲应该包括涂装车间（厂房）内部和涂装车间（厂房）外部的空间，而不仅仅是地面的部分。从技术参数上讲，应该包括涂装车间（厂房）内的温度、湿度、洁净度、照度（采光和照明）、通风以及污染物质的控制等。对于涂装车间（厂房）外部的环境要求，应通过厂区总平面布置远离污染源，加强绿化和防尘并改善环境质量。

将涂装环境列入涂装技术的五要素之一是一个新的提法。对于涂装环境的重要性，已被很多涂装技术人员所认识。《净化涂装环境提高涂装质量》一文中指出：良好的涂装质量，不仅要有先进的涂装设备、完善的涂装工艺和优良的涂料等条件，还应有良好的涂装环境。将涂装环境与涂装材料、涂装设备、涂装工艺并列，已反映了涂装环境在涂装技术中的重要位置。另外，对于涂装环境的形成，需要涂装技术人员提出设计目标，与总图、土建、公用技术人员共同去实施，才能最终形成涂装环境。

## 4. 涂装工艺

根据以上已经对"涂装工艺"所作的定义，可以看出，涂装工艺的概念应该比传统的理解范围要大得多，内容也要丰富得多。涂装工艺应该包括工艺方法、工序、工艺过程；应该包括涂装工艺设计及工艺试验；应包括对涂装车间（涂装生产场所）的各种要素进行系统综合考虑、安排、布置；还应包括对其他相关专业提出要求并根据法律法规提出各种限制条件等工作内容。

## 5. 涂装管理

涂装管理，就是在特定的环境下，对组织所拥有的涂装资源进行有效的计划、组织、领导和控制，以便达成既定的涂装目标的过程。涂装管理是与一定的企业联系在一起的，多数是大企业中的一个车间或分厂，少数是独立经营的法人企业。涂装管理是整个企业管理系统中的一个子系统，对于涂装管理的讨论应该在这个前提条件下进行。在涂装五要素中，我国涂装管理与国外的差距比其他四要素都要大，最为落后，加强这方面的研究，可以提高涂装技术水平。涂装管理一般包括人员管理、生产管理、技术及质量管理、设备管理、材料管理与现场管理等。

① 人员管理，主要是对员工进行不间断的培训，提高技能及责任心。必须培训一批有专业知识，责任心强，善于管理的车间主任、工艺员与班组长。人员的培训应与涂装车间的建设同步。从事涂装作业的工人上岗前必须经过专业培训，通过培训和学习使每位操作人员具有所要求的素质。

② 生产管理，涂装车间要分解企业总体生产目标，确定涂装工作计划，做好涂装生产准备，协调与焊接车间、装配车间的关系，保证与各管理部门的信息传递和沟通，控制涂装成本以保证涂装安全生产。对于独立经营的涂装生产公司，需要更多的经营管理工作。对于生产管理，不仅要注意生产安排，及时组织生产，使生产连贯、流畅、合理，避免出现生产无序的情况，而且，要注意在生产管理上下功夫，在现有设备和人员的基础上发挥其最大能力。

③ 技术及质量管理，应该包括平常讲的技术管理、工艺管理、质量管理和控制。对于

工艺、技术管理，要求做好涂装线的技术监督和检验，保证操作严格按照工艺要求执行，定期或不定期地进行工艺检查。对于质量管理，要建立涂装质量保证体系，建立并健全全面质量管理（TQC），注重 TQC 的人、机、料、法、环等方面，注意提高员工的质量意识和提高质量的积极性，广泛听取意见，共同分析解决问题、注意涂装管理标准化与注重质量管理的预测和对策功能。

④ 设备管理，主要是做好设备、工装的检修和保养，使设备随时保持良好的生产状态。因此要及时处理设备事故，做好设备管理，设备维修保养登记，在不影响生产的情况下做好设备维护和修理工作。

⑤ 材料管理，涂装车间（工厂）使用的材料品种多，且多为化工产品，在储运、使用过程中易变质。因此，需要控制涂装材料的订货，控制材料在施工过程的质量和数量，以便保证生产的正常进行和涂层质量。如果有条件的工厂可以使用"系统供货"的形式，以便提高质量、降低消耗、节约成本、减少人力和库存。

⑥ 现场管理，由于涂装生产的特殊性，使得涂装车间（工厂）的现场管理比机械工厂、汽车工厂中的任何车间的要求都要高得多。现场管理的重点是准时化生产，定置管理和文明生产等。引进日本"5S 现场管理"管理理念对涂装车间进行现场管理，很必要，也很有效。"5S 现场管理"包括整理（Seiri）、整顿（Seiton）、清扫（Seiso）、清洁（Seiketsu）、修养（Seitsuke）五方面的内容。

涂装技术五要素间的关系，分析涂装技术五要素各自的特点，可以看出，涂装材料、涂装设备、涂装环境是看得见、摸得着的有形物质和空间，是硬件；而涂装工艺、涂装管理是无形的、内在的，是软件；涂装技术五要素是由"三硬二软"构成。而且各个要素之间是有机联系，相互影响，不是孤立存在的。涂装材料对于涂装设备有功能要求；涂装环境对于涂装材料、涂装设备有很大影响；涂装工艺涵盖了"三硬"；涂装管理是最高的层次，涵盖了其他四要素，影响范围最广。

# 第二节　工业涂装工艺设计

## 一、国内涂装工艺设计概况

以涂装工程设计的"先进、可靠、经济、环保"，涂装生产的"优质、高产、低成本、少公害"为基准，与引进的涂装线工艺设计及技术对比，国内涂装工艺设计还存在以下差距。①工艺设计模式几十年一贯制，缺少开拓创新精神。②对工业涂装的经济规模缺乏研究，致使投资增大，运行成本偏高，偿还期增加。③涂装工艺设计受保守的传统观念和习惯势力影响较大。由作坊式的涂装改变成流水式工业涂装的阻力大；生产能力设计偏大。④设备可靠性差，设备利用率偏低。⑤涂装工艺设计人员的专业素质有待提高。⑥输送被涂物的机械类型品种单一，缺少创新实力。

## 二、提高工业涂装工艺设计水平的方法

### 1. 建立新的工业涂装观念

新的工业涂装是按生产节拍组织流水作业式的涂装生产线，被涂物在涂装过程中间歇或连续地向前流动通过各工序（工位）。这样使各工序实现专业化、规模化的作业生产，有利

于提高作业效率、设备的有效利用率和涂装质量，降低涂装成本。

## 2. 考虑涂装线的经济规模

工业产品在国内、国际市场竞争中取得优势的唯一途径是规模化、高质量和低成本。工业制品的结构、材质、外形大小不同，在涂装过程中的装挂方式不同，不能像汽车车身那样单一计算，但可参照上述少投入、多产出的原则设计符合自己实情的涂装生产线。

## 3. 合理选用年时基数、生产能力、生产节拍、设备利用系数等工艺设计基础参数

涂装设备是非标设备，每天应留有一定的时间检修维护，为保持涂装车间、工位和设备整洁，每天也需有一定时间清扫。另外，涂装生产线的特点要求生产线启动后在无特殊情况下不停线（一般是息人不停车）及生产结束时需"跑空"，以确保涂装质量。这就需要学习先进的管理经验，提高管理水平，提高生产作业时间的利用率和设备利用系数，提高涂装的一次合格率，从而降低涂装成本。

## 4. 涂装洁净度（清洁度、污染度）的重要性

涂装清洁度系指涂装环境的清洁度（含尘量）、被涂物面的清洁度、涂装用水的水质、清洗水的污染度、空调供风和压缩空气的洁净度等。尤其是在高装饰性涂装（如轿车车身、家用电器和塑料件涂装）场合显得更加重要。要得到优质的涂层，必须注意涂装的洁净度。可是涂装生产本身是较脏的，许多工序产生尘埃和废渣（如打磨、抛光工序产生打磨抛光灰、喷涂工序产生过喷涂漆雾、磷化工序产生沉渣、烘干工序产生油烟等），如果不能及时清除，则将污染环境和造成被涂物的二次污染，直接影响涂装质量和作业环境。

目前，引进的高水平涂装生产线和已注意到涂装洁净度重要性的设计人员（单位）设计的涂装生产线，都采取了必要的防尘、除尘措施（设立带风浴的洁净间、静电除尘、供风和用水的净化设备等），在工艺设计中按高级洁净、洁净和一般洁净分区布置，确保各工序都在专用设备中进行。清洁卫生管理也得到加强，有的公司为确保涂装车间的整洁，将涂装生产线清洁工作委托专业的清洁公司来做。

在工业涂装工艺设计时，必须充分重视涂装洁净度，采取必要措施实现之，确保产生尘埃、VOC的工序一定在专用设备中进行，以确保涂层质量和作业人员的身体健康。

涂装洁净度的具体控制基准为涂装用自来水的水质≤200μS（磷化后、电泳后的最后一道水洗和湿打磨后用的纯水水质≤10μS，按工艺要求应严格控制各道水洗用水的污染度）。按不同等级涂装要求的供风清洁度提供净化过的空调风；涂装车间的厂房换气3次/h（夏季≥3次/h；冬季为节能供排风量1次/h，其余为循环风）。

## 5. 改变生产方式，降低大型被涂件喷涂设备的投资和运行费用

采用工业涂装的流水作业生产方式，固定喷涂工位，工件在喷涂过程中按工艺所需的速度向前移动。按每件被涂物的喷涂时间、生产节拍（链速）和喷涂定额时间（每支枪喷2～3m²/min）来确定工位数；再按应设的工位数来选定喷漆室的长度。在大型工件的两侧布置工位，如果是2～4个工位，则可选用6～8m长度的喷漆室；如果是4～6个工位，则可选用8～10m长的喷漆室。在喷漆室进出口配置漆前准备室和所需长度的晾干室（它们的作用是除防尘外，在喷漆室出入口形成风幕，防止喷涂漆雾串入车间；另外起缓冲作用）。漆前准备室和晾干室需按溶剂的挥发量达到一定的换气次数（≥30次/h）。因结构简单其造价约1万元/m左右。这种流水作业生产方式不仅能节省设备投资和运行成本，也能较大幅度地

提高喷漆室和自动喷涂机的有效作业时间。

## 6. 科学、合理地选用输送机系统是涂装工艺设计的关键

输送被涂物的机械设备是工业涂装线的重要组成部分，它贯通连接各涂装线，是涂装生产线的动脉。它的类型、结构和被涂工件的装挂及输送方式等的选用，在涂装工艺设计中占十分重要的位置。它直接影响工艺设计水平及其经济技术指标；直接影响涂装线的机械化和自动化程度。

输送设备的每一次革新都推动着涂装技术的进步，以汽车车身前处理和阴极电泳涂装线为例，由普通悬挂式输送链—悬挂式推杆积放链—摆杆式输送链—旋转浸渍式输送机（Rodip-3 为代表）革新历程的每一步都使漆前处理、阴极电泳涂装工艺得到改进。涂装质量提高、设备长度缩短、被处理面积的百分比增加，尤其是旋转浸渍输送技术投产应用，以全新的理念彻底解决了车身漆前处理和电泳涂装工艺中存在的问题。使被处理面积达到100%，消除了气包，克服磷化和电泳过程中的"L"效应；使车身的外观水平面更平滑、减少打磨工作量；使漆前处理和电泳设备进一步缩短；使浸渍处理槽容积达到最小；沥水更干净，使车身的带液量由传统输送方式的 8～12L/台降到 0.3L/台，提高材料利用率，降低了用水量和污水处理量。

集装箱产销量保持世界第一的中集集团的 12m 和 6m 长的集装箱涂装生产线的输送方式先进、实用、简便。它是在集装箱底四角上紧固 4 个 $\phi$250mm 左右的铁轮，放置在双铁轨上，靠铁轨一侧轻型链牵引。可按工艺需要自动停止（脱钩），手工挂钩牵引前进；横向转移（转线）采用坦克式的平板链，全线都在 0.0 平面上、无地沟。在大跨度的厂房内布置 2～3 条集装箱喷涂生产线。可以借鉴这种输送方式来改进大客车涂装的输送方式及平面布置。

## 7. 涂装工艺设计必须符合安全、卫生、消防、环保的法规及标准要求

在涂装作业中火灾事故是重患，职业病（苯中毒、白血病、急性中毒等）危害严重。在工艺设计时，应尽可能推进涂装安全标准体系，杜绝燃、爆事故隐患，其基本控制要点如下：

选用涂装材料与涂装工艺，应尽可能有利于职业安全健康和环境保护，限制、淘汰有严重危害性的涂装材料及涂装工艺；工程设计应按所使用涂料的火灾危险分类，符合相关的耐火等级和厂房防爆、安全疏散的要求，合理划分并分别控制火灾、爆炸危险区域；在可能的条件下，涂装作业场所应建独立厂房，或布置在厂房、车间的边跨，或顶层为宜；所选用的建筑结构、构件及材料应达到防火、防爆等要求；按火灾、爆炸危险性分区分类进行工艺布置，采取必要的隔断、隔离设施，并注意防火间距和防火分割；严格控制涂装设备的安全性能，所选用设计的涂装设备及输送设备应符合涂装安全作业标准及相应的设备安全技术规定，重点控制电气安全，还应具备必要的安全装置和警示；操作区域的有害因素（温度、湿度、噪声、照明、有害物质等）的控制指标必须符合国家标准的强制性要求；控制现场涂料的储存和输送，对涂料、溶剂、功能辅料实施危险化学品管理；涂装车间必须采取通风防护技术措施；以局部通风为主，全面通风换气为辅，确保作业人员有良好的、卫生的作业环境；采取必要的健康卫生保护措施，在现场设置应急卫生设施（如冲洗眼睛、洗手水池）；对涂装三废（废水、废气和废渣）按国家和地区环保要求进行必要净化处理，配置必要的净化设施。

# 第三节　水性工业涂料绿色施工

## 一、施工特点

国内相关领域专家采用产品全生命周期方法对水性/高固含/无溶剂/溶剂型工业涂料进行环保性分析，环保评分从优到劣打分顺序为：无溶剂涂料（85分）＞高固含涂料（73分）＞水性涂料（61分）＞溶剂型涂料（54分）。

水性工业涂料在该评价方面优势并不明显。除了原材料自身性能，生产设备与生产工艺等原因外，水性涂料的施工特性是造成该评价分析结果的重要原因。水性涂料与溶剂型涂料相比，在颜料分散性、表面张力、蒸发潜热等方面有许多不同，因此水性涂料施工的工艺条件（如环境温度、湿度、喷涂黏度、烘干温度等）差别也很大，为确保水性涂料达到优良性能，其工艺条件比溶剂型涂料施工要苛刻很多。这也是水性工业涂料在汽车、机械配件、零构件等生产流水线应用较为顺利，而在桥梁、建筑钢结构等工程领域应用难以推广的原因。

## 二、施工分类

### 1. 水性电泳漆工艺及其特性

在工业涂料应用领域，水性电泳漆是最早也是应用最成功的水性涂料技术。水性电泳漆可分为阳极电泳漆与阴极电泳漆。阳极电泳漆为水性丙烯酸树脂类电泳漆，主要应用于铝材质制品，将铝制品阳极氧化后用阳极电泳漆保护，该技术在铝型材行业应用较广。阴极电泳漆为水性环氧树脂类电泳漆、水性丙烯酸树脂类电泳漆和水性聚氨酯树脂类电泳漆。通常应用于钢材质制品表面，经常用于汽车、自动车等五金件的涂装用底漆。

施工注意事项，电泳涂装环境温度控制是决定电泳漆涂装质量的一个关键因素，当漆液温度过低时，漆水溶性变差，电沉积量减少会产生电泳漆膜较薄，工件深凹处无法沉积漆，漆膜粗糙、无光等漆膜问题。当漆液温度过高时，电泳槽里的助溶剂挥发很快，会导致漆液稳定性下降，电泳漆膜较厚、表面粗糙或颗粒异常，甚至导致整个电泳槽的电泳漆报废。

### 2. 水性烘漆工艺及其特性

氨基烘漆是生产流水线常用工业漆，早年以氨基醇酸烘漆为主要品种，包括汽车、机械装备等很多金属制品都是采用氨基烘漆来达到保护和装饰目的。但出于环保要求，水性氨基烘漆特别是水溶性丙烯酸氨基烘漆发展很快，并且技术已经成熟。欧美汽车厂商也率先对传统涂装工艺进行革新，实现"油改水"。近年该趋势已经拓展到国内，2007年相关专家提出水性漆在中国汽车涂装线的应用及展望，今天已经变成现实。

水性汽车涂料施工过程中存在的问题及注意事项：①水性涂料喷涂的喷漆室最佳温度为20～26℃，最佳相对湿度为60％～75％；允许温度为20～32℃，允许相对湿度为50％～80％。所以近年新建汽车水性涂料涂装生产线，喷漆室内必须有适当的调温调湿装置，这比溶剂型涂料的喷涂环境控制要严格得多。②与溶剂相比，水对钢材的腐蚀性强，因此喷漆室、喷涂系统及循环水处理设施均需采用不锈钢制造。而烘干室中由于烘干过程产生水蒸气会对设备造成强腐蚀，所以烘干室内壁也需采用不锈钢制造。③80℃预烘工艺，由于水在100℃会急剧沸腾，引起水性涂膜起泡，因此水性中间漆烘干要求先采用低温（80℃左右）预烘干，待水分蒸发后再升至工艺要求的烘干温度（140℃左右）进行烘干。通常要求如下，红外加热5min至80℃；在80℃下保温5min；然后从80℃升至140℃，升温时间为5min；在140℃条件下保温20min，从而确保树脂交联固化。所以，水性中涂烘干需增加预升温段。④闪干工艺，由于水性底色漆和罩光清漆是"湿碰湿"施工，因此水性底色漆存在预烘干的问题，即将底色漆涂层中的绝大部分水、助溶剂挥发掉。试验表明水性底色漆涂层的溶剂含量（主要为水）应降低到10%以下，喷涂的罩光清漆才不至于将底色漆层再溶解和产生水泡。如果在通常的温湿度条件下闪干，水性底色漆的溶剂含量不可能达到10%以下。因此在水性底色漆上喷涂罩光清漆之前必须进行适当的强制干燥，水性色漆与罩光清漆之间需增加色漆加热闪干烘房，来进行闪干工艺控制。因此，水性工业涂料在汽车涂装、机械设备等生产流水线进行涂装作业能够成功应用的关键是，在工厂可以通过输调漆系统、厂房环境温湿度控制、预烘烘房及闪干烘房进行严格工艺质量控制，从而确保水性工业涂料最终的涂装质量。

### 3. 工程用水性涂料种类及其施工特性

工程用工业涂料市场巨大，从桥梁、建筑钢构、船舶以及集装箱等，遍布国民经济各个领域，其工艺要求特点为：①构件结构种类多，构件复杂，大多数构件难以如同汽车、小型零配件等行业一样进行标准化流程的表面处理、涂装与高温烘烤，通常采用常温固化类涂料，然后进行自然干燥与养护。②以桥梁、船舶与建筑钢构件等大型工件涂装在开放式环境或半开放式厂房进行涂装作业，无法对环境进行有效控制，特别是工程建设工期要求，涂装周期既可能是严寒的冬季，也可能是高温高湿的夏季。③集装箱、港机等构件在工厂涂装作业，虽然也采用连续表面处理、涂装与加温工艺，出于经济性与生产成本考虑，仍采用常温固化类涂料，而非专用烘漆。但为提高生产效率，采用60～80℃加温工艺对常温固化类涂料进行加速干燥固化。

烘漆与常温固化类涂料其本质不同：烘漆为单组分包装储存，只有达到一定温度，烘漆内树脂与固化剂才会发生交联成膜，如氨基烘漆、封闭异氰酸酯固化类聚氨酯烘漆等；常温固化类涂料，包括单组分挥发型（如丙烯酸涂料、聚氯乙烯涂料等）和双组分常温交联型（如双组分环氧涂料、双组分聚氨酯涂料等），在自然环境下，该涂料随着时间延长会逐渐干燥固化。

工程用水性工业涂料最常见的品种有水性环氧涂料、水性丙烯酸涂料、水性聚氯乙烯涂料、水性聚氨酯涂料、水性氟碳涂料以及水性无机富锌涂料等。

中国集装箱行业是工程领域水性涂料推广规模较大的一个行业，国内已有相当数量集装箱制造企业先行先试，率先大规模改造涂装生产线，生产大批量水性化环保集装箱。

集装箱行业协会也陆续组织制定了集装箱水性涂料相关标准，包括：JH/T E05—2015《集装箱用沥青底漆》、JH/T E06—2015《集装箱用水性涂料》等标准，新造集装箱5a寿命时涂层配套体系如表5-1所示。

表5-1　新造集装箱5a寿命时涂层的配套体系

| 用途 | 漆 | 涂料品种 |
|---|---|---|
| 箱外面 | 底漆 | 水性环氧富锌底漆 |
| | | 其他类型水性底漆 |
| | 中间漆 | 水性环氧中间漆 |
| | | 水性丙烯酸中间漆 |
| | 面漆 | 水性丙烯酸面漆 |
| | | 水性聚氨酯面漆 |

| 用途 | 漆 | 涂料品种 |
|---|---|---|
| 箱内面 | 底漆 | 水性环氧富锌底漆 |
| | | 其他类型水性底漆 |
| | 面漆 | 水性环氧面漆 |
| | | 水性丙烯酸面漆 |
| 底架 | 底漆 | 水性环氧富锌底漆 |
| | | 水性底漆 |
| | 面漆 | 水性沥青 |
| | | 水性该性底架漆 |

水性集装箱涂料涂装典型施工工艺为：车间底漆涂装及烘干→（成型、部装、总装）→（二次喷砂）→预涂→底涂涂装→流平→烘干→冷却→中间漆/内面漆涂装→流平→烘干→面漆涂装→流平→涂料在线修补→烘干→冷却→（地板铺放及完工工位）→底架漆涂装→流平→烘干→冷却→完工检查。

存在的问题及注意事项：①JH/T E06—2015 要求施工环境温度为 5～40℃，施工环境相对湿度不大于 85％，同时明确了通风、照明和安全技术要求，为水性涂料的施工提供了保证。根据水性涂料的特点，施工流程由溶剂型涂料的"三喷一烘"调整为"三喷三烘"，烘干温度通常不超过 80℃，既有一定温度，又不会超过水的沸点，从而保证了集装箱水性涂料的正常涂装。②当采用双组分水性涂料（如水性环氧涂料）时，水性环氧涂料的适用期较短且难以控制，在喷涂过程中极易发生堵枪现象，且一旦堵枪则很难像溶剂型涂料一样，通过溶剂再行溶解堵塞物而疏通。高频率的堵枪导致经常停机清洗，会使流水线生产作业效率大幅度下降，这是目前工程用水性涂料应用中存在的共有问题。而汽车涂装行业中由于采用无适用期单组分水性烘漆则少有类似问题发生。

水性涂料在桥梁、建筑等工厂外涂装工艺与特性，水性外墙建筑涂料在民用建筑领域应用广泛，大多用于混凝土结构，由于建筑物已经建成，建筑水性外墙涂料涂装工序相对独立，对其他作业影响小，所以能够通过流水施工工期安排，尽量避免在不利环境特别是冬季进行施工，从而保证涂装质量。

桥梁、体育场馆、民用建筑钢结构等工程涂装大多在基础设施工程建设过程之中，该时段交叉作业复杂，工期安排紧，每道工序工程都会影响其他工程项目时间节点，从而造成整个工程的延期。所以，很难避免在不利的环境下进行涂装施工作业。而且桥梁等大型工程经常位于江河湖海之上，湿度、气候环境复杂多变，且为保证工期，冬季施工是经常性事件。

以往溶剂型涂料由于环境适应性强，通过固化剂调整等工艺还能勉强在冬季施工。但工程水性涂料的自身特性导致其对环境的适应性差，所以国内外仅有少量混凝土项目进行工程用水性涂料涂装。如港珠澳大桥青州航道桥主塔、三峡大坝采用清水混凝土水性透明氟碳涂层体系进行涂装。

而钢结构对水性涂料防腐性能要求更高，大型钢结构建筑物很少有成配套体系工程用水性涂料的涂装案例，仅西堠门钢箱梁内壁维修、庙嘴长江大桥锚室这些温湿度容易控制的封闭环境有水性工业涂料用于钢结构的案例（水性无机富锌涂料需与溶剂型涂料配套用于钢结构工程有一些案例）。

由于环境条件限制不能提供加热等工厂工艺措施，工程水性涂料涂装工艺与传统溶剂型涂料涂装工艺基本一致，为：环境温湿度检测→（基材表面处理）→预涂→（底涂涂装）→流平→自然干燥→（中间漆涂装）→流平→自然干燥→（面漆涂装）→流平→自然干燥→涂料在线修补→自然干燥→完工检查。

存在的问题及注意事项：①水的表面张力大，污染物易使涂膜产生缩孔。而室外施工难以控制污染程度，材质表面清洁度达不到要求，会使涂装完的涂层出现许多缺陷。②水性涂料对抗强机械作用力的分散稳定性差，输送管道内的流速急剧变化时，分散微粒被压缩成固态微粒，使涂膜产生麻点。工厂水性涂装生产线输送管道及喷枪位置相对固定且易检修，而工程用小型喷涂设备为大面积高效施工，经常需要进行喷枪与管道的大范围位置移动，输送管道形状易变形且输料长度变化大，这也会造成涂层的缺陷。③室外施工环境难以控制，配方设计不合理、通风不良、温度不均、稀释比过大等因素，会导致水性工业涂料在施工后漆膜表面产生针孔、缩孔、流挂以及闪锈等缺陷。

# 第四节　船舶除锈涂装工艺设备

任何一艘舰船在进行设计制造当中，都要详细考虑船舶的运营成本与运营周期，为满足快捷造船、高效涂装、绿色造船的需求，需要具备先进的船舶除锈涂装工艺装备。船舶除锈涂装工艺装备中最为主要的是钢材抛丸预处理设备和分段除锈涂装设施。

## 一、钢材抛丸预处理设备

钢材抛丸预处理设备，也称钢材预处理流水线，是实现钢材一次表面处理和自动涂装车间底漆的最主要设备。钢材预处理流水线有钢板预处理流水线和型钢预处理流水线2种。整条钢材预处理流水线由以下系统组成：

### 1. 钢板输送系统

① 上料、卸料辊道　上料、卸料辊道主要由支架、滚轴、链轮等组成。为了防止与辊道接触一面的车间底漆受到破坏，卸料辊道的结构有链式点接触和"八"字形线接触2种结构形式。

② 控制压辊　控制压辊由支架、转轴、配重块、限位复位撞块和计数盘等组成。压辊可以检测钢板宽度，自动控制抛丸器的开启数量。

③ 抛丸室内辊道　抛丸室内辊道选用优质厚壁无缝钢管焊制而成，具有耐磨性能。

### 2. 钢板校平装置

船用钢板，在运输过程中或长期堆积后会产生形变。因此，钢材预处理流水线往往在钢材抛丸之前或之后，设置钢板校平处理。钢板校平一般采用七星辊或九星辊校平机。校平机通常设置在钢板预热处理工位之前，但也有在抛丸机后面，以保护轧辊不受钢板上脱落氧化皮损伤。

### 3. 预热装置

预热是为了在抛丸前将钢板升温，以除去表面水分、油污，提高抛丸处理质量，并有利于车间底漆在喷涂后干燥。预热装置一般由室体、辊道、加热装置和保温层等组成。目前有中频感应加热、热水喷淋加热和液化石油气加热等方式。

### 4. 抛丸室

① 抛丸器（抛头）　抛丸器主要由叶轮、主轴及主轴承座、分丸轮、定向套、护板、传

动机构等组成。叶轮由电动机带动作高速旋转，产生强大的离心力，当磨料从导入管流入，经分丸轮、定向套、叶轮抛出，在离心力作用下其抛出速度可达到 80m/s，抛出的磨料呈扇形流束，打击钢板表面以除去锈蚀和氧化皮。

② 磨料清扫系统　钢材抛丸处理后面上积聚了大量磨料需清除。通常先用刮板或转刷去除大部分的积料，然后使用压缩空气或真空吸尘装置清除表面残余磨料和尘埃。

③ 磨料循环系统　磨料循环系统有机械输送及气动输送 2 种型式。

④ 除尘系统　通风除尘系统用来清除抛丸产生的粉尘以及分离回收磨料中的粉尘，抛丸清理的除尘系统一般采用二级除尘。

### 5. 车间底漆喷涂系统

抛丸清理后，钢材表面立即喷涂车间底漆。喷漆系统主要由喷漆室、喷漆小车及传动机构、测高系统、气控系统、高压无气喷漆泵及管路等组成。

### 6. 烘干室

钢板喷涂车间底漆后，便进入烘干室，使漆膜快速干燥。烘干热源可以采用远红外辐射、热风或蒸汽，但禁止采用明火直接加热。室内烘干温度一般为 40～60℃。主要由保温室体、传动系统、托辊、加热器、温度传感器等组成。

### 7. 控制系统

钢材抛丸预处理流水线的电气控制系统通常都设有中央控制室，便于集中控制、维修和观察。全线电气控制系统一般采用"PLC"可编程序控制器，自动化程度高，功能强。

## 二、船体分段除锈涂装设施

船体分段除锈涂装设施俗称分段涂装房，是实现船体分段二次表面处理和涂装的主要设施。现代化的船体分段除锈涂装设施是施工环境条件可控、污染物排放符合环境保护要求、集成化的高效除锈涂装系统，是实现船体分段全天候涂装作业的可靠保证。

### 1. 预处理之前的准备工作

板材在进行预处理过程中，工作人员应当对板材表面进行清洁，除去钢材表面的垃圾、油污以及水分等多余物质，同时要准备好磨料，磨料要保证干燥，颗粒均匀，这样的磨料对于除去板材表面的垃圾等多余物质成型效果比较好。

### 2. 喷砂系统

① 喷砂设备系统　该系统由各类喷砂机组成。该系统的喷砂机，一般采用多喷嘴连续作业，并且具有集中控制技术，如双缸双枪和双缸四枪喷砂机。

② 磨料输送回收处理系统　其主要功能是将喷砂系统喷出的砂丸及时回收到磨料存储单元当中。进行喷砂作业时，大概有 30％的钢砂用真空吸砂机从分段内吸出，其余 70％的钢砂堆积在地坪，用铲砂车铲入皮带地坑，使用斗式提升机输送。

③ 磨料分配系统　根据控制系统提供的各喷砂缸磨料储存信息，将回收的磨料自动分配输送到需要加料的喷砂缸中。

④ 通风除尘系统　喷砂间的通风除尘一般采用滤筒组合式除尘器。喷砂作业时，喷砂间通风换气 10 次/h，排放口的粉尘浓度小于 120mg/m³。

### 3. 喷漆系统

喷漆系统由喷漆间和喷涂设备组成。喷漆间容积根据生产纲领确定，喷漆间内主要配置加温、去湿系统和喷漆通风、漆雾过滤与有机溶剂废气处理系统。喷涂设备主要是各类不同压力比、不同流量的无气喷涂设备。

① 去湿系统　由风冷式或水冷式去湿机组成。

② 加热系统　通常是蒸汽加热，由热交换器、风机和进风过滤器等组成。

③ 喷漆通风、漆雾过滤与有机溶剂废气处理系统　为了防止漆雾和有机废气污染空气，现代涂装设施通常都采用净化效率高、无二次污染的干式过滤材料净化漆雾。

### 4. 中央集控系统

根据大型集成化除锈涂装设施建设规模大、设备分散的特点，系统一般采用现场总线技术。在集控室实现对所有设备的监控，从而提高系统精度、稳定性能、简化结构，同时降低操作人员的劳动强度，提高工作效率，并实时掌控设备运行情况，方便设备的管理和维护。

### 5. 辅助系统

① 压缩空气除油、除湿系统　为确保除锈涂装施工的质量，喷砂和喷漆使用压缩空气需除油、除湿。通常采用风冷式冷冻干燥的方式进行处理，迅速将输入的压缩空气温度降低至安全操作范围，可分离压缩空气中的大量水分，确保压缩空气除油、除湿的效果。

② 照明系统　涂装场所内照明大都采用亮度高、色温接近太阳光的 $250\sim400\text{W}$ 金属卤素灯。所有机房装置普通灯具，喷砂间与喷漆间均装备隔爆灯具。

③ 大门系统　喷砂和喷漆间大门系统要确保施工场所密闭、保温，且开启自如。

## 三、船舶涂装辅助工艺装备

### 1. 高空作业车

高空作业车是利用力矩原理和液压驱动系统，使用悬臂伸缩来实现登高作业，通过操纵电子液压控制系统来实现各种作业动作。高空作业车可前后行走、左右回旋、上下伸缩，并能抬起悬臂作 $360°$ 的旋转。悬臂顶端装有可独立转向的作业斗，能升高至 $30\text{m}$ 以上。

### 2. 移动型除湿机

当进行区域涂装时，为了控制局部涂装施工环境条件，通常需要对涂装舱室进行除湿作业，这时就需要移动型的除湿机。特别是在船头涂装阶段，处理水下的船舶舱室，钢板表面温度往往都低于露点而结露，除锈或喷涂施工前均需要进行除湿作业。

### 3. 真空吸砂机

真空吸砂机由真空泵、旋风除尘器、滤管除尘器、储砂罐、消音器、电控箱等组成。该设备由真空泵提供负压，产生强大的吸力对磨料进行吸入回收。随后，进入容积分离器，使灰、砂分离干净的磨料落入储料罐。

### 4. 防爆风机

防爆风机是现代涂装施工不可或缺的辅助工装设备。其主要功能是进排风，交换封闭舱室或通风不良处的空气，使涂装打磨除锈时产生的扬尘，涂料喷涂时溶剂挥发产生的有毒、有害、易燃、易爆的气体安全排放，交换新鲜空气。

## 5. 移动空压机

随着造船工业的快速发展，船舶涂装工作量急剧增加，从而造成动力源压缩空气使用量也相应增加。工厂管网气源往往不能满足涂装施工的要求，这样就需要用移动空压机来辅助补充供应压缩气源，成为船舶涂装的重要辅助设备。

船舶除锈与防腐环节是船舶建造过程中的重要基础，同时，它还对海洋环境有着巨大的影响。合理地对船舶进行涂装，可以保证船舶无论是淡水或者海水的运行都不会出现脱落迹象。涂装设备设施繁杂，功能众多，能够科学有效地将这些设备设施用于涂装施工，对于船舶涂装提升施工质量和降低施工难度都有着现实的意义。因此，在船舶建造的同时，要充分考虑其与各方面的影响，才能在快速发展经济的同时，不会对社会其他方面造成影响。

参 考 文 献

[1] 齐祥安. 涂装技术知识体系的结构及其内容分析. 现代涂料与涂装，2006，1：38-42.
[2] 梁娟，王帅，徐朝，等. 工程机械涂装工艺概述. 现代涂料与涂装，2014，17（3）：57-61.
[3] 王锡春. 工业涂装工艺设计的若干问题探讨. 涂装技术，2006，1：29-33.
[4] 杨振波，许少华，魏薇，等. 水性工业涂料绿色施工问题探讨. 涂料工业，2018，48（6）：62-67.
[5] 薛楠. 船舶除锈涂装工艺设备研究与发展. 船舶物资与市场，2019，7：39-40.

# 第六章
# 涂料及涂膜性能检测

## 第一节　简　介

涂料是半成品，施涂于物体表面成膜后才是成品。"三分漆，七分用"，涂装质量对涂料性能正确发挥影响很大，而涂装对涂料品种与质量要求则是涂料技术进步的动力。

技术标准的发展是行业技术创新的动力。经济国际化是趋势，中国是全球最大出口国，在国际上经常遇到"技术壁垒""绿色壁垒"，都涉及国内产品技术标准水平问题。要超前国际相关技术标准不易，但与国际相关技术标准接轨并达到国际水平是应该力求做到的，其中差距大的是检测方法标准。如涂料中气味的分辨、测试方法，尽管国际上尚无完全用仪器分析方法测定涂料中气味，但有相关的方法标准，国内目前正在制定之中。没有气味测定标准，市场上越来越多的"净味涂料"就无法监测，消费者无法辨别与选择。再如水性涂料中VOC的测定，VOC含量越低，分析测试方法的误差越大。据报道，当水性涂料中所含VOC在10g/L以下时，分析误差更大，重复率也更低。如趋于零时，一般分析测试方法就无法测准。市场上常遇到标有"零VOC"的乳胶涂料品种，因无准确的分析测试方法，确定其真伪就成问题。

分析方法的研究是产品标准化中的重要课题，国家在这方面投入不多，需要联合行业内各方力量进行有关产品分析检测方法的研究，提高制定产品技术标准水平。

## 第二节　涂料性能检测

主要包括相对密度、黏度、细度、固体含量、储存稳定性、使用量、消耗量、干燥时间、流动特性、涂料中气味等；有毒有害物质主要包括甲醛含量、VOC、游离TDI含量以及重金属含量。下面就一些常用的性能做一些介绍。

### 一、黏度

黏度的测量仪器主要有涂4号杯、旋转黏度计、斯托默黏度计。实验装置如图6-1和图6-2所示。可以测定的涂料包括硝基木器涂料与内墙乳胶漆等。

方法与原理，黏度是流体内部阻碍其相对流动的一种特性，是液体的流动阻力，也称黏

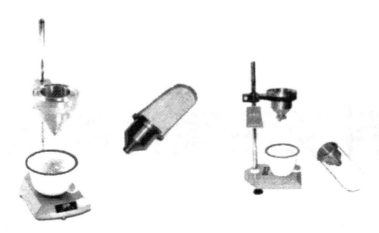

图 6-1　流量杯测定涂料黏度装置

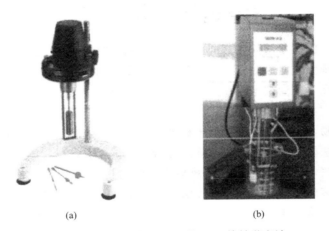

(a)　　　　　　　　　　　　　　(b)

图 6-2　NDJ-1（a）和 DV-Ⅱ（b）旋转黏度计

（滞）性或内摩擦，也就是液体涂料的黏稠或稀薄的程度。不同的涂装方法要求不同的涂料黏度。手工刷涂、淋涂、辊涂、高压无气喷涂用涂料黏度可高些，空气喷涂法则要求涂料黏度较低。黏度受温度影响大。涂料黏度与周围环境气温以及涂料本身温度有关，当涂料被加热时，黏度自然降低。在施工过程中，随着溶剂的挥发，涂料的黏度会变高。要注意随时测量涂料的黏度。

　　涂料的黏度分为原始黏度（出厂黏度）和施工黏度（工作黏度）。原始黏度是指用户购进的漆的黏度。工作黏度是用稀释剂调配涂料，适合某种涂饰方法使用，并能保证形成正常涂层的黏度。

　　涂料黏度测定的相关标准主要有 GB/T 1723—1993、GB/T 9751.1—2008《色漆和清漆　用旋转黏度计测定黏度　第一部分》、GB/T 9269—2009《涂料黏度的测定　斯托默黏度计法》，GB/T 1723—1993 方法常用涂 4 号黏度杯、涂 1 号杯和落球黏度计测定。旋转黏度计的工作原理（图 6-3）是用圆筒、圆盘或桨叶在涂料试样中旋转，使其产生回转流动，测定使其达到固定剪切速率时需要的应力，从而换算成黏度。

　　GB/T 1723—1993（涂料黏度测定法）涂 1 号杯适于测定流出时间不低于 20s 的产品；

涂 4 号杯适于测定流出时间在 150s 以下的产品；落球黏度计适于测定黏度较高的产品。测定规定的试样温度为 23℃±0.2℃，将涂料在该温度稳定一段时间，用手指或器具堵严小孔漏嘴，倒满 100mL，用玻棒将气泡和多余试样倒入凹槽，防止测样不到或超过标准，漏嘴放入到一个 200mL 铁罐或搪瓷杯；迅速移开手指时，同时启动秒表，待试样流束刚中断时立即停止秒表计时；重复测试，两次测定值之差不应大于平均值的 3%，取两次测定值的平均值作为测试结果。

　　GB/T 9751.1—2008（用旋转黏度计测定黏度）试样温度控制在 23℃±0.2℃（注意保护新轴与游丝），检查仪器、调节水平，去除试样中的气

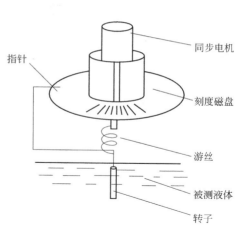

图 6-3　旋转黏度计工作原理

泡。在连接转子时要注意保护黏度计的连接头，并用手指轻轻将其提起，这样可以避免承重系统中的钢针和宝石轴承座的强烈碰撞与摩擦。转子的螺帽和黏度计的螺纹连接头要保持光滑及清洁，以避免转子转动不正常。黏度测量的标准容器是 600mL 烧杯，为保持测量条件的一致性，不同样品的测量应使用固定容积的容器。进行测量前，选择转子和转速组合；转速或转子的改变会导致黏度读数的变化。黏度大的样品，使用面积小的转子和较低的转速；对于低黏度的样品，情况相反。转动升降旋钮，将转子浸入样品中至转子杆上的凹槽刻痕处。如果是圆盘式转子，注意要以一个角度倾斜地浸入样品中（先将转子以一个角度倾斜插入样品中，然后再安装到黏度计机头上），以避免因产生气泡而影响测试结果。在读数前，应保持一段时间，让读数稳定下来，时间的长短取决于所用的转速和流体的性质；为了得到准确度高的测试结果，应使扭矩读数在 30～90 范围内。测量完毕后取下转子，然后清洗干净，再放回装转子的盒中。NDJ-1 型读数：指示读数×系数＝结果。例如，使用 4 号转子，转速为 12r/min，则系数为 500，如指示数为 60，则结果为 60×500＝30000(mPa·s)。NDJ-1 旋转黏度计系数见表 6-1 。

表 6-1　NDJ-1 旋转黏度计系数

| 转子 | 不同转速下的系数 | | | |
| --- | --- | --- | --- | --- |
| | 60r/min | 30r/min | 12r/min | 6r/min |
| 1 号 | 1 | 2 | 5 | 10 |
| 2 号 | 5 | 10 | 25 | 50 |
| 3 号 | 20 | 40 | 100 | 200 |
| 4 号 | 100 | 200 | 500 | 1000 |

　　GB/T 9269—2009 应用于建筑涂料黏度的测定，测定时，试样温度控制在 23℃±0.2℃，选择、安装转子（注意保护新轴与游丝），检查仪器、调节水平，去除试样中的气泡，将桨叶浸入被测样品中，测定使转速达 200 r/min 所需要的质量，结果以 KU 表示。

## 二、细度

　　细度测定是检查色漆或漆浆内颜（填）料等颗粒的大小或分散的均匀程度，以 μm 表示。涂料细度的大小影响涂层的光泽、外观、防蚀性及储存稳定性。颜（填）料的颗粒越

小，在漆料中的分散度越高，则其细度越细，漆膜越平整光滑，装饰性也就更好。但由于品种不同及用途不同，对涂料细度的要求也不一样，一般在由底漆、中间漆以及面漆组成的涂装体系中，以面漆为最细，中间漆次之，底漆最粗。但也有例外，如有些中间漆以云母氧化铁作颜料，其细度就比有的底漆要差些，但利用云母氧化铁中间漆形成的较为粗糙的表面可以提高面漆的附着力。所以，涂料细度亦是涂装体系设计时需要考虑的一个因素。

目前测定涂料细度使用最为普遍的是刮板细度计，由一磨光的平板及刮刀组成。平板上有一道或两道平行于平板长边的沟槽，沟槽的深度由一端到另一端是均匀递减的，其一端具有适宜的深度（如 $25\mu m$、$50\mu m$、$100\mu m$ 或 $150\mu m$），而另一端的深度则是 0（即与平板表面一样平），并按照不同的规格根据沟槽的深度，刻好分度；刮刀则有单刃和双刃两种，刀刃平直。细度的测定结果在一定程度上和所用的细度计有关系，典型刮板细度计规格见表 6-2，表 6-3。

**表 6-2　典型细度板分度和推荐测试范围（一）**　　　　　　　单位/$\mu m$

| 凹槽的最大深度 | 分度间隔 | 推荐测试范围 |
| --- | --- | --- |
| 100 | 10 | ≥40～≤90 |
| 50 | 5 | ≥15～≤40 |
| 25 | 2.5 | ≥5～≤15 |

**表 6-3　典型细度板分度和推荐测试范围（二）**　　　　　　　单位/$\mu m$

| 细度板规格 | 分度时隔 | 推荐测试范围 |
| --- | --- | --- |
| 150 | 5 | ≥71 |
| 100 | 5 | ≥31～≤70 |
| 50 | 2.5 | ≤30 |

# 三、储存稳定性

储存稳定性是指涂料产品在正常的包装状态和储存条件下，经过一定的储存期限后，产品的物理或化学性能达到原规定使用要求的程度。它反映涂料产品抵抗其存放后可能产生的异味、稠度、结皮、返粗、沉底、结块、干性减退以及酸值升高等性能变化的程度。

由于涂料产品在生产厂制成后，需要有一定时间的周转，往往可能储存几个月，甚至数年以后才使用，因此不可避免地会有增稠、变粗、结块以及沉淀等弊病产生，若这些变化超过容许的限度，就会影响成膜性能，甚至涂料本身开桶后就不能使用，造成浪费。

储存稳定性测试的标准有 GB/T 6753.3—1986《涂料贮存稳定性试验方法》以及 GB/T 9755—2014《合成树脂乳液外墙涂料》、GB/T 9756—2018《合成树脂乳液内墙涂料》。

GB/T 6753.3—1986，液态色漆和清漆在密闭容器中，放置于自然条件或加速条件下储存后，测定所产生的黏度变化，色漆中颜料沉降，色漆重新混合以适于使用的难易程度以及其他按产品规定所需检测的性能变化。

按《涂料产品的取样》的规定，取出代表性试样，取三份试样装入规定的三个容器中，装样量以离罐顶 15mm 左右。将两罐试样称重，然后放入烘箱内，在 $(50\pm2)$℃加速条件下储存 30d，也可在自然环境条件下储存 6～12 个月。储存试验前将另一罐原始样检查各项原始性能，以便对照比较。试样存至规定期限后，首先开盖检查是否有结皮、容器腐蚀及腐败味等，按下列六个等级记分，10=无，8=很轻微，6=轻微，4=中等，2=较严重，0=严重。然后用一把漆用调刀对沉降程度进行检查，按表 6-4 来评定沉降的性质和级别。还可根据需要进行漆膜颗粒、胶块及刷痕检查和黏度变化的检查。

表 6-4　沉降性质和级别

| 评级 | 产品情况 |
|---|---|
| 10 | 与初始状态相同,没有什么变化 |
| 8 | 铲刀面横向移动没有明显阻力,有轻微沉淀粘住铲刀 |
| 6 | 铲刀能以自重通过沉淀物下降到底部,铲刀面横向移动有一定的阻力,部分结块粘住铲刀 |
| 4 | 以铲刀自重不能通过结块下降到底部,铲刀面横向移动困难,以铲刀刀刃移动有轻微阻力,用铲刀能容易地恢复均匀的悬浮液 |
| 2 | 铲刀面横向移动有很大的阻力,铲刀刀刃移动有一定的阻力,仍然能恢复成均匀的悬浮液 |
| 0 | 结块很硬,用铲刀搅动不能恢复成均匀的悬浮液,甚至把上层清液倒出来以后也恢复不了 |

本方法最终评定以"通过"或"不通过"为结论性评定。当所有各条评定都为"0"级或只按沉降程度评定为"0"级时,试样被认为"不通过",其他情况则为"通过"或按产品要求评定。

GB/T 9755—2014；GB/T 9756—2018 中 5.5 低温稳定性的测定,使水性漆经受冷冻和随后融化（循环试验）后观察评定容器中试样的沉淀、成结、聚结以及结块等状况。将试样装入约 1L 的塑料或玻璃容器内（高约 130mm，直径约 112mm，壁厚约 0.23～0.27mm），密封,放入（-5±2）℃的低温箱中,18h 后取出容器,在（23±2）℃、相对湿度（50±5)%的条件下放置 6 h,如此反复三次,打开容器,搅拌。试样观察有无硬块、凝聚及分离现象。若冻融循环后试样无硬块、凝聚及分层现象,则可用"不变质"表示。

# 四、 VOC 测定

VOC 是 volatile organic compound（挥发性有机化合物）的缩写,目前国际上通用的对涂料产品中的 VOC 定义是指在与涂料产品接触的大气的正常温度和压力下,能自行蒸发的任何有机液体或固体,我国通常将涂料产品中在常压下沸点不大于 250℃的任何有机化合物都定义为挥发性有机化合物。

VOC 大多含有发臭基团,如羰基、羧基以及羟基等,既对空气产生恶臭污染,又是有害气体,可直接危害人体健康。VOC 多为脂溶性的溶剂和稀释剂,很容易通过人的呼吸作用经肺、血液而进入神经中枢,进而对中枢神经产生很强的麻醉作用,此时人体就会表现出精神恍惚、困倦瞌睡;若吸入 VOC 的量过多,则会出现头晕耳鸣、面色苍白、恶心呕吐甚至肌肉痉挛等全身症状。研究表明若暴露在 VOC 混合气体中,浓度为 $25\mu g/m^3$ 时,会出现头痛、瞌睡、疲乏与精神错乱;当浓度达到 $35000\mu g/m^3$ 时,可能出现昏迷、抽搐甚至死亡。长期暴露在 VOC 中,容易导致多种慢性病和恶性肿瘤,如记忆力减退、神经衰弱以及哮喘等,严重的甚至引起胎儿畸形与癌症。

2001 年我国对内墙涂料的 VOC 含量制定了强制性限量标准（GB 18582—2001）,2005年又推出了环境保护行业标准（HJ/T 201—2005）,2008 年颁布了修订的强制性限量标准GB 18582—2008,对水性涂料中的 VOC 含量提出了更高的要求,这些标准的实施推动了我国内墙涂料朝着无害化方向发展。目前,国际上常用测定 VOC 含量的标准有 4 个:ISO 11890-1,色漆和清漆——挥发性有机化合物（VOC）含量的测定——第 1 部分:差值法。当预期涂料产品中 VOC 含量大于 15%（质量分数）时,可采用 ISO 11890-1 的方法测定。本方法主要用于 VOC 含量较大的常规溶剂型涂料产品的检验,ASTM D 3960—2002 法在原理上基本与其一致。其原理是将涂料产品中各组分按规定以正确的质量比或体积比混合,如需稀释则用合适的稀释剂稀释，作为备用样品用于测定。分别测定备用样品中的不挥发物含量、水含量和豁免化合物含量，用合适的公式计算 VOC 含量。

ISO 11890-2，色漆和清漆——挥发性有机化合物（VOC）含量的测定——第 2 部分：气相色谱法。当预期涂料产品中 VOC 含量介于 0.1%～15%（质量分数）之间时，可采用 ISO11890-2 的方法测定。本方法主要用于 VOC 含量较低的涂料产品，如高固体分涂料产品等的检验。其原理是将涂料产品中各组分按规定以正确的质量比或体积比混合，用气相色谱技术分离出备用样品中的有机挥发物和豁免化合物。先对备用样品中的挥发物（包括有机挥发物和豁免化合物）进行定性分析，然后再采用内标法以峰面积的值来定量测定备用样品中的各有机挥发物和豁免化合物的量。用合适的方法测定样品中的水含量，并用合适的公式计算涂料产品中 VOC 含量。

ISODIS 17895，色漆和清漆——水性乳胶漆中挥发性有机化合物含量的测定，即顶空进样法测定 VOC。当预期涂料产品中的 VOC 含量介于 0.01%～0.1%（质量分数）时，可按此法测定。本方法测定的挥发性有机化合物沸点最高可达 250℃，主要用来测定 VOC 含量很低的水性乳胶漆样品中的 VOC 含量。其原理是，用有隔膜密闭小瓶的顶空进样器进样，并用最好具有自动样品转换器的气相色谱仪来分析。进样时当样品被加热至 150℃后，其中的挥发性有机化合物完全气化而转移至非极性毛细管分离柱中，以十四烷（沸点 252.6℃）的保留时间作为积分终点，对积分终点前的所有组分的峰面积积分。通过分别对不含储备混合物的稀释后的试样及 4 种含有不同质量分数储备混合物稀释后的试样进行测定，均校准至 1mg 样品的峰面积，并求出平均值对加入的储备混合物的量作图进行线性回归，由回归直线的斜率及直线在纵坐标上的截距计算出样品中的 VOC 含量。

目前，较准确地分析 VOC 的方法有，气相色谱法（GC）、气相色谱-质谱法（GC-MS）、荧光分光光度法和膜导入质谱法等，此外，还有反射干涉光谱法、离线超临界流体萃取-GC-MS 法和脉冲放电检测器法等，其中应用最多的是 GC 和 GC-MS。

其他涂料性能根据需要查阅相应的标准进行测试。

# 第三节　涂膜性能检测

## 一、外观

包括颜色、光泽度与遮盖力等。光泽按照 GB/T 9754—2007 测试；参照 ISO 4628-2：2003 色漆和清漆中漆膜老化的评定对缺陷的数量、大小、外观均匀变化强度评定的第二部分：起泡等级的评定。检测涂层中的针孔，如果发现有针孔存在，试板就应该被换掉。使用低压湿海绵针孔检测仪，测量出涂层的针孔和漏涂是否已达到基材或涂层是否已经导电。该仪器的优点是不会损坏涂层。涂层外观和厚度均匀，没有流挂、漏涂、针孔、起皱、光泽不匀、缩孔、颗粒、干喷和起泡等现象，附着力在 10 MPa 以上。

## 二、机械物理性能

主要包括附着力、漆膜硬度、柔韧性、冲击强度、耐磨性、抗划伤性以及黏弹特性等。测试样板制备选用 Q235 碳钢板，表面喷砂除锈至 Sa2.5 级，涂膜厚度为（50±5）μm。划格法测试附着力，该方法是用锋利的刀片在漆膜上划 11 道平行的切痕（长度为 3～4cm），

2 条平行的切痕间距为 2mm，在垂直相交方向再划 11 道切痕，这样就形成了 100 个小方格，切痕的深浅应当以划破漆膜而又不切割到基材为标准。漆膜合格的标准为，使用专用胶带按照 60°向上拉，方格内漆膜没有脱落。根据 GB/T 9286—1998《色漆和清漆 漆膜的划格试验》，按照漆膜脱落的面积划分等级，比较附着力的好坏，共分 0～5 级，其中 0 级最好，5 级最差。本法操作简单，适合漆膜与漆膜之间、漆膜与基材之间多种情况的测试，在施工现场测试非常方便，从而被广泛采用。

划圈法测试附着力，该方法是用划圈法附着力测定仪采用划圈的方式测定附着力。划圈法附着力测定仪的主要组成有丝杠、旋转手柄、划针压头等部件。测试时，首先要把划针压头的针尖紧压在漆膜上，然后缓慢匀速地摇动旋转手柄，使针尖能够在漆膜上均匀划出依次重叠、连续的圆圈，要在这些重叠的圆圈之间找出 7 块大小不同、形状不一的漆膜，然后仔细观察这些漆膜进行等级评定，如果 7 块漆膜完好则评定为 1 级，如果 7 块漆膜完全损坏则评定为 7 级。本法适合单一涂层附着力的测试，被广泛采用。

拉开法测试附着力，参照标准 ISO 4624：2002，也可参照 GB/T 5210—2006 以及 ASTM D 4541 标准。

铅笔硬度按照 GB/T 6739—2006 测试；耐冲击性按照 GB/T 1732 测试；漆膜厚度按照 GB/T 13452.2—2008 测试。

## 三、老化性能测试

包括寿命评估、寿命测试、盐雾老化、高低温循环、光老化、臭氧老化、人工加速老化、漆膜耐候能力和寿命等。

## 四、耐化学品性

包括耐水性、耐油性、耐溶剂性、漆膜防锈性能等。采用 Q-FOG 盐雾试验箱按 GB/T 1771—2007 测试涂层的耐腐蚀性能，盐雾测试样板为封边处理后的测试样板。

其他特殊性能检测，包括电气性能的击穿电压或击穿强度、绝缘电阻等；防火、防静电、耐高温等参照相关标准进行测试。

# 第四节 涂料性能检测新进展

## 一、简介

有机涂层由主要成膜物质、颜填料以及干燥剂、固化剂、稳定剂、表面活性剂、分散剂等组成。对防护涂层来说，底漆与面漆中还添加腐蚀活性颜料。目前涂料行业正面临以下迫切需要解决的课题，具有优异防腐性能的毒性物质，必须采用环保材料替代；溶剂型涂料逐渐被水性与无溶剂涂料取代；向汽车工业销售预涂钢板以省略二次腐蚀保护程序以及降低昂贵的油漆车间成本的趋势，这对薄有机涂层提出了新的要求。

有机涂层的防腐蚀性能通常不是由阻隔性能引起的，而是由在环境施加的化学和电化学条件下保持与基体的附着力引起的。对于典型的防腐有机涂层，$H_2O$ 和 $O_2$ 的扩散速率远远超过了氧还原的扩散限值。然而，由于普通涂层的介电常数较低，因此涂层内的离子溶解度通常很小。因此，有机涂层提供的腐蚀保护包括，导致扩散双层的离子屏障；涂层附着力；金属-聚合物界面上局部阳极和阴极间离子通道的阻塞以及涂层损坏时释放腐蚀活性颜料和抑制剂的载体。

纳米科学与技术的进展，为涂料技术的创新和新产品的开发提供了动力。纳米材料改性植物油醇酸树脂可使其涂膜硬度达到 5H 以上，大幅度提高耐水性、防腐性和抗划伤性；纳米改性清漆作汽车罩光漆，可提高抗酸雨与抗划伤性；利用纳米材料改性表面处理剂，可以取代表面处理中的磷化、钝化工序，减少污染，改进性能，涂膜厚度只有 $6\mu m$，可以耐盐雾 200 多小时无变化。可见，纳米材料改性涂料具有优异的性能。然而，纳米涂料的检测还未建立测试方法。

石墨烯作为新一代杰出的纳米材料代表，其具有独特的二维片层结构、超高的比表面积、优良的导电性与屏蔽性，而且石墨烯密度小，添加量很少即可实现可观的鳞片屏蔽效果，适合于重防腐涂料的研制。然而，传统的涂料性能测试方法不能满足新型纳米添加涂料研究与开发的要求，系统掌握涂料性能检测相关新进展对涂料领域的技术创新与新产品开发意义深远。

## 二、纳米添加剂在涂层中的分散性

纳米材料相比普通颜填料，具有大比表面积，内聚能大不易在涂料树脂中均匀分散，结果往往不能很好地发挥纳米添加剂的功能。为了研究纳米添加剂在涂层中的分散性可以采用涂层微观形貌分析法。

样品制备，将纳米涂料涂敷在聚四氟乙烯板上，成膜后揭开涂层，切片，将样品粗磨减薄，再用超声波切片仪精确减薄，挖坑机挖坑减薄，离子减薄仪减薄，最后用精确离子减薄仪减薄，并用透射电镜观察涂层中纳米材料的形貌和分散性。图 6-4 显示填充碳纳米添加剂的涂层的超薄切片 TEM 图。结果表明，经过表面改性后的石墨烯以及碳纳米管填充涂料在 0.5%（质量分数）范围内，在涂层中分散均匀［图 6-4(a)，(b)］，继续增加填充量，即使经过表面改性的石墨烯也会出现聚集现象，如图 6-4(c) 所示。

采用涂层微观形貌图研究纳米添加剂在涂层的均匀分散性，优点是非常直观，但研究的涂层区域相对比较局限，往往不能代表整个涂层的情况，因此，必须结合其他分析手段。荧光标记法不仅可以定性研究涂层宏观的纳米添加剂的分散情况，还可以定量研究纳米添加剂在涂层中的聚集程度。

测试原理，采用质量分数为纳米功能材料 1%（质量分数）的荧光物质标记纳米材料，通过测定制备的纳米涂层的荧光强度，推测涂层中纳米材料的浓度，并在荧光显微镜下观察涂层中纳米材料的荧光图像，从荧光图像均一程度就可以测定纳米添加剂在涂层中的分散均匀程度。图 6-5 显示荧光强度与纳米填充材料含量拟合线性关系图。根据线性关系就可以定量计算分散状态的纳米材料含量。

除了上面介绍的两种方法，还可以通过对气体分子阻隔测试，间接了解纳米添加剂在涂层中的分散情况。下面以环氧纳米涂层为例介绍。

样品制备，分别制备环氧薄膜与添加 1%（质量分数）硅烷偶联剂表面处理的石墨烯的纳米复合环氧薄膜，厚度为 $120\mu m$，测定氧气的透过率，结果列于表 6-5。与环氧薄膜相比，石墨烯填充量为 1%（质量分数）时，纳米复合膜的透氧性降低约 60%。气体渗透性的降低缘于分散在复合材料中石墨烯的纳米片层的阻隔性能。

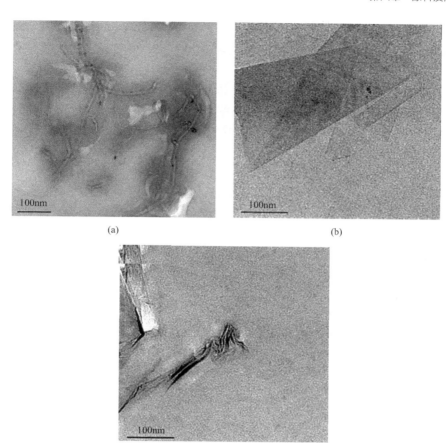

图 6-4 填充碳纳米添加剂的涂层的超薄切片 TEM 图

（a）填充 0.5%（质量分数）聚苯胺改性 CNT 的水性丙烯酸氨基烤漆涂层；

（b）填充 0.5%（质量分数）硅烷偶联剂表面改性石墨烯的 PU 涂层；

（c）填充 0.75%（质量分数）硅烷偶联剂表面改性石墨烯的 PU 涂层

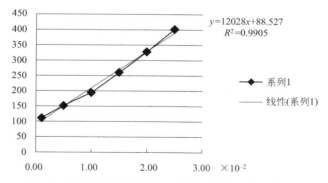

图 6-5 荧光强度与填充纳米材料含量拟合线性关系图

表 6-5 涂层的透氧性

| 样品 | $O_2$ 渗透 |
|---|---|
| EP | 0.1 |
| EP-1% FG | 0.04 |

涂层的耐磨性同样可以间接表征其在涂层中的分散状态。

采用 UMT-3 型摩擦磨损仪（UMT-3，美国 Bruker-Cetr）测试涂层的摩擦系数（COF）与磨损率。试验条件为，载荷 3N，频率 1Hz，时间 20min，磨耗轨道长度 5mm。此外，还使用直径为 3mm 的 GCr15 钢球作为固定的摩擦副。在干滑动和海水润滑条件下进行了摩擦学试验。用表面轮廓仪（Alpha Step IQ，KLA Tencor，美国）检测涂层的磨损轨迹。涂层的耐磨性由均匀磨损轨迹长度的磨损轨迹横截面积表示。然后，可根据以下方程式计算磨损率：

$$W = V/(FL)$$

式中，$W$、$V$、$F$、$L$ 分别为磨损率、磨损痕迹横截面积、载荷和滑动距离。

图 6-6 显示了纳米添加剂的填充量以及类型在不同摩擦环境中对 COF 的影响。COF 先是迅速增加，然后随着时间的推移达到稳定状态。结果表明，随着 FG 和 FGO 的加入，PU 复合材料的 COF 略有下降，尤其是在海水润滑条件下。当 FG（表面改性石墨烯）含量为 0.25%（质量分数，下同）时，PU 涂层的 COF 值和增长率均达到最低。对于 FGO（表面改性氧化石墨烯），其最佳添加浓度为 0.5%。值得一提的是，当 FG 和 FGO 含量进一步增加时，PU 涂层的 COF 似乎在增加，而不是继续减少。图 6-7 显示了纳米添加剂的填充量以及类型在不同摩擦环境中对磨损率的影响。与磨损率最低值对应的 FG 和 FGO 的最佳添加浓度分别为 0.25% 和 0.5%，与 COF 结果一致。因此，要使聚氨酯复合涂层具有最佳的摩

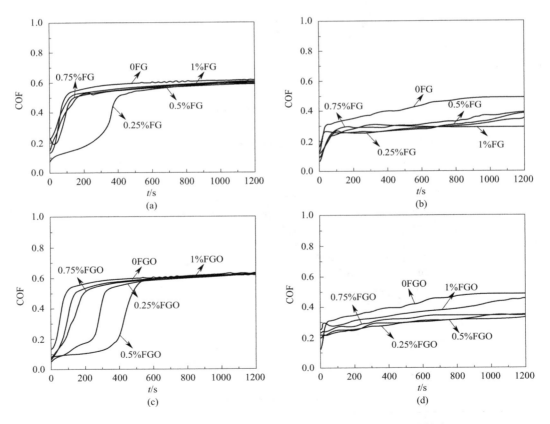

图 6-6　干滑动（a）和海水润滑（b）下 FG/PU 涂层的 COF，干滑动（c）
和海水润滑（d）下 FGO/PU 涂层的 COF

擦学性能，就需要适量的 FG 和 FGO 的加入和良好的分散性。

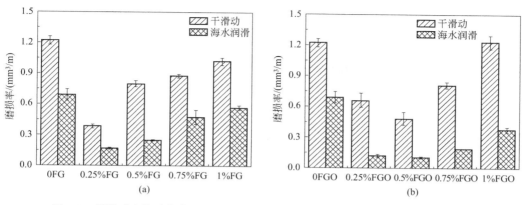

图 6-7　干滑动和海水润滑下 FG/PU 涂层（a）和 FGO/PU 涂层（b）的磨损率

海水润滑条件下的 COF 和磨损率远低于干滑动条件下的 COF 和磨损率，原因主要有三个。首先，滑动过程中的摩擦热被海水消散，有利于阻止塑性变形和化学降解。其次，吸附水分子提供的边界润滑避免了钢球与聚氨酯涂层的直接接触，在很大程度上降低了涂层的黏着磨损。最后，磨屑能被水连续地去除，使表面光滑。因此，水分子的存在对 COF 和磨损率非常重要。因此，通过对涂层的摩擦性能的测试间接可以研究纳米材料在涂层中的分散状况。

## 三、涂膜性能的电化学方法测试

### 1. 实验方法

用 PAR 283 恒电位仪来控制电位扫描，以测量开路电位，用 PICO ADC-16 记录，用 PicoLog 软件实现模数转换。电化学阻抗（EIS），测量使用 Solatron1260 FRA 阻抗分析仪，采用三电极电化学电池，工作电极材料为低碳钢棒或不锈钢圆片，饱和甘汞参比电极，以及碳对电极。频率响应检测器，在 $0.01Hz\sim100kHz$ 的频率范围内，$5mV$ 电压扰动，测量阻抗之前实验电位保持 $5min$。这个电极在清洗前用 Milli-Q 水短暂冲洗转移到试液中。阻抗模和电容采用 Z-view 软件计算，应用施加 $50mV$ 振幅的正弦波获得 $100kHz\sim100MHz$ 范围内的阻抗值。EIS、扫描振动电极技术（SVET）和开尔文扫描探针（SKP）三种方法提供了互补的方法来理解涂层退化、缺陷过程和涂层下腐蚀的全貌。重点可以关注阴极剥离与丝状腐蚀机理，这两种形式的腐蚀可以用涂层下面本质上局部化的电化学反应来表征，并可以用SKP 来洞察腐蚀现象。SVET 和局域阻抗谱（LEIS）近年来在确定涂层局部缺陷的整体腐蚀行为和测量缺陷内部的腐蚀过程中得到了应用。而恒电流脉冲法、弛豫伏安法、电化学阻抗法和电化学噪声法是研究涂层介电性能、缺陷形成和涂层降解过程的重要技术。最近的扫描参比电极技术，如 SVET 和 SKP，使得缺陷的定位具有几十微米的高空间分辨率。此外，SKP 还可以研究绝缘涂层下的局部腐蚀过程。

EIS 提供了一种测量有机涂层对水和离子传输阻力的方法。该技术是基于测量电极电位的小正弦扰动电流响应作为扰动频率的函数。为了分析模型系统和涂层的 EIS 测量结果，提出了不同的模型。该模型已成功应用于 $0.5mol/L$ 氯化钠溶液中裸钢和磷化钢有机涂层的工业筛选。图 6-8 是图 6-9 中的拟合电路（EC）的实验数据和最佳拟合。图 6-8 显示钢表面准完美涂层的阻抗图。

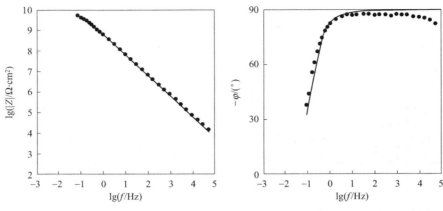

图 6-8　使用图 6-9 中的 EC 的实验数据（·）和最佳拟合（一）

图 6-8 显示了准理想涂层的典型阻抗谱，即使在长达半年的暴露时间后，该准理想涂层

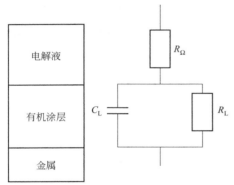

图 6-9　与电解液接触的无缺陷金属表面
有机涂层的阻抗模型

也不显示任何腐蚀侵蚀迹象。Bode 图显示了在较宽的频率范围内的纯电容行为，低频的极化电阻约为 $10^{11}\Omega\cdot cm^2$。这是均匀三维涂层的简单情况，如图 6-9 所示。

涂层电极的阻抗由电容 $C_L$ 和电阻 $R_L$ 的并联组合来描述。

$$Z_L(j\omega)=\frac{R_L}{1+j\omega R_L C_L}$$

涂层电容为

$$C_c=\varepsilon\varepsilon_0\frac{A}{d}$$

式中，$\varepsilon$ 是相对介电常数；$\varepsilon_0$ 是真空中的介电常数；$A$ 是涂层面积；$d$ 是涂层厚度。

因此，EIS 的电容测量可以提供关于吸水率的信息，因为极性分子的加入使涂层的介电常数增加。可以区分三种情况，涂层下面的腐蚀，涂层本身没有任何缺陷；裂纹到达金属表面，部分损坏的涂层；部分损坏的涂层导致涂层腐蚀破坏。

## 2. 聚苯胺（PANI）涂层防腐性能的电化学表征

通过测定涂膜在腐蚀介质中的开路电压或者恒电位电流，从而评价涂层的腐蚀防护性能。图 6-10 显示采用电化学聚合方法制备的不同厚度的 PANI 涂层，在 0.5mol/L HCl 溶液腐蚀介质中的电化学行为。新鲜制备的 316 SS 棒开路电位很快降到 −0.1V，5 次电化学循环制备的薄 PANI 涂层在电压快速下降（这时已经发生了点蚀）前保持 0.2V 有 25min ［图 6-10(a)］；15 次电化学循环制备的较厚的 PANI 涂层电压维持在 0.1~0.2V 之间的时间持续 79h，此后 PANI 从电极表面溶解下来，产生绿色的溶液。而 40 次电化学循环制备的厚 PANI 涂层电压保持在 0.2~0.5V 有 11 天，没有看到腐蚀破坏的迹象。

厚的 PANI 涂层电位具有明显振荡，每次振荡时间持续不到 1h 或者超过 1h。结果发现，靠近工作电极与电解质接触的界面附近的 PANI 涂层有一些点蚀现象，但完全浸没在酸性电解质中的 PANI 涂层没有类似的现象。在 0.5mol/L HCl 溶液中当处于 0.5V 电位时已经超过不锈钢的点蚀电位，只要氯离子能够到达金属基底，点蚀就会引发。这可能是因为 PANI 涂层中存在孔的原因。此时，PANI 处于部分氧化及导电状态，呈深绿色。因此，开路电压越高说明涂层的防腐性能越好。

保持电极电位恒定，测定产生的电流，可以获得有关这些电位值更重要的信息[图 6-10(b)]。当电极电位恒定在 −0.1V 和 0.2V，会产生不稳定的阴极电流，这可能是因为溶液中的微量氧被还原。当溶液用氮气除氧时，电流值下降到接近零，将氧气引入溶液后，阴极电流再次增大［见图 6-10(b) 中的插图］。溶解的氧气仍能进入金属基底，这进一步证明 PANI 涂层的多孔性。这说明，非常接近不锈钢的 PANI 单元可以很容易地被 $O_2$ 氧化，然后通过电荷转移维持钝化氧化膜，而不是完全依赖于较远的部分氧化的 PANI 单元通过其还原迁移实现。

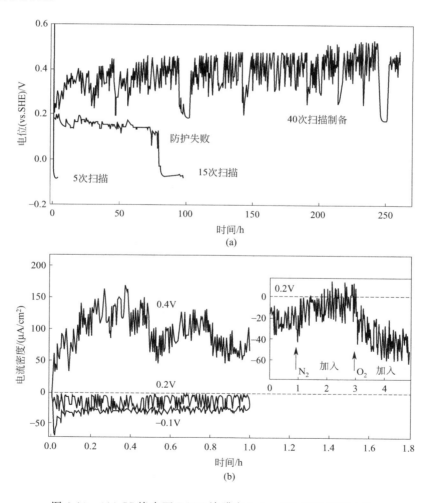

图 6-10 316 SS 棒表面 PANI 涂膜在 0.5mol/L HCl 溶液中的
开路电压随时间的变化受 PANI 膜厚的影响（a）；恒电位
−0.1V、0.2V 和 0.4V 条件下，经过 40 次循环制备的 PANI 涂膜
电流随时间的变化图，插图是溶液中的氧气的影响（b）

当电极电位恒定在 0.4V，比不锈钢的点蚀电位稍高一点，这时出现在 $60\sim160\text{mA/cm}^2$ 范围内的振荡电流，在 0.5V 时，电流在 1h 以内逐渐增加至 $800\text{mA/cm}^2$，这是因为在棒的一端形成了点蚀，伴随着随时间而增大的电流。

在酸性及氯化物存在下，铁合金电极产生电化学噪声和电流振荡是普遍的。点蚀生长的相互作用，以及反复的钝化膜形成和破坏，可以产生持续数秒的电流振荡。在当前不锈钢的实验中，加上 PANI 得失电子，$O_2$ 通过有孔的 PANI 涂层扩散，建立了产生恒电位电流振荡以及长时间开路电压振荡的一套不同的条件。

从 EIS 的奈奎斯特图中的部分半圆的直径获得极化电阻，以 $R_p$ 来表征腐蚀速率。一般来说，$R_p$ 值越大，腐蚀速率越慢。对 PANI 涂层，在开路电位时的 $R_p$ 可以用来研究腐蚀机理与速率。

图 6-11 显示在 316 不锈钢上经过 75 次电化学扫描得到聚邻甲氧基苯胺涂膜的防腐性能受腐蚀电解质的影响。在硫酸溶液中的不锈钢不管有没有 PANI 涂层都可以保持几个星期或更长时间的金属氧化膜钝化状态，而即使有厚的聚合物涂层在盐酸溶液中，不锈钢片均会发生腐蚀。这是由于 PANI 被溶解 $O_2$ 氧化和金属基底耗尽聚苯胺电荷维持钝化氧化膜的竞争。

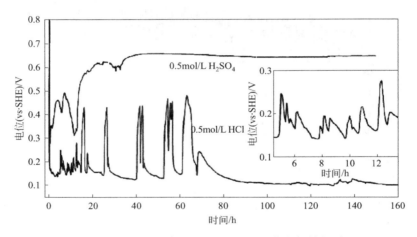

图 6-11　在 316 不锈钢上经过 75 次电化学扫描得到
聚邻甲氧基苯胺涂膜的防腐性能受腐蚀电解质的影响

### 3. 测定涂层的孔隙率

通过 Tafel 测试还可以计算出涂层的孔隙率，从而了解纳米添加剂的填充对涂层致密度的影响。

孔隙率计算公式如下：

$$极化电阻\ R_p = \frac{b_a b_c}{2.3\times(b_a+b_c)I_{corr}}$$

式中，$R_p$ 代表了样品涂层的极化电阻；$b_a$ 代表了样品涂层 Tafel 测试的阳极斜率；$b_c$ 代表了样品涂层 Tafel 测试的阴极斜率；$I_{corr}$ 代表了样品涂层 Tafel 测试的腐蚀电流。

$$孔隙率\ Q = \frac{R_{ps}}{R_p}\times10^{\frac{\Delta E}{\beta_{as}}} \quad \Delta E = E_{bare} - E_{coated}$$

式中，$R_{ps}$ 代表了裸钢的极化电阻；$\beta_{as}$ 代表裸钢的阳极斜率；$E_{bare}$ 代表裸钢的腐蚀电压；$E_{coated}$ 代表涂层的腐蚀电压。

通过对涂层在 3.5%（质量分数）的 NaCl 溶液中进行 Tafel 测试，结果见图 6-12，不同涂层浸泡前极化曲线的电化学参数列于表 6-6。结果表明，添加 0.5%（质量分数）CNT 的水性丙烯酸氨基烤漆，相比未填充的涂层，孔隙率有所降低，这说明纳米 CNT 在涂层中分散均匀，对成膜物质高分子链起到一定程度的交联作用，因此，致密度增加。而添加 0.5%（质量分数）PANI/CNT 的涂层，相比填充相同量的 CNT，孔隙率降低两个数量级，说明 CNT 经过 PANI 的表面包覆改性后，在涂料树脂中的分散性大幅度提高，同时与涂料树脂的界面结合力改善，所以获得更加致密的纳米涂层。

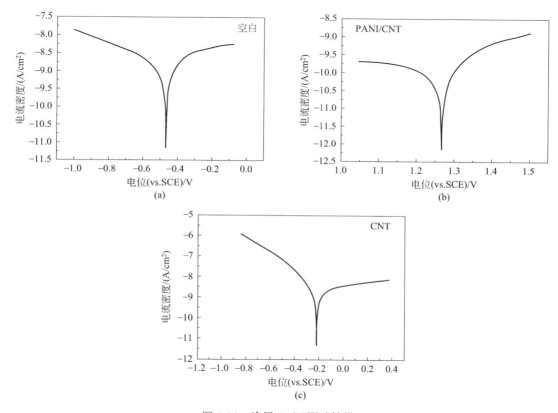

图 6-12　涂层 Tafel 测试结果

表 6-6　不同涂层浸泡前极化曲线的电化学参数

| 样品 | $E/V$ | $I/A$ | $b_a$ | $b_c$ | 孔隙率 |
|---|---|---|---|---|---|
| 裸钢 | $-0.839$ | $1.086\times10^{-4}$ | 6.269 | 15386 | — |
| 水性丙烯酸氨基烤漆 | $-0.467$ | $1.163\times10^{-9}$ | 3.906 | 3.701 | $6.330\times10^{-6}$ |
| 填充 0.5%PANI/CNT | 1.267 | $1.412\times10^{-10}$ | 5.226 | 2.364 | $2.837\times10^{-8}$ |
| 填充 0.5%CNT | $-0.222$ | $1.274\times10^{-9}$ | 2.951 | 7.579 | $2.562\times10^{-6}$ |

适量的纳米添加剂表现出有效地填充涂层缺陷的作用，阻止了腐蚀介质中水分子与氯离子穿透涂层接触金属基材，因而展现出优异的腐蚀防护性能。然而继续增加纳米添加剂，会使团聚现象发生，使涂层防腐性能变差。

### 4. 涂层中吸附水的体积分数以及扩散

利用 EIS 得到的电化学参数，测定涂层中吸附水的体积分数以及扩散系数。

$$V_t = \frac{100 \lg(C_t/C_0)}{\lg \varepsilon_{H_2O}}$$

Brasher 与 Kinsbury 经验公式。测定涂层的电容可以计算涂层中水的扩散，包括吸附水的体积分数以及扩散系数。

$V_t$ 是时间 $t$ 时吸附水的体积分数，$C_0$ 与 $C_t$ 分别是 $t=0$ 和 $t$ 时涂层的电容，$\varepsilon_{H_2O}$ 是水的双电子常数（$T=20℃$ 其值为 80），水进入涂层的扩散系数由下列方程计算。

$$D = \frac{L^2 \pi [\text{slope}]^2}{4}$$

[slope] 指 $\ln C_c - t^{1/2}$ 起始阶段的斜率，又叫作"初始斜率法"。$C_c$ 为涂层的电容，$L$ 为涂层的厚度。

图 6-13 显示多壁碳纳米管（MWCNT）含量对 0.5%（质量分数）NaCl 溶液中环氧碳钢涂层 $\ln C_c - t^{1/2}$ 的影响。吸附水的体积分数以及扩散系数列于表 6-7。结果表明，填充 MWCNT 的环氧纳米涂层在一定程度上可以阻滞水的扩散。

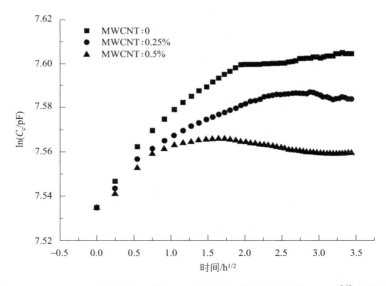

图 6-13　MWCNT 含量对 0.5% NaCl 溶液中环氧碳钢涂层 $\ln C_c - t^{1/2}$ 的影响

**表 6-7　环氧碳钢涂层体系吸附水的体积分数以及扩散系数**

| MWCNT 含量/% | 扩散系数/($10^7$ cm²/s) | 吸附水的体积分数/% |
| --- | --- | --- |
| 0 | 2.08 | 1.52 |
| 0.25 | 1.26 | 1.17 |
| 0.5 | 1.02 | 0.61 |

进一步分析环氧碳钢涂层水热循环前后附着力，列于表 6-8。结果表明，涂层水热循环前 MWCNT 的添加对涂层的附着力影响不显著，而水热 28 次循环后添加 MWCNT 的环氧纳米涂层的附着力相比未添加的环氧涂层附着力增加超过 1 倍。涂层的起泡和生锈与涂层在使用环境中附着力的降低以及水吸附后形成离子通道密切相关。因此，这种分析测试方法可

以从机制上研究 MWCNT 添加剂对涂层金属防腐性能的影响。

**表 6-8　涂层水热循环前后附着力**

| 样品 | 水热循环前黏附强度/MPa | 水热 28 次循环后黏附强度/MPa |
|---|---|---|
| 环氧涂层 | 13.58 | 4.82 |
| 环氧纳米涂层（添加 0.25%MWCNT） | 14.13 | 10.32 |
| 环氧纳米涂层（添加 0.5%MWCNT） | 14.66 | 10.50 |

## 5. 金属的有机涂层保护机理

与聚合物涂层下金属腐蚀相关过程有：溶胀和离子进入涂层并形成固有缺陷，如针孔；缺陷中出现局部腐蚀以及阳极或阴极电化学反应引起的涂层下腐蚀扩展。电化学技术根据上述过程可以研究金属的有机涂层保护机理。

图 6-14 是聚合物涂层使金属表面形成双电层结构示意图。由于大电场（$10^7$ V/cm）导致的快速金属溶解导致缺陷区出现负电极电位，而聚合物涂层区金属溶解受到强烈抑制，并观察到扩散双层。

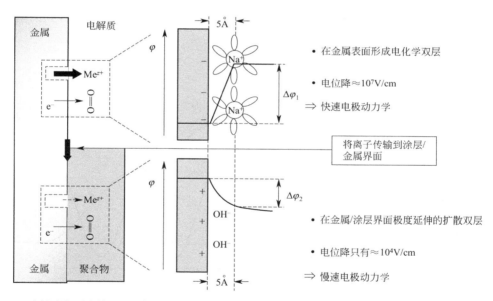

图 6-14　聚合物涂层使金属表面形成双电层结构示意图

用恒相元件（CPE）拟合涂层的阻抗。参数 $Y_0$ 反映了总极化率，$n$ 是极化群之间相互作用的量度。图 6-15 显示冷轧钢上高电阻环氧涂层长时间暴露在 3%NaCl 溶液中的 CPE 参数 $Y_0$（左轴）和 $n$（右轴）随时间的变化关系。两个参数的第一个急剧变化是由于聚合物涂层的溶胀和离子掺入。由于涂层的饱和，CPE 常数 $Y_0$ 增加到固定值，但在 400h 左右出现弯曲。CPE 指数 $n$ 也出现了相应的变化特征。400h 后用立体显微镜观察金属表面，发现涂层下存在小的腐蚀点。填充颜料的环氧涂层体系也有类似的参数变化规律。

含缺陷的聚合物涂层金属暴露于腐蚀性电解质中的阻抗谱可根据图 6-16 中所示的电子电路（EC）进行拟合。$R_{po}$ 称为孔阻，这被认为是由于聚合物中形成了离子导电路径。

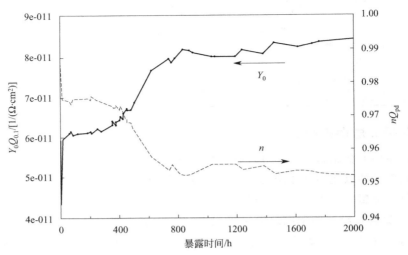

图 6-15　冷轧钢上高电阻环氧涂层长时间暴露在 3%NaCl 溶液中的
CPE 参数 $Y_0$（左轴）和 $n$（右轴）随时间的变化关系

$R_{dl}$ 是与离子导电路径接触的金属表面的极化电阻，$C_{dl}$ 是相应的电容。所得到的阻抗图如图 6-17 所示。

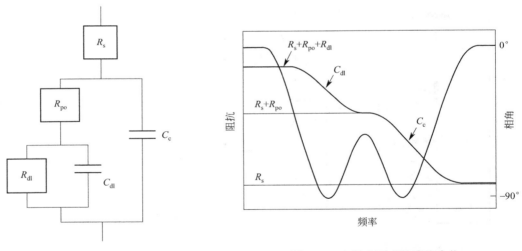

图 6-16　金属表面有缺陷的
有机涂层的阻抗模型

图 6-17　金属表面有缺陷聚合物
涂层的阻抗谱示意图

　　阻抗参数是通过一个迭代过程获得的，在此过程中，合成光谱与实验光谱进行了比较，呈现良好的对应关系。孔阻（$R_d$）、电荷转移电阻（$R_t$）以及双电层电容保持不变，损坏面积在变化。如图 6-18 所示的合成 EIS 数据与实际涂层降解过程中观察到的数据惊人地相似。当 $f_l$ 饱和缺陷面积大于 0.001%，高（$f_h$）和低（$f_l$）频率断点随缺陷面积线性增加。

　　图 6-19 显示了在涂层下扩散腐蚀的情况下的等效电路图模型。电阻值 $R_{s(i)}$ 表示缺陷与涂层下相应活性部分之间的欧姆电阻。只有当欧姆电阻 $R_{s(i)}$ 足够低时，有效电容 $C_{dl}$，等于孔内和涂层下的电容之和，才出现如许多研究者所设想的那样，与涂层剥离面积成比例。

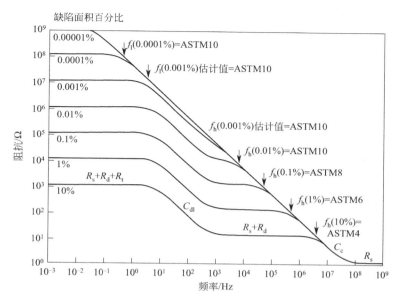

图 6-18 BOD 阻抗图显示了不同缺陷面积百分比对总面积为 $10cm^2$ 的聚合物涂层钢模拟阻抗行为的理论影响
假设缺陷区域用面积百分比和 ASTM D610 比例尺度表示

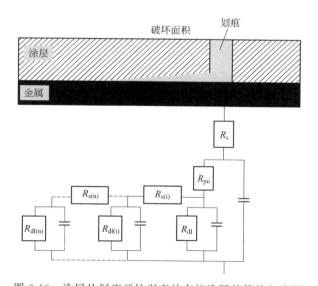

图 6-19 涂层从划痕开始剥离的有机涂层的等效电路图

　　理论上，只有当界面反应和聚合物涂层的时间常数被清楚地分开，使得涂层的阻抗小于或等于界面反应的阻抗时，电荷转移电阻和双层电容的测定才有可能。这可能是非常薄的聚合物和高度腐蚀抑制的界面的情况。如果界面反应的阻抗明显小于聚合物涂层的阻抗，那么，界面的阻抗不太可能从聚合物涂层与金属的总阻抗中推导出来。避免参比电极与金属-聚合物涂层界面之间的高涂层阻抗问题，费瑟和斯特拉特曼开发了一种装置，将参比电极直接放置在界面上。

　　该实验装置如图 6-20 所示，其中一个参比电极位于金属/聚合物涂层界面，另一个参比电极位于涂层前面，显示由于涂层的大阻抗而存在显著差异。两个光谱都只显示一个时间常数，然而，仅光谱 b 强烈地依赖于电解液中氧活度的变化，如图 6-21 所示。低频电阻随氧活度的降低而增大。因此，光谱 a 主要由聚合物涂层的性质决定，而光谱 b 显示界面的阻抗，这取决于氧的活性。而这种设置适合于基础研究，它太复杂了，不适合用于技术系统的评估。而且，这种测量方法仍然没有空间分辨率。

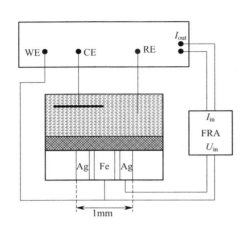

图 6-20　参比电极直接放在金属/聚合物
涂层界面的阻抗分析实验装置

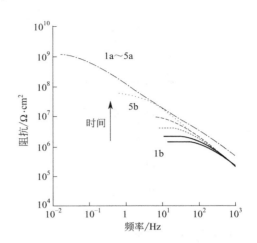

图 6-21　用氮气排除氧气的电解液（0.1mol/L NaCl）
变化后，涂层铁样品的阻抗谱（Bode 图）
a 为总阻抗，b 为部分阻抗；1—$N_2$，0min；
2—$N_2$，15min；3—$N_2$，65min；
4—$N_2$，110min；5—$N_2$，320min

　　然而，由于大多数情况下只有很小的一部分涂层被破坏，这支配了整个暴露表面的电化学行为，因此需要测量聚合物涂层金属的局部腐蚀性能。在这种情况下，扫描参比电极应用有助于确定缺陷，分离电偶腐蚀的阳极和阴极区域。

　　有机涂层中的缺陷可能源于生产过程（如切割边缘、形成诱导缺陷）或机械冲击（如碎石）。然而，可能具有离子传导途径或离子残余物的涂层位于界面处，因此腐蚀开始于涂层未明显损坏的部位。由于 EIS 是一种先验的积分方法，它可以检测出缺陷的存在，但不能将其分配到被检测表面的某一点上。局部测量的思想是在一个样品上分别测试不同活性区域。

　　SVET 发展了局部电流密度图检测有机涂层在腐蚀环境中形成的局部缺陷以及切割边缘的活性。局部电流测量不能克服测量高电阻涂层下腐蚀的固有困难，但有助于了解缺陷的来源以及抑制剂和颜料对这些缺陷活性的影响。

　　靠近金属表面，电流线沿着径向曲线进入溶液。假设电解液的比电阻 $\rho$ 是恒定的，那么电流线将形成一个具有恒定电位的半球。电流线与这些半球垂直相交。电位值是电流、电解液比电阻 $\rho$ 和半球到电流源的距离的函数。通过测量 $A$ 点和 $B$ 点之间的电位差 $\Delta V$（由距离 $2d$ 分隔），可以根据下式计算出区域电流。

$$i_{local} = -\frac{1}{\rho} \cdot \frac{\Delta V}{2d}$$

　　图 6-22 显示了 SRET 的双电极探针示意图和 SVET 的单电极探针示意图。扫描参比电极使电位测量成为位置的函数。利用玻璃毛细管与甘汞电极等参比电极相结合，可以测量腐

蚀电位，而利用铂丝等伪参比电极测量溶液两点之间的电位差。包括在后一类中的是紧密间隔的参比电极，其根据电位梯度和它们之间的距离直接测量电流密度，如图 6-22(a) 所示。这种电极用于扫描参比电极技术（SRET）。SVET 的振动探头直接测量电场，或根据欧姆定律，测量电极振动方向上点的电流密度分量［图 6-22(b)］。振动可以平行或垂直于所研究样品的表面。

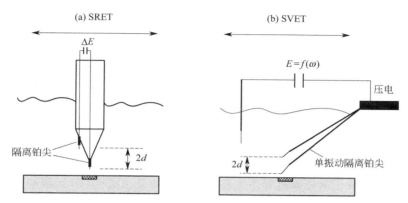

图 6-22　SRET（a）的双电极探针示意图和 SVET（b）的单电极探针示意图

图 6-23 显示在 10mmol/L NaCl 中，热浸镀锌钢横截面上的电流密度分布，考察镀锌卷钢涂层在切割边缘的腐蚀情况。结果表明，铬酸盐底涂明显使暴露锌的阳极活性迅速降低，而无铬酸盐的底漆不会出现锌溶解的类似抑制效果。不难理解，用 SVET 测定的锌溶解抑制与含铬酸盐底漆的优异耐腐蚀性是吻合的。

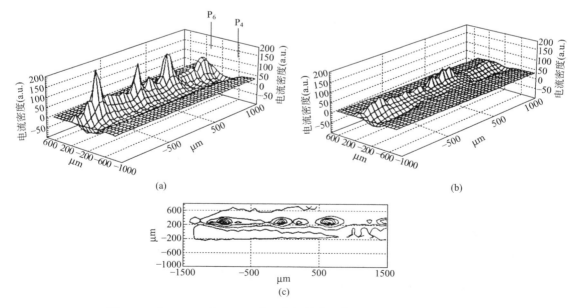

图 6-23　在 10mmol/L NaCl 中，热浸镀锌钢横截面上的电流密度分布
底漆 $P_4$（含铬酸盐）涂在锌的一侧，底漆 $P_6$（不含铬酸盐）涂在锌的另一侧
（a）10mmol/L NaCl 中 10min；（b）10mmol/L NaCl 中 100min；（c）等高线（a）

## 6. 聚合物涂层下面钢的腐蚀机理

金属-聚合物涂层界面的不稳定性取决于三个关键特性：界面处的电子转移特性，金属与聚合物涂层之间氧化物的氧化还原特性以及与在电子转移反应（ETR）中形成的物种的化学稳定性。

ETR 的速率受金属表面成分的影响显著。由于大多数金属表面被氧化物覆盖，它们的电子性质将决定 ETR 的速率。因此，被电子传导或半导体氧化物（如铁或锌）覆盖的金属底材/聚合物涂层界面上的反应性与形成高度绝缘氧化物（如铝）的材料不同。

某些氧化物的特征是阴离子和阳离子（如 $Al_2O_3$）的固定比例，而其他氧化物则具有很强的电位依赖性，如铁的氧化物，这是由于阳离子亚晶格中价态（$Fe^{2+}$，$Fe^{3+}$）的转变所致。电极电位的任何变化都反映在价态的变化中，这将改变半导体的性质，例如 $Fe^{2+}$ 态可以被视为 $n$ 型半导体的给体。此外，在氧化还原过程中，基材将被氧化，这种氧化还原反应可能会降低涂层的附着力。

在电子转移过程中，会形成非常活泼的中间体和反应产物，它们会与材料本身发生化学反应。如下所示，在分子氧还原过程中主要的反应产物是生成 $OH^-$。某些金属如铁在这些碱性条件下非常稳定，而其他金属如铝或锌则被氧化物覆盖，这些氧化物在碱性电解质环境中被溶解。

图 6-24 显示不同剥离时间（缺陷中的电解液为 0.5mol/L KCl）下铁基板表面聚合物涂层在潮湿空气中的典型电位分布图。在有氧的情况下，金属/聚合物涂层界面的电极电位随着与缺陷距离的增加而变化，接近缺陷的电位为负，而远离缺陷的电位为正（阳极电位）。对于大多数涂层，电极电位的急剧增加也标志着腐蚀分层，阳极电位代表没有腐蚀的区域。然而，电极电位突变的物理根源是离子从缺陷迁移到界面，导致高极化界面极化到非极化缺陷的电位。在有氧的情况下测得的电位分布中可以清楚地看到这一点，与图 6-24 所示的电位分布类似。然而，在没有氧的情况下，在已经分层的区域内没有观察到稳定的电位增加（图 6-25）。

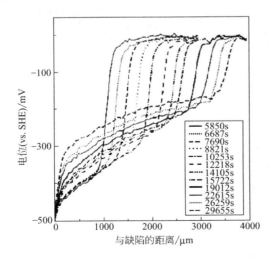

图 6-24　不同剥离时间（缺陷中的电解液是 0.5mol/L KCl）下铁基板表面聚合物涂层在潮湿空气中的典型电位分布

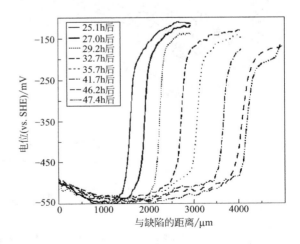

图 6-25　不同分层时间的电位图，缺陷处的电解质为 0.5mol/L NaCl，SKP 测试中的大气是氩饱和的水

没有被腐蚀的界面以阳极电位平台为特征。这个平台是由于氧化铁表面的高导电性，允许 ETR 但不允许离子转移反应而形成。因此，在这个界面处氧气将被还原，并且这个反应通过氧化物的阳极氧化来平衡。由于氧化铁的电极电位由 $Fe^{2+}$ 和 $Fe^{3+}$ 态的活性决定，任何氧化都会导致阳极电位的移动，并伴随着受体密度的稳定下降，从而导致 ETR 的下降。在一定的阳极电位以上，氧的还原速率很小，没有观察到进一步的阳极电位移动。这就是 Kelvinprobe 测得的最终电位。阳极电位移动的瞬态标志着表面的电子转移的能力。图 6-26 显示在硼酸盐缓冲液中经过 1V SHE 阴极极化后空气中的电位弛豫瞬态。结果表明，适当的表面处理可以显著地降低阳极电位移动的速率，使之达到由于界面完全堵塞而几乎没有阳极移动的程度。

图 6-26 突然出现的电位阶跃标志着特殊的位置，在这里会发生反应，导致黏附力的丧失。如前所述，电位阶跃是由离子进入界面和界面与缺陷发生电偶合（即电化学腐蚀）。阴极电位阶跃也可以表示先前氧化的氧化物的减少和供体密度的增加。显然，这必然导致电子转移速率的增加。表面分析表明该区域没有阳极活性，因为除了钝化膜之外，没有发现增厚的氧化层。因此，与氧还原相对的阳极必然是缺陷内基料的溶解。事实上，在两个位置之间都测量到了耦合电流，电位升高意味着氧被还原。为了补偿电荷，阳离子会迁移到氧还原区。图 6-27 显示机械去除铁基材表面聚合物涂层后金属表面的 ESCA 元素浓度分布。结果表明，在腐蚀

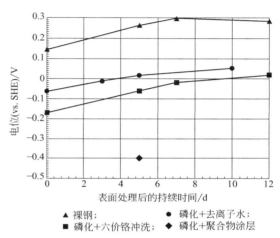

图 6-26 在硼酸盐缓冲液中经过 1V SHE 阴极极化后空气中的电位弛豫瞬态

▲ 裸钢；　　　　● 磷化+去离子水；
■ 磷化+六价铬冲洗；　◆ 磷化+聚合物涂层

区域钠离子浓度明显高于氯离子，这是由于阳离子迁移到氧还原区，因此，空间分辨 ESCA 测量证实了上述对电化学腐蚀反应的分析。

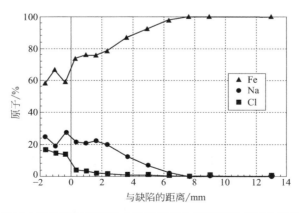

图 6-27　机械去除铁基材表面聚合物涂层后金属表面的 ESCA 元素浓度分布

在缺陷和陡电位之间增加一个稳定的电位，会观察到阳极电位的增加。只有在有氧的情况下才能观察到这种稳定的电位增加，因此这与有机涂层下的氧还原有关。电位升高的原因

可能有两个：一是阳极电位的变化标志着界面处化学成分的变化；二是由耦合电流引起的欧姆电位下降引起的。由于在氧还原过程中形成了碱性 pH 值，并且在碱性介质中，钝化铁表面的开路电位将显示阴极电位的偏移，而不是阳极电位，因此可以排除界面化学成分的变化。实验确实证明，阳极电位的变化与缺陷和离子结合的边界之间形成的耦合电流有关，并且只有当氧在这个区域内还原时才能测量。

电化学情况如图 6-28 所示。电偶腐蚀主要由界面上氧化物的电子性质决定，因为电极电位的任何变化都反映了相应的电子性质的变化，因此也反映了界面上氧还原速率的变化。在氧还原过程中，形成一种强碱性电解质，使金属上的氧化物稳定下来。因此，在上述区域内从未观察到阳极金属溶解。由于电偶腐蚀显然不会破坏金属基底，所以有机涂层的剥离只能由相邻有机涂层内的黏结断裂引起。事实证明，氧还原过程中形成的中间自由基导致界面氧化破坏，因此在铁基材/聚合物涂层界面的不稳定性与氧还原速率直接相关。

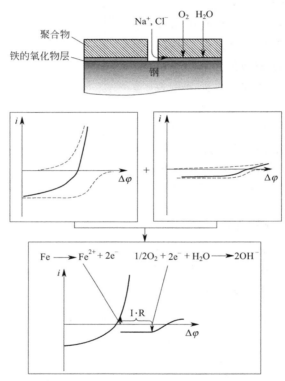

图 6-28　解释电偶腐蚀形成原理的腐蚀模型
上图：具有聚合物涂层缺陷腐蚀介质穿过金属-聚合物涂层界面的横截面；
中间图：缺陷（左侧）、完整界面（右侧）的极化曲线；下图：电偶腐蚀后的情况

## 7. 硅烷偶联剂黏附力促进剂作用下石墨烯对钢基材环氧涂层防腐性能的影响

图 6-29 显示硅烷偶联剂处理以及表面功能化石墨烯对钢基材极化曲线的影响。表 6-9 是从图 6-29 极化曲线得到的电化学参数。结果表明，与裸钢相比，无论阳极或阴极均向低电流密度移动；而电位向更负的方向移动。SC 涂层样品的 $b_c$ 有明显的变化，而 $b_a$ 几乎没有变化。这意味着 SC 膜可以通过抑制阳极和阴极反应来降低钢的腐蚀速率，但对抑制阴极反应起主导作用。在 SC 膜中加入 fGO 导致电流密度值最低，而阳极和阴极 Tafel 斜率略有

变化。这意味着在 SC 膜中加入 fGO 不能改变腐蚀机理，但可以改善涂层的阻隔性能。fGO 纳米片通过降低微孔隙率和增加电解液的扩散路径长度来提高 SC 膜的保护性能。同时涂层的交联密度也会提高。

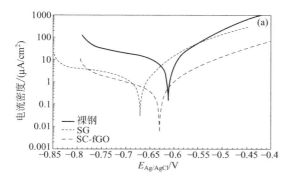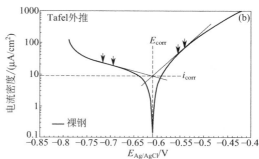

图 6-29　裸钢以及用 SC 和 SC-fGO 的极化曲线（电流密度与 $E_{Ag/AgCl}$ 的关系）（a），

在 25℃下浸泡在 3.5%（质量分数）NaCl 溶液中 1h 处理的钢样品，裸钢极化曲线的典型 Tafel 外推（b）

**表 6-9　从图 6-29 极化曲线得到的电化学参数**

| 样品 | $E_{Ag/AgCl}/mV$ | $i_{corr}/(\mu A/cm^2)$ | $b_a/(V/dec)$ | $-b_c/(V/dec)$ |
|---|---|---|---|---|
| 裸钢 | $-612\pm12$ | $9.6\pm0.3$ | $0.09\pm0.01$ | $0.267\pm0.02$ |
| 裸钢涂覆 SC | $-670\pm15.5$ | $1.4\pm0.2$ | $0.08\pm0.01$ | $0.17\pm0.01$ |
| 裸钢涂覆 SC-fGO | $-630\pm16$ | $0.46\pm0.06$ | $0.075\pm0.01$ | $0.19\pm0.01$ |

图 6-30 为对涂层在 3.5%（质量分数）NaCl 溶液中进行 pH=9，分别持续 0.5h、4h 和 16h 阴极剥离试验，然后测其 EIS 谱图。结果表明，在样品的 Bode 图中只能看到一个松弛时间，表明腐蚀过程受电荷转移控制。总的阻抗是电荷转移阻抗与涂层的阻抗之和，$CPE_t$ 代表总常数相元素。这表明，将 fGO 掺入涂膜可提高其对腐蚀介质的防腐性能，从而降低 EP 涂层从基材的剥离（阴极剥离 16h 后区别已经非常显著）。表 6-10 为图 6-30 得到的电化学参数。

**表 6-10　OCP 值和从图 6-30Nyquist 和 Bode 图中提取的电化学参数**

| 样品 | $R_t/k\Omega \cdot cm^2$ | $CPE_t$ | | $OCP_{Ag/AgCl}/V$ |
|---|---|---|---|---|
| | | $Y_0/\mu\Omega^{-1} \cdot cm^{-2} \cdot s^n$ | $n$ | |
| EP(0.5h) | $16.4\pm1.5$ | $80\pm14$ | $0.89\pm0.02$ | $-0.40\pm0.04$ |
| EP(4h) | $12.2\pm1.8$ | $170\pm34$ | $0.87\pm0.01$ | $-0.49\pm0.03$ |
| EP(16h) | $4.3\pm2.6$ | $300\pm26$ | $0.85\pm0.03$ | $-0.56\pm0.02$ |
| SC-fGO/EP(0.5h) | $32.0\pm1.6$ | $8.0\pm2.0$ | $0.88\pm0.03$ | $-0.32\pm0.0$ |
| SC-fGO/EP(4h) | $24.3\pm2.5$ | $15\pm4.0$ | $0.90\pm0.04$ | $-0.36\pm0.03$ |
| SC-fGO/EP(16h) | $12.4\pm1.7$ | $140\pm36$ | $0.88\pm0.01$ | $-0.41\pm004$ |

图 6-31 是不同样品在不同剥离条件下得到的低频阻抗以及相位角对比图。

10kHz 的相位角是另一个有用的参数，反映涂层暴露于腐蚀电解液中时的完整性变化。对于无缺陷的完整涂层，相位角接近 $-90°$，对于裸钢，相位角接近于零。因此，涂层基体中任何缺陷或剥离的产生都会导致从 $-90°$ 到 $0°$ 的变化。

图 6-32 为无缺陷 SC/EP 和 SC-fGO/EP 涂层在 3.5%（质量分数）NaCl 溶液中浸泡 45 天的 EIS 谱图，表 6-11 为相应的电化学参数。EIS 分析结果表明，硅烷偶联黏附力促进剂可以改善 EP 涂层的腐蚀防护性能，而石墨烯纳米片更加有效地提高 EP 涂层的腐蚀防护性能。

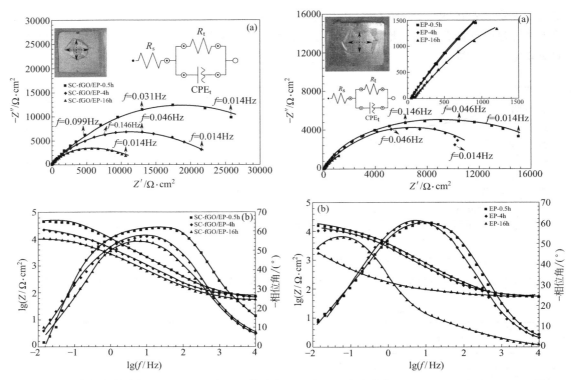

图 6-30　含人为缺陷的 SC-fGO/EP 与 EP 样品在 3.5％NaCl 溶液中的 Nyquist（a）和 Bode（b）图

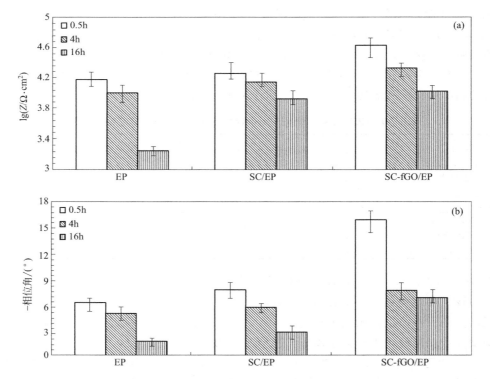

图 6-31　在低频极限（10MHz）（a）和相位角（10kHz）（b）的阻抗值，从 Bode 图获得的空白样品，
SC 和 SC-fGO 处理样品浸泡在 3.5％（质量分数）NaCl 溶液中 0.5h、4h 和 16h

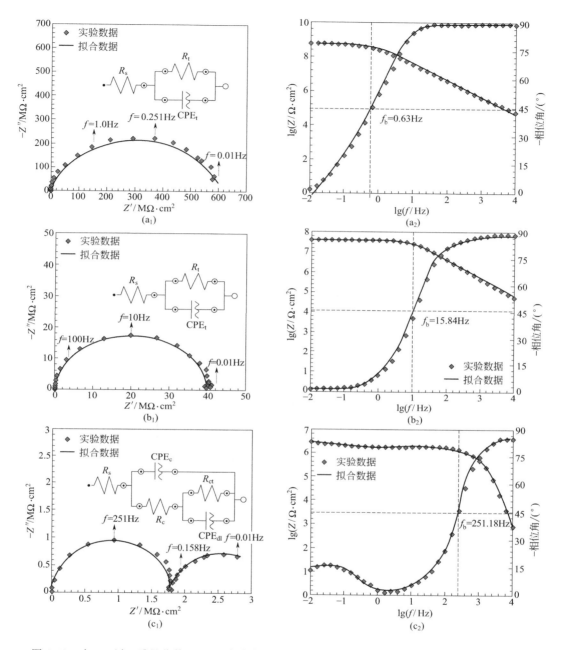

图 6-32　在 3.5%（质量分数）NaCl 溶液中浸泡 45 天，SC-fGO/EP、SC-fGO/EP 以及 EP 的
Nyquist（a₁，b₁，和 c₁）与 Bode（a₂，b₂，和 c₂）

表 6-11　不同涂层 EIS 分析所得到的电化学参数

| 样品 | $R_t$/kΩ·cm² | CPE$_t$ | | $f_b$/Hz | $\|Z\|_{0.01Hz}$/Ω·cm² |
| | | $Y_0$/μΩ⁻¹·cm⁻²·sⁿ | $n$ | | OCP$_{Ag/AgCl}$/V |
| --- | --- | --- | --- | --- | --- |
| EP | 3.8±1.2 | 0.8±0.12 | 0.87±0.04 | 0.63 | 6.45±0.12　−0.45±0.03 |
| SC/EP | 43±8.0 | 0.011±0.002 | 0.88±0.02 | 15.84 | 7.6±0.10　−0.49±0.03 |
| SC-fGO/EP | 605±44 | 0.0004±0.00012 | 0.90±0.02 | 251.18 | 8.76±0.26　−0.56±0.02 |

图 6-33 显示干态与 400h 盐雾试验后 EP、SC/EP 和 SC-fGO/EP 样品的黏附强度对比图，结果表明，硅烷偶联剂对干态与耐盐雾测试后的黏附强度都起着积极的影响，而石墨烯纳米片的添加对干态与耐盐雾测试后的黏附强度的增大起着显著的积极作用。

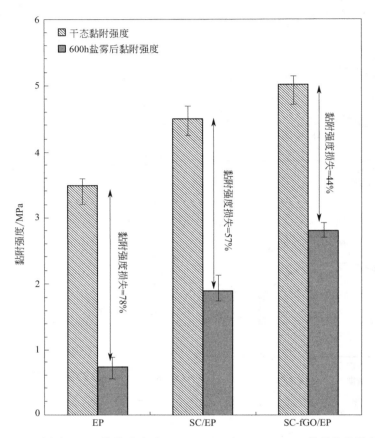

图 6-33  干态与 400h 盐雾试验后 EP、SC/EP 和 SC-fGO/EP 样品的黏附强度

## 参 考 文 献

[1]  练兆华，张强，霍晟．低表面处理涂料性能测试．船海工程，2019，48（2）：135-137．

[2]  权亮，梁宇，亓海霞，等．环保型无溶剂低表面处理石墨烯重防腐涂料的制备与性能研究．涂料工业，2019，49（5）：39-44．

[3]  庄振宇，许飞，胡中，等．基于水性环氧酯的氧化交联型水性工业防腐涂料的制备．涂料工业，2016，46（11）：25-30．

[4]  Kilmartin P A，Trier L，Wright G A．Corrosion inhibition of polyaniline and poly（o-methoxyaniline）on stainless steels．Synthetic Metals，2002，131：99-109．

[5]   Jeon H R，Park J H，Shon M Y．Corrosion protection by epoxy coating containing multi-walled carbon nanotubes．Journal of Industrial and Engineering Chemistry，2013，19：849-853．

[6]  Grundmeier G，Schmidt W，Stratmann M．Corrosion protection by organic coatings：electrochemical mechanism and novel methods of investigation．Electrochimica Acta，2000，45：2515-2533．

[7]  Rui M，Jiang Y L，Zhu A P．Sub-micron calcium carbonate as a template for the preparation of dendritelike PANI/CNT nanocomposites and its corrosion protection properties．Chemical Engineering Journal，2020，385：123396-123408．

［8］　Mo M T，Zhao W J，Chen Z F，et al. Excellent tribological and anti-corrosion performance of polyurethane composite coatings reinforced with functionalized graphene and graphene oxide nanosheets. RSC Adv.，2015，5：56486-56497.

［9］　Chang K C，Hsu M H，Lu H I，et al. Room-temperature cured hydrophobic epoxy/graphene composites as corrosion inhibitor for cold-rolled steel. Carbon，2014，66：144-153.

［10］　Ramezanzadeh B，Ahmadi A，Mahdavian M. Enhancement of the corrosion protection performance and cathodic delamination resistance of epoxy coating through treatment of steel substrate by a novel nanometric sol-gel based silane composite filmfilled with functionalized graphene oxide nanosheets. Corrosion Science，2016，109：182-205.

# 第七章
# 涂料新产品设计

涂料及涂装相关政策法规如 2016 年 1 月 1 日起实行的新版《中华人民共和国大气污染防治法》等对涂料产品含挥发性有机物的质量标准提出了要求。高科技产业发展对涂料品种和质量以及功能提出了新的更高要求，如海洋高科技产业呼唤高性能海洋涂料的开发；陶瓷涂料的耐高温要求；智能家电，智能穿戴，智能家居等一系列电子产品和移动终端发展国内电子制品以及光纤涂料对新型 UV 固化涂料的需求。与此同时，相关学科如纳米技术与科学、表界面科学、涂料新型成膜物质的出现等为涂料新产品设计提供物质与理论基础。本章就环境友好型涂料、新型功能涂料等新产品设计进行介绍。

## 第一节　取代铬等重金属水性防腐涂料的设计

### 一、简介

含铬（Ⅵ）涂料是目前用于铁和铝合金的腐蚀控制的有效手段。铬（Ⅵ）对环境和人体健康有危害，许多国家的铬（Ⅵ）使用量在未来几年内将急剧减少。电活性导电聚合物（ECPs）代表目前正在研究的用于涂层体系腐蚀控制一类有趣的材料，具有替代铬（Ⅵ）的潜力。这是因为其具有电活性和导电性（或半导体性），ECPs 可以像铬酸盐一样与钢和铝等活性金属合金产生使金属钝化的内在驱动力。表 7-1 列出了活性金属、铬酸盐和电活性导电聚合物重要的氧化还原对腐蚀的还原电位。

表 7-1　各种重要的氧化还原对腐蚀的还原电位，包括活性金属、铬酸盐和电活性导电聚合物

| 氧化还原对 | 还原电位（对 SHE pH7） | 氧化还原对 | 还原电位（对 SHE pH7） |
| --- | --- | --- | --- |
| $Mg/Mg^{2+}$ | $-2.36$ | $H_2O/O_2$ | $+0.82$ |
| $Al/Al_2O_3$ | $-1.96$ | $CrO_4^{2-}/Cr_2O_3$ | $+0.42$ |
| $Zn/Zn^{2+}$ | $-0.76$ | 聚吡咯 | $-0.1\sim+0.3$ |
| $Fe/Fe^{2+}$ | $-0.62$ | 聚苯胺 | $+0.4\sim+1.0$ |
| $H_2/H_2O$ | $-0.41$ | 聚噻吩 | $+0.8\sim+1.2$ |

从表 7-1 可知，电活性聚合物还原电位与铬酸盐一样均为正值，具有将铁与铝及其合金

钝化的潜力。

图 7-1 以聚苯胺（PANI）为例，显示电活性导电聚合物的氧化还原示意图。

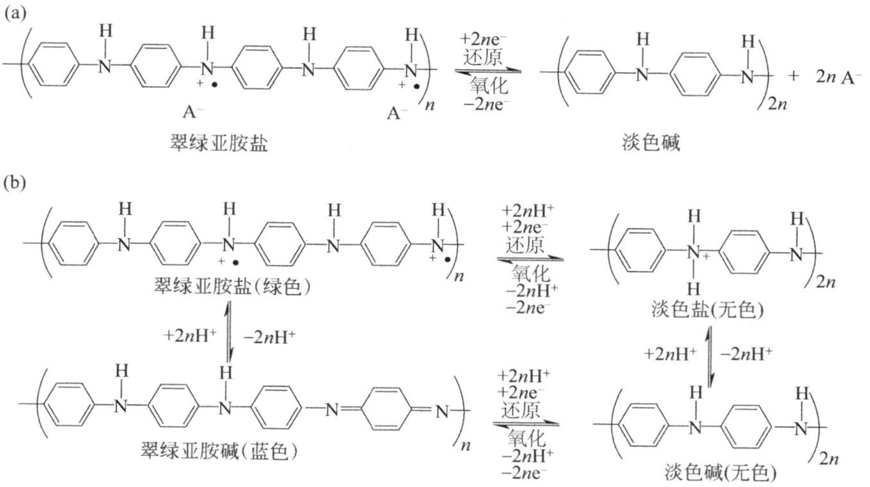

图 7-1 　（a）聚苯胺氧化还原示意图，显示还原时阴离子（$A^-$）解离；（b）显示质子和电子转移的
聚苯胺正方形示意图（为了清楚起见，省略了与盐形式相关的银离子），未显示完全氧化形式

导电聚合物不溶不熔的性质使其不容易做成涂层。在金属表面进行电化学聚合成膜法，简单，但速度慢，成本高，不利于工业应用。因此，将电活性聚合物作为添加剂制备有机涂层材料具有工业应用推广价值。

ECPs 的腐蚀保护机理主要包括阻隔（主要指电活性聚合物涂层情况）、抑制剂、阳极保护以及氧化还原调节机制。

## 1. 阳极保护机理

阳极保护使得钝化区域的电位向高位移动。导电聚合物得到电子被还原。

$$1/n \, M + 1/m \, ECP^{m+} + y/n \, H_2O \longrightarrow 1/n M(OH)_y^{(n-y)+} + ECP^0 + y/n H^+ \tag{7-1}$$

空气或溶解氧可以将 ECP 再氧化成 $ECP^{m+}$：

$$m/4 O_2 + m/2 H_2O + ECP^0 \longrightarrow ECP^{m+} + mOH^- \tag{7-2}$$

表 7-2 列出了铁/不锈钢在 1mol/L 硫酸介质中的钝化电位以及钝化状态下电流。

表 7-2 　铁/不锈钢在 1mol/L 硫酸介质中的钝化电位以及钝化状态下电流

| 铁/不锈钢种类 | 钝化电位(对 SCE)/V | 钝化状态下电流/(mA/cm²) |
|---|---|---|
| 纯铁丝(99.99%) | +0.55～+1.15 | 0.5 |
| 纯铁片(99.87%) | +0.50～+0.95 | 2.03 |
| 低碳钢(1018) | +0.50～+0.95 | 30 |
| 不锈钢(304) | −0.10～+0.85 | $1.4 \times 10^{-3}$ |
| 不锈钢(410) | +0.10～+1.00 | $4.7 \times 10^{-3}$ |
| 不锈钢(430) | −0.20～+1.00 | $9.5 \times 10^{-3}$ |

通常，在盐酸溶液中不如在中性溶液中钝化电位移动得多。

聚苯胺涂层中出现针孔后的腐蚀响应，对于 PANI-ES 涂覆不锈钢，涂层中金属表面的针孔是阳极区域，针孔附近的 PANI 表面成为阴极区域。这个电耦合活性在浸泡几天后消失了。这是因为针孔被钝化的原因。电耦合活性的降低速率取决于掺杂酸的类型。氨基三（亚甲基磷酸）＞甲基磷酸＞磺酸（如对甲苯磺酸）。如果采用 PANI-EB 涂层，没有发现电耦合消失现象，这说明电荷转移过程不能实现，这个结果说明只有具有氧化还原活性的 PANI 才能使金属表面钝化。

电荷转移阻抗受涂层与腐蚀介质影响，电荷转移阻抗顺序为，浸泡在 1mol/L 盐酸中的 PANI 涂覆的不锈钢＞浸泡在 1mol/L 氯化钠溶液中的 PANI 涂覆的不锈钢＞不锈钢。这个结果说明，相比 1mol/L 氯化钠溶液在 1mol/L 盐酸中形成更厚的钝化膜。

氧化钝化膜形成表观表征，金属是闪亮的，涂层下面的金属表面呈现"从亮到暗，逐渐变暗，有斑点"的钝化过程，包括：①蚀刻揭示晶界和晶体取向；②沉积氧化铁层。电化学对钝化表面研究表明，同样的腐蚀电位，阳极腐蚀电流明显降低。而且钝化膜可以扩展到距离 PANI 涂层 2mm 外区域。这也是 PA-NI 涂层耐划伤的原因。在钝化阶段氧化物主要以 $\gamma$-$Fe_2O_3$ 以及 $\alpha$-$Fe_2O_3$ 形态出现，而在腐蚀的活化阶段氧化物呈现不稳定的 $\gamma$-FeOOH。

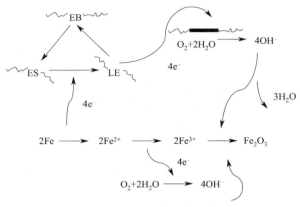

图 7-2　ECPs 阳极钝化示意图

图 7-2 阐述了 ECPs 阳极钝化示意图。

## 2. 阴极转移机理

图 7-3 阐述了 PANI 底漆阴极转移腐蚀防护机理。使用 PANI 底漆时，当阳极铁发生电化学腐蚀反应失去电子，生成 $Fe^{2+}$ 时，电活性聚合物表现电催化作用机制。

电活性聚合物得到电子被还原：

$$ECP^{m+} + m\,e^- \longrightarrow ECP^0 \qquad\qquad (7\text{-}3)$$

然后被氧化：

$$m/4O_2 + m/2H_2O + ECP^0 \longrightarrow ECP^{m+} + mOH^- \qquad\qquad (7\text{-}4)$$

当 $m=4$ 时，整个阴极反应为：

$$2H_2O + O_2 + 4e^- \longrightarrow 4OH^- \qquad\qquad (7\text{-}5)$$

PANI 电催化还原氧气的净结果是在涂层与电解质界面 pH 值升高，而不是像其他涂层在涂层与金属界面。金属与涂层界面 pH 值不升高，降低了阴极的剥离，这种通过电活性聚合物电催化作用机制，使得将电化学腐蚀的阴极有效地转移到涂层与电解质的界面，从而提高金属腐蚀防护性能。

这种阴极转移腐蚀保护机理受掺杂酸类型影响显著。如果掺杂酸 $A^-$ 与 $Fe^{2+}$ 在金属表面能形成致密的螯合物，那么腐蚀防护效果就优异，否则，腐蚀效果就较差，这个结论得到了实验结果验证，经过 2 个月的浸泡，有机酸掺杂的涂层只有很少可见的腐蚀（其中有机磷酸优于有机磺酸），而无机酸掺杂 1～2 周就腐蚀得很严重。

图 7-4 阐述了金属涂层表面针孔的金属螯合物钝化机理：①铁/ES 电耦合→ES 还原成 LB；②从 PANI 释放出的对离子 $A^-$ 与铁离子形成不溶解的螯合物钝化金属表面；③接下来溶解氧的还原使涂层 pH 值升高，同时将 LB 氧化为 EB。

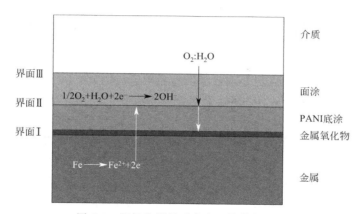

图 7-3　阳极和阴极反应中心的分离机理

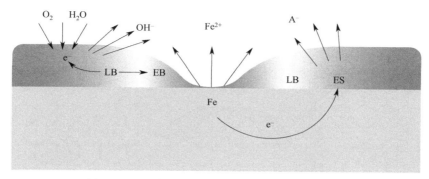

图 7-4　金属涂层表面针孔的金属螯合物钝化机理

## 3. 腐蚀抑制

腐蚀抑制通常涉及金属表面吸附有机物形成单分子阻隔。单分子阻隔可以抑制阳极/阴极的腐蚀反应（如电子转移）从而降低腐蚀速率。许多研究表明，单体苯胺与苯胺衍生物对铁与不锈钢是有效的抑制剂。质子化的 PANI 与金属表面富含电子的轨道形成配合物。这种"π-酸"相互作用增强了黏附，这就是苯胺化合物模型对不锈钢呈现腐蚀抑制的原因。研究发现金属表面质子化的苯胺吸附带负电的氯离子层，因而在金属表面形成疏水的吸附层，抑制腐蚀。水溶的 PANI 也是非常好的腐蚀抑制剂。

根据以上的机理讨论，电活性聚合物涂层的等效电路图阐述如图 7-5 所示。

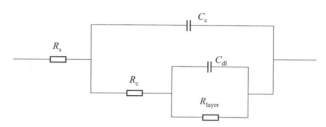

图 7-5　电活性聚合物涂层的等效电路图

其中，$R_s$ 为电解质阻抗，$C_c$ 为涂层电容，$R_c$ 为涂层阻抗，$R_{layer}$ 为钝化氧化膜阻抗，$C_{dl}$ 为双电层电容。

# 二、电活性聚合物在腐蚀防护应用中的问题及解决策略

在 pH＞5 的腐蚀介质中，PANI 这类电活性聚合物的电活性将大幅度削弱，上述提到的阳极保护以及阴极抑制腐蚀保护亦随之降低乃至消失。因此，如何改善 PANI 在高 pH 值环境保持其 ES 状态，是提高电活性聚合物腐蚀防护性能的关键。而碳纳米复合改性电活性聚合物是一种有效的策略。

图 7-6 阐述了聚吡咯（PPy）与氧化石墨烯（GO）纳米片间的电子转移。研究表明，氧化聚合制备出的 PPy 掺杂程度是 0.16，具有较低的氧化性，极化子的形成伴随着化学缺陷。当聚合物吸附在 GO 纳米片表面时，PPy 与 GO 纳米片之间有强界面相互作用，结果 PPy 分子 N 上电子转移到 GO 纳米片上，导致氧化程度升高。掺杂 0.5%、掺杂 1% 以及掺杂 1.5%GO 的 PPy，掺杂程度分别提高到 0.17、0.20 和 0.33。氧化程度越高意味着从含有极化子的 PPy 链上离域的电子越多，单极化子可能电离成双极化子。因此，GO 含量越高，双极化子就越多。

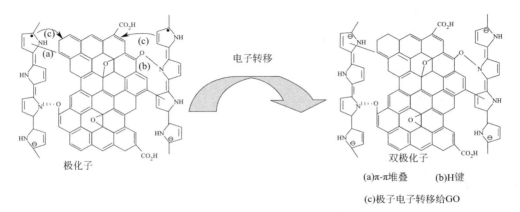

图 7-6 PPy 与 GO 纳米片间的电子转移

随着 GO 含量的增加，$935cm^{-1}$ 峰变得越来越明显，表明双极化子的数量增加。C＝C 主链伸缩峰位于 $1560cm \sim 1630cm^{-1}$ 之间，可用于评价共轭聚合物链的共轭长度。PPy 和 PPy/GO 复合材料中，该峰分别位于 $1593cm^{-1}$ 和 $1577cm^{-1}$ 处，表明后者的共轭长度比前者长。

另一方面，双极化子通常被认为是 PPy 中的电荷载流子。更多的双极化子意味着更多的可用电子空穴，促使电子沿着聚合物链在石墨烯/PPy 界面形成的局域态之间跳跃。缺陷浓度越高，导电性越强。

采用苯胺及 5-氨基水杨酸原位还原氧化石墨烯，进一步在还原氧化石墨烯表面进行苯胺及 5-氨基水杨酸的氧化聚合反应，得到 rGO-PAASA 如图 7-7 所示的纳米复合微观形貌图。苯胺及 5-氨基水杨酸共聚物呈纳米纤维均匀地吸附在 rGO 表面。rGO 的纳米复

图 7-7 rGO-PAASA 的 TEM 图

合有效地将电活性聚合物的氧化还原活性拓展到中性。

　　除纳米片状石墨烯外，碳纳米管是又一种可用于纳米复合改性电活性聚合物的优异材料。图 7-8 分别显示采用羧基化的 CNT 与未做任何改性的 CNT 与 PANI 形成包覆形貌的纳米复合材料。同样 CNT 的纳米复合将 PANI 的电活性拓展到中性乃至碱性。

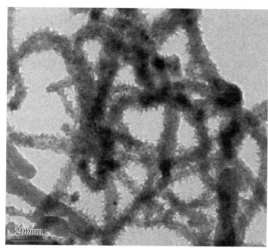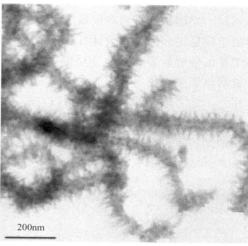

(a) PANI/CNT-COOH　　　　　　　　(b) PANI/CNT

图 7-8　PANI/CNT-COOH 与 PANI/CNT 的 TEM 图

　　除了二元复合能将电活性聚合物的电活性拓展到高 pH 值环境，三元复合同样可以实现。图 7-9 显示的为还原氧化石墨烯、纳米四氧化三铁以及 PANI 三元复合的微观形貌图，这种层层组装微观结构界面间形成了强的相互作用。该三元复合物在中性介质中仍然具有一对氧化还原峰。

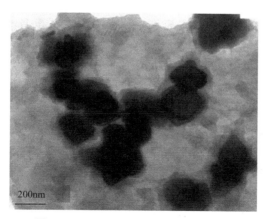

图 7-9　rGO-Fe$_3$O$_4$-PANI 的 TEM 图

# 三、　电活性聚合物-碳纳米/有机复合涂料的制备及其防腐性能

　　相比普通涂料，纳米防腐活性添加剂具有纳米尺寸与大比表面积。制备纳米/有机复合

涂料的关键问题是选择适合电活性聚合物-碳纳米复合添加剂在涂料树脂中均匀分散的分散剂。

纳米复合防腐活性添加剂的分散控制着涂层的性质。稳定而浓缩的分散体，颗粒小，粒径分布窄，有利于制备高光泽和高质量复合涂料。通常有两种稳定纳米填料分散机理，静电稳定和空间稳定。当粒子靠近时，范德华吸引力，具有距离的幂律依赖性。当范德华吸引力主导时引起絮凝。当填料表面吸附聚合物链后，利用空间排斥作用而稳定。与静电稳定作用机理不同，空间稳定作用在很短的距离内也呈现排斥，因此可以防止絮凝。梳状聚合物表现优异的空间稳定作用，因为其具有吸附的锚定基团对要稳定的填料表面具有强烈的吸附，另一端柔性的侧链伸展到分散介质中。吸附聚合物层厚度与吸附分子的构象会影响分散稳定性，这对认识空间稳定机理非常重要。适当浓度的分散剂，可以对悬浮粒子形成空间排斥稳定作用；不适当浓度的分散剂也可以在粒子之间形成架桥导致絮凝。

图 7-10、图 7-11 分别显示聚醚醇胺梳状聚合物与聚苯乙烯磺酸钠-马来酸酐嵌段共聚物分散剂的结构示意图。它们可作为电活性聚合物-碳纳米复合添加剂的分散剂制备纳米有机复合涂料。

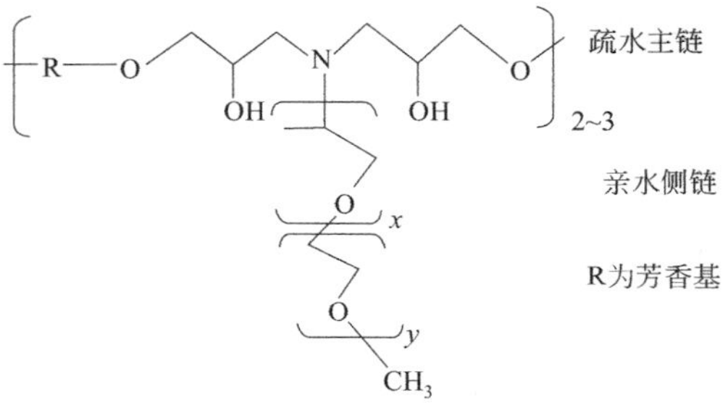

图 7-10  聚醚醇胺梳状聚合物分散剂结构示意图

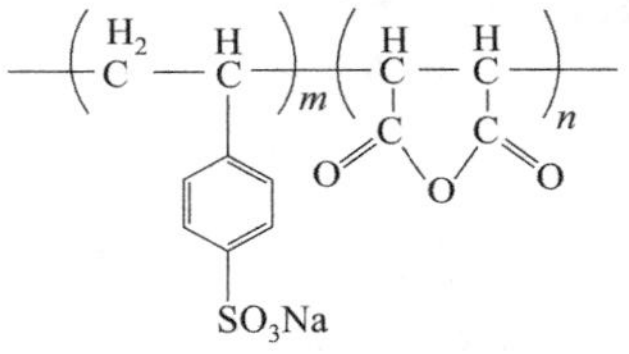

图 7-11  聚苯乙烯磺酸钠-马来酸酐结构式

采用聚苯乙烯磺酸钠-马来酸酐嵌段高分子润湿分散剂，可以将 C-PANI 纳米复合材料均匀地分散于水性涂料树脂中。因为聚苯乙烯磺酸钠-马来酸酐具有强溶剂化性，$—OSO_3H$ 与 $—COOH$ 多点锚固，亲和力强，分散效果好。

评价分散剂对纳米添加剂在涂料树脂中的分散效果对成功制备性能优异的纳米/有机复合涂料至关重要。其中，纳米添加剂表面分散剂吸附层厚度的测定尤为关键。

测定聚合物吸附层的厚度的方法有光子相关光谱法、微电泳、沉降系数的测定以及黏度计。前两种方法比较准确。在测量过程中悬浮体较为稳定或加与不加分散剂黏度差别较大时才能采用后两种方法。

苯乙烯-马来酸酐共聚物铵盐（$SMANH_4$）分散喹吖啶酮红色素的流变学研究结果表明，分散处理后的色浆的流变行为近似牛顿流体，而未经处理的则呈现假塑性特征。其流变性质取决于 pH 值以及离子强度。当 pH 值低于 5，离子强度高于 0.001mol/L，分散就不稳定。而乙烯基酯与马来酸酐共聚物对水中分散二氧化钛与氧化铁非常有效。聚丙烯酸（PAA）、木硫酸、梳状聚合物（主链由聚羧酸组成，侧链由磺酸盐或者聚氧乙烯组成）可以对氧化铝在水介质中进行分散，在 pH 值为 10 时 PAA 的分散性能最好，既有静电排斥又有空间排斥稳定。

固/液界面吸附研究方法还有，吸附等温线的测定，Zeta 电位，颗粒的润湿性和吸附热等测试方法。①吸附等温线测量，在不同浓度的聚醚醇胺溶液中，在室温下制备炭黑悬浮液（0.40％，质量分数）。每种悬浮液以 7000r/min 的速度离心 35min 沉淀所有固体，得到上层清液。溶液中残留的聚醚醇胺通过紫外吸收测定。差值就可以计算炭黑表面分散剂的吸附量。②表面和界面张力测量，表面张力测量用 K12 张力计，使用 Wilhelmy 平板法。动态界面张力测量是用 DVT-10 滴水器做的张力计。仪器测量动态界面张力与表面形成时间的关系。③接触角测量：清洁玻片上水的接触角测量，涂有含有所需浓度的分散剂（用 K12 张力计）的炭黑分散涂镀膜，镀膜玻片风干 36h。④颜料吸附研究：用 K12 型张力仪测，FL12 粉体支架。一圈滤纸被放在多孔电池的底部以防止粉末从池子底部漏出。第二块滤纸被放置在电池中以防止粉末上升到活塞上的通孔。大约 1.02g 炭黑被放入电池中，活塞被完全拧紧以确保每次实验颜料体积恒定。然后将池子与烧杯中的液体接触，因吸收液体而增加的体重随时间被记录下来。⑤Zeta 电位测量，样品是通过研磨 5％和 30％的炭黑制备。相比传统电声，电动电声一个主要优点是不需要稀释，因为该仪器可测量高达 50％体积分数。⑥粒径测试：粒径 5～1000nm，浓缩分散液体积分数高达 50％，可以被测量。⑦流变测量，颜料分散黏度用 Bohlin CVO120 流变仪（马尔文仪器使用锥板，间隙设置为 0.15mm）和黏度计（Brookfield 工程实验室公司）。

表 7-3 列出了计算的吸附层厚度与有效的体积分数。

表 7-3　计算的吸附层厚度与有效的体积分数

| EO 含量 | $\delta/nm$ | $\varphi_{eff}$ | $\varphi$ |
|---|---|---|---|
| 7(P7E,3P) | 1.39 | 0.29 | 0.24 |
| 19(P19E,3P) | 3.05 | 0.35 | 0.24 |
| 41(P41E,3P) | 6.11 | 0.48 | 0.24 |
| 58(P58E,8P) | 9.16 | 0.64 | 0.24 |
| NP40 | 2.3 | | |

每个 EO 单元的长度约为 0.35nm。对于 41 个 EO，长度为 14.35nm，相比表 7-3 的 6.11nm，说明环氧乙烷链可能在固液界面呈现松散的卷绕状态而不是以伸直链状态接触水。

图 7-12 为聚醚醇胺梳状聚合物当 EO 单元数为 41、PO 单元数为 3 时，简称 P41E 的表面张力随浓度的变化。

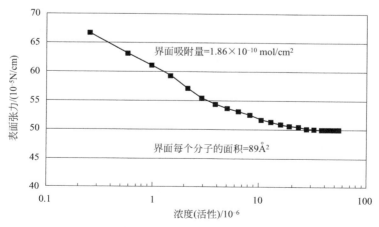

图 7-12　P41E 的表面张力随浓度的变化

图 7-13 为 P41E 在炭黑上的吸附等温线。

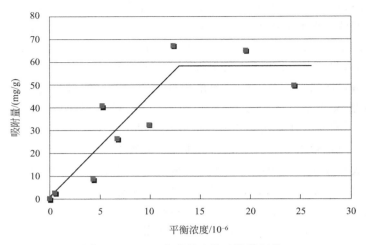

图 7-13　P41E 在炭黑上的吸附等温线

图 7-14 显示用于炭黑上的 P41E 总浓度与吸附浓度之间的关系。

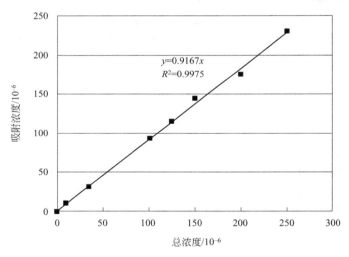

图 7-14　用于炭黑上的 P41E 总浓度与吸附浓度之间的关系

图 7-15 显示分散剂对炭黑分散粒径及其分布的影响。

由图 7-15 可知，（a）5％未处理的炭黑，呈现双峰，峰 1 平均粒径 $0.523\mu m$；峰 2 平均粒径 $16.9\mu m$；（b）5％炭黑浆料，采用 20％P41E 分散改性的，单峰平均粒径 $0.0924\mu m$；（c）30％炭黑浆料，采用 20％P41E 分散改性，单峰平均粒径 $0.1032\mu m$。这个结果说明，即使炭黑浆料的浓度从 5％增加到 30％，其粒径几乎没有出现聚并，可见，P41E 是制备水性炭黑色浆的理想分散剂。可以从下面与其他分散剂的对比更清楚地看出。

图 7-16 显示不同分散剂处理炭黑后的后退接触角比较图。

没有分散剂处理的炭黑后退接触角＞80°，而改性 SMA 分散剂处理后后退接触角＞50°，P41E 分散剂处理后后退接触角＜40°，因此，水分散体系，适当的亲水性是赋予炭黑在水体系中均匀分散的关键因素。

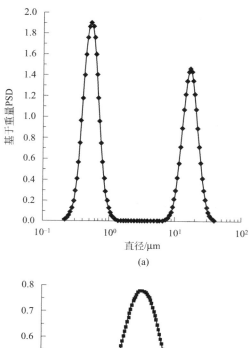

(a)

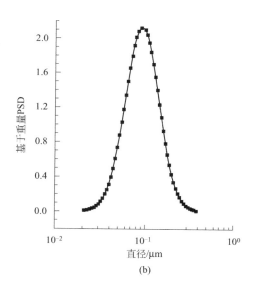

(b)

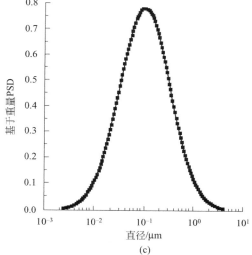

(c)

图 7-15　分散剂对炭黑分散粒径及其分布的影响

（a）5％未处理的炭黑；（b）5％炭黑浆料，采用 20％P41E 分散改性；（c）30％炭黑浆料，采用 20％P41E 分散改性

　　图 7-17 是采用不同分散剂制备的 38％的水性炭黑色浆的流变图。由图 7-17 可知，随着剪切速率的增大，改性 SMA 分散剂处理的炭黑色浆黏度增大呈现胀塑体流体特征，而 P41E 分散剂处理的炭黑色浆几乎不受剪切速率的影响，呈现牛顿流体。

　　表 7-4 列出了 P41E 分散剂与涂料树脂的相容性。结果表明，P41E 可以广泛地应用于水性环氧、水性聚酯、水性醇酸、水性 PU、水性丙烯酸以及水性甲胺涂料体系，具有非常优异的普适性。

表 7-4　P41E 与不同树脂的相容性

| 树脂体系 | 相容性 | 树脂体系 | 相容性 |
|---|---|---|---|
| 双组分环氧 | 相容 | PU 分散液 | 相容 |
| 聚酯树脂 | 相容 | 丙烯酸分散液 | 相容 |
| 醇酸树脂 | 相容 | 甲胺树脂 | 相容 |

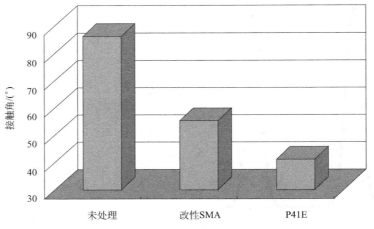

图 7-16　不同分散剂处理炭黑后的后退接触角

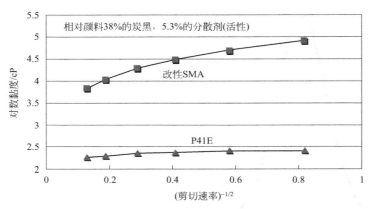

图 7-17　对数黏度与（剪切速率）$^{-1/2}$ 的线性关系

　　图 7-18 显示储存一周前后，炭黑色浆黏度随分散剂的不同的变化情况。结果表明，P41E 分散剂具有优异的热储存稳定性。

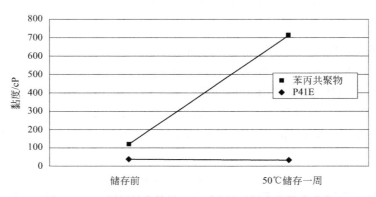

图 7-18　20％颜料分散剂、30％炭黑无树脂分散液黏度

　　图 7-19 为分散剂对颜色强度的影响，结果表明，MSMA 对丙烯酸乳液涂层的颜色亮度增加不显著，而 P41E 显著提高了丙烯酸乳液涂层的颜色亮度。

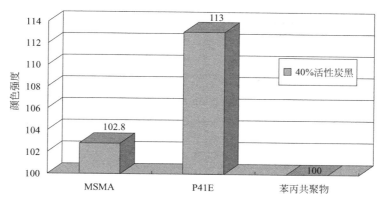

图 7-19 不同分散剂颜色强度对比

丙烯酸乳液中,炭黑 30%,活性分散剂 40%

从上述对比可以看出 P41E 分散剂是非常优异的炭黑水相分散剂。考虑到电活性聚合物以及碳纳米材料的结构与炭黑的相似性,研究发现 P41E 分散剂可以将 PANI-CNT 纳米防腐添加剂很好地分散于水性双组分环氧涂料中。

表 7-5 是制备的水性 PANI-CNT 纳米/环氧复合防腐涂料的配方,其中 PANI-CNT 纳米防腐填充材料占固体含量的 0.6%(质量分数)。表 7-6 是制备的水性纳米材料填充环氧防腐涂料的性能测试结果。

表 7-5 水性 PANI-CNT 纳米/环氧复合防腐涂料的配方

| 原料 | 型号 | 用量/g |
|---|---|---|
| A 组分 | | |
| 水 | | 127 |
| 分散剂 | P41E | 6 |
| 润湿剂 | Tego740 | 2 |
| 消泡剂 | Tego825 | 3 |
| 二丙二醇丁醚 | | 11 |
| 丙二醇丙醚 | | 5 |
| 水性环氧树脂 | 瀚森 6520 | 450 |
| 钛白粉 | | 105 |
| 硫酸钡 | | 180 |
| 滑石粉 | | 95 |
| PANI-CNT | 维纳公司 | 5 |
| 流平剂 | 得谦 299 | 3 |
| 附着力促进剂 | TegoLTW | 5 |
| 基材润湿剂 | Tego 270 | 3 |
| B 组分 | | |
| 自来水 | | 110 |
| 闪锈抑制剂 | 得谦 179 | 2 |
| 环氧固化剂 | 瀚森 6870 | 120 |

表 7-6 水性 PANI-CNT 纳米/环氧复合防腐涂料的测试结果

| 项目 | 技术指标 |
|---|---|
| 在容器中状态 | 液料,搅拌均匀后无硬块,呈均匀状态 |
| 冻融稳定性(漆组分)(3 次循环) | 不变质 |
| 储存稳定性(漆组分) | 无异常 |
| 不挥发物含量(混合后)/% | 商定 |

| 项目 | | 技术指标 |
|---|---|---|
| 密度(混合后)/(g/mL) | | 商定值±0.05 |
| 挥发性有机化合物(VOC)含量/(g/L)≤ | | 86 |
| 苯、甲苯、乙苯和二甲苯的含量总和/(mg/kg)≤ | | 174 |
| 施工性 | | 施涂无障碍 |
| 闪锈抑制性 | | 正常 |
| 干燥时间/h | 表干≤ | 0.5 |
| | 实干≤ | 4 |
| 涂膜外观 | | 正常 |
| 耐冲击性/cm≥ | | 50 |
| 弯曲试验/mm | | 2 |
| 附着力(拉开法)/MPa≥ | | 12 |
| 耐水性[①]/h | | 240 |
| 耐酸性[①②](50g/L 硫酸溶液)/h | | 24 |
| 耐碱性[①③](50g/L 氢氧化钠溶液)/h | | 120 |
| 耐油性[①④](3 号普通型油漆及清洗用溶剂油或商定)/h | | 120 |
| 连续冷凝试验[①]/h | | 480 |
| 耐中性盐雾试验[①]/h | | 1440<br>划痕处锈蚀扩散≤1mm |
| 附着力(拉开法)/MPa≥<br>(盐雾试验后) | | 10 |
| 纳米功能填充材料的定性[⑤] | | 涂层中至少有一维尺寸小于 100nm |

①耐水性、耐酸性、耐碱性、耐油性、连续冷凝试验、耐中性盐雾试验后不生锈、不起泡、不开裂、不剥落。

②在酸性环境条件下使用时测试。

③在碱性环境条件下使用时测试。

④在油性环境条件下使用时测试。

# 第二节　水性卷钢涂料

## 一、简介

自从 20 世纪 30 年代第一次引入以来，高速自动化生产和销售预涂金属卷钢在不同领域迅速开发应用。其应用包括建筑和汽车行业。随着这些技术的发展，环保要求越来越高，日益紧迫和严格。VOC 排放未来将更加严格，这对涂料工业是一个巨大的挑战。

预涂卷钢涂层相对环保，产生的 VOC 排放量在喷涂过程中相对较小，因为喷涂过程中释放的溶剂被燃烧了。然而，来自美国和欧洲的环境保护机构的统计数据说明溶剂型卷钢的 VOC 排放达到涂料用溶剂总质量的 5%～10%。因此，从预涂卷钢涂层过程中 VOC 排放不能被忽略，特别是当它们的应用越来越广泛。低 VOC 排放的涂料成为卷钢涂料的研究重点。然而，只有少数研究涉及水性卷钢涂料，几乎没有水性商业化卷钢涂料产品。

开发水性卷钢涂料首先得了解卷钢的涂覆工艺。

3C1B 是一种湿对湿的涂层方法，其中 3C 代表由底漆表面处理剂、底漆和清漆三层涂料不经烘烤连续涂覆。由于能耗低，3C1B 法广泛应用于汽车漆。然而，涂层表面的外观通常比二层一烤法差。造成这种差异的主要原因是基底表面的波纹度，渗透层和底漆层界面以及底涂层/清漆层界面的波纹度均会传递至涂层表面。涂层表面波纹随着涂层的收缩而增大，随着涂层的流动而减小。随着涂层收缩过程的进行，波纹度增加。反之，随着流动和流平过程的进行波纹度减小。波纹度取决于体积收缩和流平。因此，减小收缩率是改善 3C1B 涂层外观的有效方法。因此，如果用高沸点的溶剂流平，当流平过程因固化程度而停止时仍然残留，由于残余溶剂的挥发而引起的收缩可能会影响涂层表面的波纹度，并降低外观。

制备 3C1B 时，使用水性表面渗透剂、水性底漆和溶剂性清漆的三层涂料体系，当流动和流平过程停止时，仍然大量存在的主要是乙醚酯型高沸点有机溶剂，会与清漆混合作流平剂。如果用低沸点醚酯型溶剂或醚醇型溶剂代替高沸点溶剂，不仅使得沸点降低，而且流动流平结束后收缩率降低，外观因此得到改进。因此，3C1B 涂层表面质量差的原因是湿涂膜中残留用作流平剂的高沸点溶剂。波形表面形成机理，图 7-20 阐述了涂料沉积机理，在这种情况下，由于喷漆液滴沉积不均匀性在涂层表面产生波纹。在闪蒸和烘烤过程中，流动和流平发生，波幅减小。然而，湿膜表面存在的波纹，甚至烘烤过后也存在。这通常被称为表面结构和适用于长波长区域的波纹。

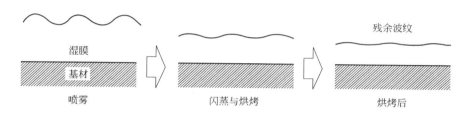

图 7-20　沉积漆滴体积不均匀导致表面波纹形成的示意图

图 7-21 显示涂膜波纹度的传递机制。有人认为基材的波纹度是可以传递的，因为湿膜在闪蒸和烘烤过程中收缩不均匀。当涂膜的体积收缩超过流动与流平时发生传递，否则，流动与流平是主要的，基材波纹度不传递到涂层表面。这种传递机制适用于所有波长。

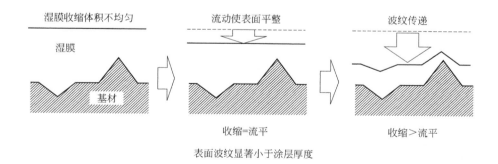

图 7-21　湿膜不均匀收缩形成表面波纹的示意图

基于上述波纹形成的概念，提出一种基材和界面层间（渗透层/底涂层、底涂层/清漆）的波纹度传递到涂层表面的机制，如图 7-22 多层涂膜收缩波纹传递的示意图所示。

# 二、部分水性化卷钢涂料体系设计

渗透涂层（WP）组成，含羟基丙烯酸乳液、丁基三聚氰胺树脂、有机溶剂（表 7-7）、

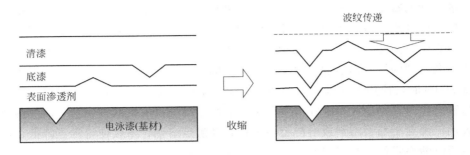

表界面波纹显著低于涂层厚度

图 7-22　多层涂膜收缩波纹传递的示意图

二氧化钛颜料、炭黑颜料、颜料分散剂与蒸馏水。

　　水性底层涂料（WB）组成，含羟基丙烯酸乳液、丁基三聚氰胺树脂、有机溶剂（表 7-7）、铝颜料、颜料分散剂与蒸馏水。

　　溶剂型清漆（SC），含缩水甘油和羟基的丙烯酸树脂、含羧基（半酯化）丙烯酸树脂以及有机溶剂（表 7-8），清漆总溶剂的含量为 45%（质量分数），用作流平剂的高沸点溶剂占总溶剂的 10%（质量分数）。

表 7-7　WP 与 WB 涂料中溶剂的组成（质量分数）　　　　单位：%

| 溶剂 | 沸点/℃ | WP | WB |
|---|---|---|---|
| 三甘醇正丁酯 | 272 | 3.3 | |
| 乙二醇正丁酯 | 171 | 1.1 | 10.1 |
| 二丙二醇二甲基醚 | 180 | 1.7 | |
| 异丁醇 | 108 | 2.8 | 2.2 |
| 异丙醇 | 83 | | 5.1 |
| N-甲基吡咯烷酮 | 202 | 2.8 | |
| 蒸馏水 | 100 | 88.3 | 82.6 |
| 总共 | | 100.0 | 100.0 |

表 7-8　SC 涂层中溶剂的组成（质量分数）　　　　单位：%

| 溶剂 | 沸点/℃ | SC-1 | SC-2 | SC-3 | SC-4 | SC-5 |
|---|---|---|---|---|---|---|
| 二乙二醇正丁酯 | 246 | 10 | | | | |
| 乙二醇正丁酯 | 188 | | 10 | | | |
| 丙二醇甲醚醋酸酯 | 146 | | | 10 | | |
| 丙二醇正丙醚 | 154 | | | | 10 | |
| 乙二醇正丙醚 | 148 | | | | | 10 |
| 乙二醇乙醚 | 136 | | | | | |
| 乙二醇甲醚 | 125 | | | | | |
| 丙二醇甲醚 | 120 | | | | | |
| 正丁醇 | 117 | 17.8 | 17.8 | 17.8 | 17.8 | 17.8 |
| 二甲苯 | 144 | 6.0 | 6.0 | 6.0 | 6.0 | 6.0 |

| 溶剂 | 沸点/℃ | SC-1 | SC-2 | SC-3 | SC-4 | SC-5 |
|---|---|---|---|---|---|---|
| 溶剂油100 | 151~175 | 58.2 | 58.2 | 58.2 | 58.2 | 58.2 |
| 溶剂油150 | 183~210 | 8.0 | 8.0 | 8.0 | 8.0 | 8.0 |
| 总共 | | 100 | 100 | 100 | 100 | 100 |

通过湿碰湿的方法在钢板表面垂直喷涂 WP、WB 以及溶剂型清漆。喷涂 WP 后，闪蒸4min，再喷涂 WB，1.5min 闪蒸预热后通过 3min80℃烘道，最后喷清漆，闪蒸 10min，140℃烘烤 30min。喷涂温度和湿度分别为 24℃与 40%。渗透层、底层和清漆面层的厚度分别为 20μm、15μm 和 35μm。多层膜的 $W_a$、$W_b$、$W_c$ 和 $W_d$ 值使用 Wavescan（BYK Gardner 制造）进行测量。

3C1B 多层膜的出现使多层膜中的非挥发性浓度在涂膜中的体积收缩超过流平，使表面质量变差，使底部的波纹传递到表面。采用添加低沸点溶剂可以有效地降低 3C1B 涂层的收缩波纹的形成，同时能保持流平能力。对于 1C1B 涂层膜，高沸点乙醚酯型溶剂呈现流平机理，因为涂层波纹形成的传递机理处于控制机制。

## 三、水性化卷钢底漆树脂的设计与涂料制备

由于与金属的附着力强，环氧树脂是一种常用的卷钢涂料用溶剂型底漆树脂。在许多研究中，使用丙烯酸亲水改性环氧树脂，并已成功应用于制罐涂料中。研究中，环氧树脂首先与磷酸反应生成磷酸酯，然后用丙烯酸树脂改性制备水性杂化分散体。表 7-9 列出了磷酸酯化丙烯酸酯改性环氧分散液的制备配方。

表 7-9　磷酸酯化丙烯酸酯改性环氧分散液的制备配方　　　　单位：质量份

| 原材料 | 100930 | 100940 | 100950 | 100960 | 10091 | PA |
|---|---|---|---|---|---|---|
| 丙二醇丁醚(PnB) | 88.11 | 94.5 | 101.41 | 108.58 | 67.51 | 33.90 |
| 环氧树脂 | 200 | 200 | 200 | 200 | 200 | — |
| 磷酸 | 2.55 | 2.55 | 2.55 | 2.55 | 2.55 | — |
| 丙烯酸 | 14.8 | 18.8 | 18.3 | 19 | — | 18.3 |
| 甲基丙烯酸甲酯 | 27.2 | 33.6 | 54.8 | 73.2 | — | 54.8 |
| 丙烯酸丁酯 | 18.0 | 24.8 | 25.6 | 27.4 | — | 25.6 |
| 过苯甲酸叔丁酯(TBPB) | 1.8 | 2.4 | 3.0 | 3.6 | — | 3.0 |
| 二甲基乙醇胺(DEMA) | 18.10 | 23.0 | 22.38 | 23.24 | — | 22.38 |
| 蒸馏水 | 353.67 | 373.81 | 405.51 | 434.89 | 284.86 | 120.65 |

分散液制备过程：环氧树脂和 PnB 加入反应釜，加热到 140℃，搅拌，3h 使其完全熔化。加入磷酸在 110℃回流反应 3h。然后单体与 TBPB 的混合物通过滴液漏斗均匀滴加到体系中，滴加时间为 2h。然后将温度升高到 140℃，之后补加 TBPB，继续反应 3h。将体系温度降低到 70℃，加入 DEMA 中和剂搅拌 0.5h。最后加入蒸馏水，快速搅拌。得到固体含量为 36.5% 的磷酸改性丙烯酸接枝环氧树脂水分散体。图 7-23 阐述了水性磷酸化丙烯酸酯环氧杂化分散体的制备示意图。表 7-10 列出了纯聚丙烯酸酯、环氧树脂和改性环氧树脂的玻璃化温度。

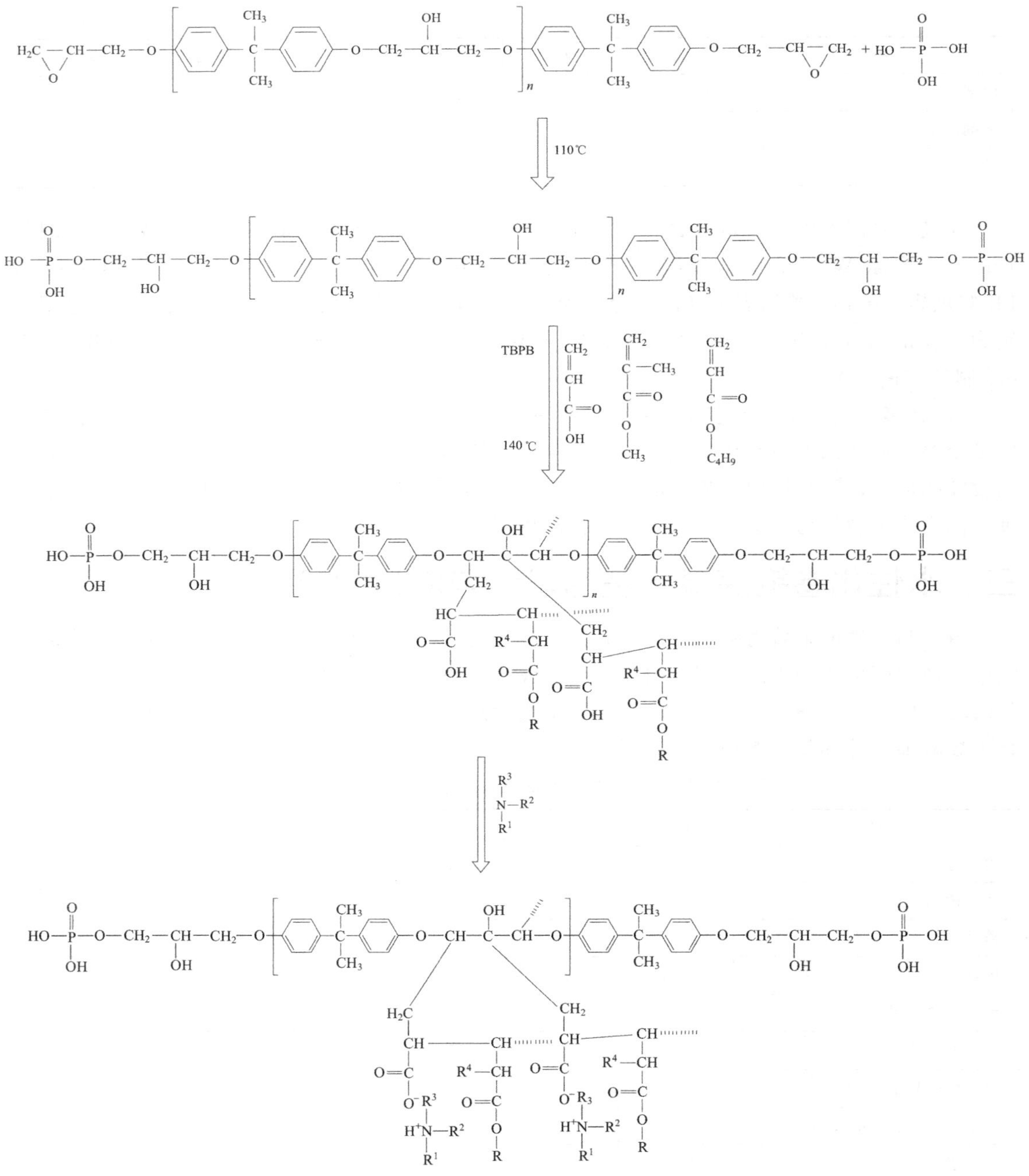

图 7-23　水性磷酸化丙烯酸酯环氧杂化分散体的制备示意图

表 7-10　纯聚丙烯酸酯、环氧树脂和改性环氧树脂的玻璃化温度

| 样品 | 丙烯酸含量/% | 玻璃化温度($T_g$)/℃ |
|---|---|---|
| 聚丙烯酸 | 100 | 25.20 |
| Epon1009(E-03) | 0 | 83.00 |
| 10091 | 0 | 88.00 |
| 100930 | 23.07 | 73.00 |
| 100940 | 28.57 | 60.00 |

续表

| 样品 | 丙烯酸含量/% | 玻璃化温度（$T_g$）/℃ |
|---|---|---|
| 100950 | 33.33 | 57.00 |
| 100960 | 37.50 | 53.00 |

表 7-11 列出了制备水性卷钢底漆的配方。

**表 7-11　水性卷钢底漆配方**

| 材料 | 用量/质量份 |
|---|---|
| 水性树脂分散液 | 30.68 |
| 超细滑石粉 | 1.17 |
| 钛白粉（R902） | 7.5 |
| 非毒性防锈颜料 | 3.87 |
| 脲醛树脂 R578 | 2.43 |
| 去离子水 | 3.0 |
| DMEA | 0.2 |

制备工艺，将水性树脂分散液与颜料放入研磨罐中，在振荡器中摇动 2h，细度小于 $20\mu m$。然后加入配方中其他组分，搅拌均匀得到水性卷钢底漆。

制样，经过表面处理的镀锌钢板（30cm×16cm×0.5mm），采用 16♯线棒将底漆涂覆于镀锌钢板表面。放入 320℃的烘箱中，45～50s（金属表面温度最高达到 232～249℃），快速移出样板，在水中淬火，然后在室温中测试样品性能。

性能测试，T 形弯曲试验，按照 ASTM D 3794—2000；铅笔硬度试验，按照 ASTM D 3363—2005；抗丙酮擦拭试验，按照 NCCA Ⅱ18；耐盐雾试验，按照 ISO 9227—2012；冲击试验，按照 ASTM D 2794—2006。

表 7-12 与表 7-13 分别列出了磷酸用量与丙烯酸用量对涂膜性能的影响。在丙烯酸改性环氧分散体的合成过程中，用磷酸开环，可以提高底漆的 T 形弯曲性能、耐盐雾性能、力学性能以及耐化学品性。增加丙烯酸酯的用量会降低涂层与金属基底的黏附力。最佳丙烯酸酯含量不超过环氧树脂的 40%。

**表 7-12　不同磷酸用量的涂膜性能**

| 样品 | 1009403 | 1009402 | 1009401 | 1009400 |
|---|---|---|---|---|
| 磷酸相对环氧树脂的分数/% | 0 | 0.57 | 0.80 | 1.27 |
| 铅笔硬度 | 3H | 2H | 5H | 5H |
| 抗丙酮擦拭（次数） | 3 | 3～5 | 10 | 25 |
| 冲击试验（9J） | × | × | √ | √ |
| T 形弯曲 | >4T | 4T | 3T | 3T |
| 耐盐雾/h | 500 | 800 | >1000 | >1000 |

**表 7-13　不同丙烯酸用量的涂膜性能**

| 样品 | 100930 | 100940 | 100950 | 100960 | 商品 |
|---|---|---|---|---|---|
| 环氧/丙烯酸 | 10:3 | 10:4 | 10:5 | 10:6 | — |
| 分散体状态 | 透明 | 透明 | 透明 | 透明 | — |
| 铅笔硬度 | 5H | 5H | 5H | 4H | 3H |
| T 形弯曲 | 2T | 3T | >4T | >4T | 3T |
| 抗丙酮擦拭（次数） | 30 | 20 | 10 | 10 | 5 |
| 冲击试验（9J） | √ | √ | × | × | √ |

表 7-14 列出与面漆配套后的性能，结果表明水性磷酸化丙烯酸酯环氧杂化分散体制备的水性卷钢底漆能满足使用性能要求。

表 7-14 不同面漆的配套

| 样品 | 100930 IP1180 | 100940 IP1180 | 100930 CH310W301 | 100940 CH310W301 | 商品 CH310W301 |
|---|---|---|---|---|---|
| 铅笔硬度 | 2H | 2H | 2H | 2H | 2H |
| T 形弯曲 | 3T | 3T | 3T | 3T | 3T |
| 抗丙酮擦拭（次数） | 100 | 100 | 100 | 100 | 100 |
| 冲击试验(9J) | √ | √ | √ | √ | √ |

# 第三节 抗静电涂料

## 一、简介

在日常生活中，许多材料容易产生静电累积，导致潜在的不利后果，如粉尘、触电、放电罐（如溶剂储罐）引起爆炸危险；在电子行业，由放电会引起严重的经济损失等。为了消除静电造成的危害，在涂料中，添加抗静电剂通过降低表面电阻可以有效解决上述问题，使得制造厂的洁净室达到 ISO14644-1 标准规定的防尘要求。在飞机和航空航天工业领域，静电防护是一个重要课题，因此，制备抗静电涂料已成为研究热点。其中，抗静电剂的研究与开发决定着最终涂层的抗静电效果以及综合性能，这是因为由于添加抗静电剂会带来诸如湿度增加、腐蚀或力学性能变差等问题。

抗静电剂主要包括聚噻吩、磺基琥珀酸盐、季铵盐化合物以及最近发展起来的聚乙烯加成物、碳纳米管与石墨烯。表 7-15 列出了与导电性相关的表面电阻。

表 7-15 与导电性相关的表面电阻

| 表面电阻/$\Omega$ | $10^4$ | $10^5$ | $10^6$ | $10^7$ | $10^8$ | $10^9$ | $10^{10}$ | $10^{11}$ | $10^{12}$ | $10^{13}$ | $10^{14}$ |
|---|---|---|---|---|---|---|---|---|---|---|---|
| 表面累积电荷 | | | 无 | | | | 转变区 | | | 有 | |
| 导电性 | | 导电 | | 防静电 | | | 转变区 | | | 绝缘 | |
| 案例 | | 导电涂层 | | | 防静电涂层 | | | | | 涂层 | |

抗静电剂可以以两种不同的方式发挥导静电作用：一是通过吸收空气中的湿气，二是在涂层内形成导电网络。图 7-24 表明了抗静电添加剂的两种作用机制。

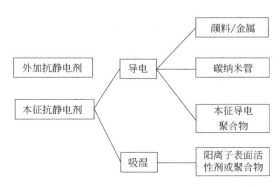

图 7-24 抗静电添加剂的两种作用机制

吸湿机理:第一种机理的添加剂大多是季铵盐阳离子等表面活性剂化合物或离子液体(IL)。它们必须迁移到涂层表面以达到抗静电效果。通过表面离子和亲水基团吸收空气中的湿气形成电解液,即导电性基于导电性离子和吸附水。因此,季铵盐添加剂的抗静电效果需要一定的空气湿度,尽管有些要求湿度低。含有—OH 或—NH$_2$ 基团可以形成氢键连接,然后通过质子转移传导。化合物通过吸收空气水产生抗静电效果,存在抗静电永久性差的缺点。由于它们的表面活性,很容易从涂层表面去除,而丧失抗静电效果。季铵盐存在不可生物降解、对环境有毒的问题。季铵盐类化合物的替代品包括带有季铵基的离子液体,如咪唑类化合物,可以用可再生资源工艺制备。另外,离子液体具有功能基可用于锚定在涂层基质中,例如双键,如 1-烯丙基-3-甲基咪唑氯化物。

导电网络机理:第二种机理在涂层中加入导电物质,而产生渗透网络,即涂层的导电性基于电子传导。这种方式往往需要较高的填充量,因为微粒、纤维、云母或聚合物需要接触形成导电网络。导电填料可以分为以下几类。

① 碳基材料,如碳纳米管、煤烟或石墨。它们的缺点是达到抗静电效果,需要填充量大,而且涂层变为黑色,碳纳米管除外。

② 氧化铟锡(ITO)等导电氧化物,在电子行业应用较为普遍。ITO 透明,使用的缺点是昂贵。

③ 导电填料,例如导电云母(涂有导电氧化物的片状硅酸盐,如锡锑氧化物),可以用于透明涂层。

④ 金属粉末和纤维,如银纳米粒子。

⑤ 本征导电聚合物(ICP)性能良好。聚合物类如聚乙烯二氧噻吩(PEDOT)可以用于透明抗静电涂料。

在大多数情况下,这些导电物质比吸湿型阳离子表面活性剂更有效地降低涂层的电阻。然而,它们使用更加昂贵,因为要形成渗透网络,需要填充较多的导电物质。优点是比吸湿型阳离子表面活性剂抗静电效果更持久。

除需要抗静电效果,还需要考虑抗静电剂对涂层交联与外观如光泽和雾度的影响。

# 二、紫外光固化抗静电地板涂料

下面以紫外光固化抗静电地板涂料的设计为例说明。冬天,当房间被加热时,室内灰尘会增多。这是因为表面电阻由于湿度降低而增加,因此,灰尘黏附也增加。再例如,黑色灯上的灰尘沉积变得显著,这个表面产生灰尘的主要原因是摩擦电效应。表 7-16 列出了紫外光固化清漆的配方和组分结构。

表 7-16 紫外光固化清漆的配方和组分结构

| 组分 | 产品 | 结构 | 用量/% |
|---|---|---|---|
| 不饱和丙烯酸改性聚酯 | BASF Laromer PE 55F | — | 70 |
| 活性稀释剂:丙烯酸 | BASF Laromer TPGDA | | 26 |

| 组分 | 产品 | 结构 | 用量/% |
|---|---|---|---|
| 光引发剂:$\alpha$-羟基酮 | BASF Ciba Darocure 1173 | | 4 |

抗静电剂分组试验，第 1 组（离子导电性）季铵盐添加剂；第 2 组（离子导电性）添加剂具有季铵盐聚二甲基硅氧烷聚合物（PDMS 季铵盐）；第 3 组（离子导电性）添加剂具有季铵盐聚二甲基硅氧烷聚合物（分子量比第 2 组大）；第 4 组（混合导电性）创建抗静电效果基于离子和电子导电性的涂料，导电云母（MK-1），离子液体，具有不饱和双键，可与树脂发生化学键合，碳纳米管（BK-1），聚噻吩的水溶液；第 5 组（离子导电性）添加剂基于具有季铵盐基团的有机酰胺聚合物，变化季铵盐基团的浓度以及分子量的大小；第 6 组烷基糖苷（APG）-糖基表面活性剂（具有生物相容性），它们的区别在于烷基和糖苷链的长度；第 7 组（离子导电性）由两部分组成甜菜碱，它们的糖苷长度不同，也基于自然衍生的物质。

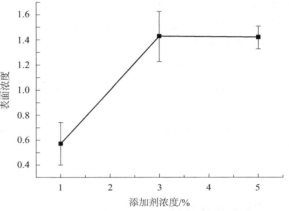

图 7-25  表面浓度随 SH-4 添加浓度的变化关系

含季铵盐的添加剂是富集在涂层表面还是均匀分布于涂层，取决于它的化学结构。低分子季铵盐添加剂如 DN-1 和高分子 PDMS 季铵盐添加剂如 CT-1 等均匀分布于涂层。高分子季铵盐添加剂 APG 如 CC-8、PDMS 低分子量季铵盐添加剂如 SH-4 和甜菜碱结构如 CC-9 在表面富集，而含酰胺的季铵盐添加剂像 CC-2 这样的聚合物富集在涂层底部。最后，离子液体 IC-1 均匀地分布在涂层中，其在涂层底部分离的导电颜料是表面和底部浓度的平均。图 7-25 显示表面浓度随 SH-4 添加浓度的变化关系。随着添加剂的浓度增加，表面的浓度增加，直到饱和。因此，表面电阻对 SH-4 添加浓度具有依赖性。图 7-26 显示不同抗静电剂添加后在实验室储存 48h 和 3 个月后涂层的比表面电阻变化情况。IC-1 和 DN-1 的阻抗值不变，说明抗静电持久性优异。这可能是因为通过烯丙基功能基与涂层形成了化学键合，使抗静电剂均匀分布于涂层中。

采用 FT-IR 方法研究抗静电剂在涂层基体中的位置，分析相对应的涂层电阻以及涂层性能，来评价作为抗静电剂的有效性。结果表明，离子液体与导电材料在降低电阻方面最有效，但是它们无法富集在抗静电表面。处于表面的添加剂效果最强，但主要依赖于表面亲水性的增加，从而降低涂层硬度以及倾向于从涂层中析出。因此，在设计抗静电涂层时，根据具体使用要求进行有针对性的设计。

# 三、基于石墨烯抗静电水性丙烯酸涂料

丙烯酸树脂具有优良的性能，如抗老化、耐化学腐蚀、易施工、装饰性好。因此，它被广泛应用于汽车、建筑、家用电器以及玻璃等领域。此外，水性丙烯酸涂料几乎不含挥发性有机物，更环保，近年来越来越受重视。石墨烯由于具有纳米片状结构形貌，大比表面积，

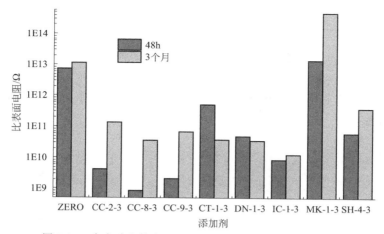

图 7-26　在实验室储存 48h 和 3 个月后涂层的比表面电阻

使其成为一类高效抗静电添加剂。然而，其具有强疏水性以及强范德华力，难以在水性丙烯酸树脂中分散，因此，表面改性是其在水性抗静电涂料方面应用的关键。

石墨烯的表面改性，在 rGO，有些氧化官能团有助于表面改性。G 表面残留的羟基，可与亚油酸钠（LASS）的羧基相互作用。长链烷烃的接枝可以在层间插入，可以有效地增加石墨烯间距与抑制石墨烯聚集。另一方面，根据相似相溶原则，长链烷烃的接枝增加了石墨烯的空间位阻，从而有效地增加了石墨烯的可分散性。G 与 LASS 的比例为 2∶1。采用砂磨机制备 G@LASS 水分散液。G@LASS 水性浆料分散于丙烯酸酯树脂中得到抗静电水性涂料。G@LASS 中的酯基可以与丙烯酸树脂中的羧基形成氢键。从而提高石墨烯与基体的界面黏结力。相互作用示意图见图 7-27。

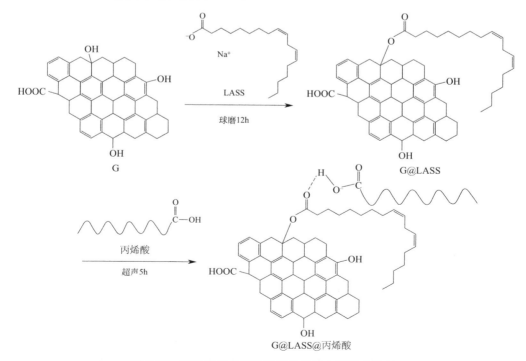

图 7-27　石墨烯的分散改性制备抗静电丙烯酸涂料

图 7-28 显示 LASS 分散剂对 G 在丙烯酸树脂乳液中分散状态的影响。（a）石墨烯 G 呈现半透明的轻微起皱；（b）G@LASS 坚硬，透明度降低，说明 LASS 吸附于 G 表面；（c）丙烯酸树脂呈现均匀分散的粒子状态；（d）G@LASS@丙烯酸乳胶依然呈现透明状，箭头标注的是乳胶粒子吸附于 G 表面；（e）没有 LASS 改性，G 在丙烯酸树脂中不能均匀分散。结果说明 LASS 是一种石墨烯的优异分散剂，同时又是 G 分散于丙烯酸酯乳液并形成致密涂层的界面剂。

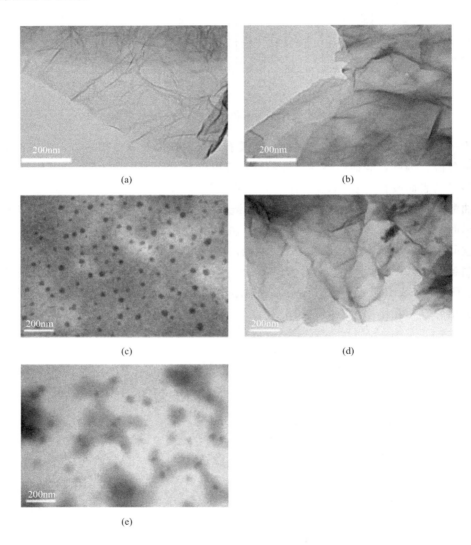

图 7-28　LASS 分散剂对 G 在丙烯酸树脂乳液中分散状态的影响
（a）G；（b）G@LASS；（c）丙烯酸树脂；（d）G@LASS@丙烯酸乳胶；（e）G@丙烯酸树脂

图 7-29 显示分散改性以及石墨烯含量对涂层水接触角的影响。结果表明，分散剂的加入可以显著改善丙烯酸涂膜的疏水性，涂膜的疏水性随石墨烯的添加进一步提高，当添加 1%G@LASS 时，水接触角从 75°提高到 95°。

图 7-30 显示不同 G 含量的 G@LASS@丙烯酸树脂的电学性能。结果表明，添加 0.5%

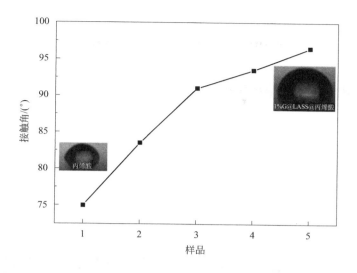

图 7-29　分散改性以及石墨烯含量对涂层水接触角的影响

丙烯酸树脂（样品 1）、丙烯酸树脂@LASS（样品 2）、0.5%G@LASS@丙烯酸树脂（样品 3）、
0.8%G @LASS@丙烯酸树脂（样品 4）以及 1%G@LASS@丙烯酸树脂（样品 5）的接触角

G 时丙烯酸的介电常数显著增大，添加 1%G 时，相比丙烯酸的介电常数由 $10^2$ Hz 增加 20 倍。说明 G 均匀分散于丙烯酸树脂基体中，并形成了一些微型电容器。介电常数在 $10^2 \sim 10^7$ Hz 范围内降低，是由于丙烯酸树脂基体的阻塞，使得 G@LASS 一些部分处于电绝缘状态。介电损耗随着 G 添加量的增大显著增大，是因为涂层导电性的迅速提高。体积电阻率随 G 的增大显著降低。$\rho_v > 10^{12} \Omega \cdot$ cm（绝缘体），$10^6 < \rho_v < 10^{12} \Omega \cdot$ cm（半导体），满足抗静电要求。$\rho_v < 10^6 \Omega \cdot$ cm（导体），0.5%G@LASS@丙烯酸、0.8%G@LASS@丙烯酸、1.0%G@LASS@丙烯酸样品的体积电阻率分别为 $3.33 \times 10^9 \Omega \cdot$ cm、$4.61 \times 10^8 \Omega \cdot$ cm 以及 $1.14 \times 10^8 \Omega \cdot$ cm，满足抗静电材料的要求。

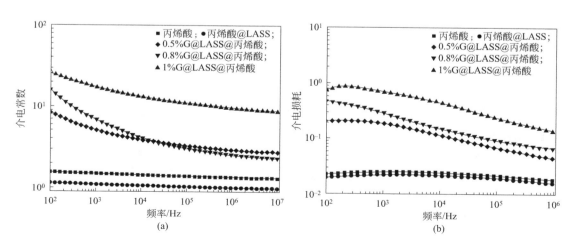

图 7-30

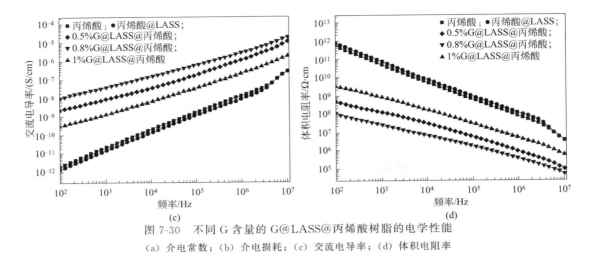

图 7-30　不同 G 含量的 G@LASS@丙烯酸树脂的电学性能

（a）介电常数；（b）介电损耗；（c）交流电导率；（d）体积电阻率

# 第四节　高温激光烧结制备聚醚醚酮（PEEK）粉末涂料

## 一、简介

激光烧结（LS）可以直接通过计算机辅助设计生产复杂零件，不涉及任何昂贵的模具加工，因此这项技术吸引了广泛的研究兴趣。然而制约这项技术进一步推广应用的关键瓶颈之一是缺少合适的粉末材料。长期以来，聚酰胺（PA11 和 PA12）主要用于标准 LS 工艺，因为它们具有优异的加工性能。采用增强材料与聚酰胺结合可以制备具有优异性能的复合材料，其应用也得到了扩展。但是，对于恶劣的环境，如航空航天、国防和气体应用，目前可用于 LS 的聚合物无法满足使用要求。因此，需要开发适合 LS 加工的高性能聚合物材料。

PEEK 是适合 LS 工艺最好的候选聚合物材料之一，因为它的熔点很高，良好的生物相容性，高力学性能和化学稳定性能。然而，由于熔化温度高无法使用标准的 LS 系统处理 PEEK，而高温激光烧结（HT-LS）系统，EOSINTP800 的上市改变了这一现状。目前商业级 PEEK（450PF Victrex）已成功地应用至 HT-LS 系统。在应用 HT-LS 时，将多种纳米填料加入 PEEK 基质可以进一步提高材料的力学性能以及赋予特殊应用的功能。例如采用物理方法在 PEEK 150PF 粉末中加入 5% 的石墨片，抗拉强度提高了 40%，但是对于浓度高于 5%，如达到 7.5%，显微分析显示在微观结构中有孔隙，这与粉末流动不良以及在 LS 期间石墨片和 PEEK 粉末不均匀的热吸收有关。传统的复合方式之一是填料与聚合物基质直接熔融复合，然而，纳米填料之间的高内聚力导致它们在聚合物中团聚严重，分散性差，这大大限制了纳米填料的潜能。此外，将熔融复合聚合物改性为具有适当粒径和形貌的粉末形式要求后续的铣削或其他尺寸缩减过程，能源消耗和成本高昂，更不用说研磨高性能如 PEEK 类聚合物。因此，研究开发具有合适的形态和成本效益新的复合材料制造策略来制备粉末具有非常重要的意义。

无机类富勒烯二硫化钨（IF-WS$_2$）是另一种有趣的空心核层状壳纳米颗粒形态，这种独特的微观结构，使其具有卓越的润滑和耐磨性能，以及极限保护的减震性能。已经有研究表明，在 IF-WS$_2$ 表面添加 5nm 碳涂层纳米颗粒（C/IF-WS$_2$）可以提高其抗氧化热稳定性。

设计采用盐作制孔剂，制备多孔 PEEK 纳米复合材料，然后破碎成粉末状，制备出适合 HT-LS 工艺的理想粒径、分布和流动性的近球形粉末具有应用价值。

# 二、 PEEK-IF-WS$_2$ 和 PEEK-GNP 复合粉末制备

PEEK 粉末与 C/IF-WS$_2$ 或石墨烯在水和乙醇混合溶液中混合均匀（超声分散），混合物悬浮液放置在 150℃ 的热板上，连续磁力搅拌干燥。

NaCl 与上述混合粉末的比例是 6/1，放在模具中冷压，然后 400℃ 热压（烧结 35min 优于 45min），冷却后，将模块放在水中搅拌 3h，去除盐得到多孔的复合材料。用一个简单的食品搅拌机在蒸馏水介质中打碎多孔块，破碎时间为 5min 和 10min，以评估研磨时间对粒径和形貌的影响。研磨后，悬浮液过滤并用水冲洗以去除残余的少量盐，以及将得到的合粉末放在烤箱中干燥 24h。这个干粉分别用 212$\mu$m 和 125$\mu$m 筛孔筛分。

# 三、粉末流变学表征与涂料性能

为了表征复合粉末的流动特性，用 Freeman-FT4 粉末流变仪测定粉末的稳定性和流动性。粉末放在一个 25mL 的标准可拆分容器和直径 22mm 的扭曲叶片同时旋转和移动进入粉末样品，首先确认初始环境条件，它的目的是排空气和检查粉末是否结块，然后进行测试。通过同时逆时针方向施加的扭矩测量参数，向下移动时叶片以 100mm/s 的速度旋转。粉末移动、提升、促进稳定或流动分别与基本流动能（BFE）、比能（SE）、稳定指数（SI）和流动指数（FRI）相关。这些值分别用下列方程式测定：

$$SI = Energy\ Test\ 7/\ Energy\ Test\ 1 \tag{7-6}$$
$$BFE = Energy\ Test\ 7(mJ) \tag{7-7}$$
$$SE = (Energy\ Test\ 6 + Energy\ Test\ 7)/(2Split\ Mass)(mJ/g) \tag{7-8}$$
$$FRI = Energy\ Test\ 4/\ Energy\ Test\ 1 \tag{7-9}$$

在稳定性试验中，在整个粉末预处理期间以 100 mm/s 的恒定速度，叶片连续进行了七个循环，并通过分析每个循环所需能量的差异，得到了稳定性试验数据（SI）。BFE 和 SE 的区别在于 BFE 是指当叶片逆时针旋转到粉末预先调节的位置时测量从容器顶部到底部的能量，SE 计算在旋转叶片向上顺时针移动期间，因此忽略了粉末填充系数。以恒定速度连续七个循环进行计算 SI，然后叶片以四种不同的速度旋转，因此与粉末流动速度影响直接相关的能量分布特性，就可以测定了。FRI 是流动能力的测量值，是根据粉体在最低速度（10mm/s）和最高速度（100mm/s）测得的能量的比值。表 7-17 列出了商品 PEEK 粉末与纳米复合 PEEK 粉末的流变学参数。稳定指数越大说明粉末越稳定；流动指数越小说明粉末流动性越好。

表 7-17 PEEK 复合材料与 PEEK 450PF 和 PEK HP3 的稳定指数（SI）和流动指数（FRI）

| 样品 | 稳定指数(SI) | 流动指数(FRI) |
|---|---|---|
| PEEK/1% WS2 | 0.994 | 1.286 |
| PEEK/5% WS2 | 0.942 | 1.36 |
| PEEK/1% GNP | 0.908 | 1.33 |
| PEEK/5% GNP | 0.852 | 1.59 |
| PEEK 450PF | 1.11 | 1.75 |
| PEK HP3 | 1.17 | 1.58 |

图 7-31 显示商品 PEEK 粉末与纳米复合 PEEK 粉末的粒径分布、恒定流速循环能量分布以及变速能量分布。结果表明，PEK HP3 和 PEEK 450PF 的粒径很窄，粒径介于 $0\sim150\mu m$，中心接近 $50\mu m$。改性后的复合粉末平均粒径有增加。$PEEK\text{-}IF\text{-}WS_2$ 复合粉末有较高的 BFE，表明粉末具有更好的静电激光烧结性能，这可能导致激光烧结试样光滑表面，烧结致密度高以及力学性能更加优异。

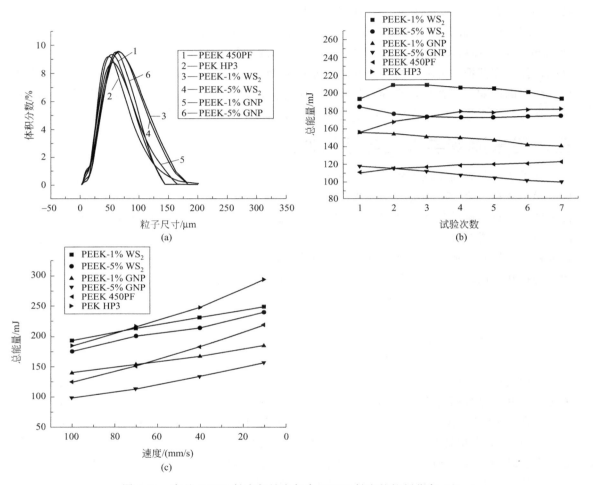

图 7-31　商品 PEEK 粉末与纳米复合 PEEK 粉末的粒径分布（a）、
恒定流速（100mm/s）循环能量分布（b）以及变速能量分布（c）

图 7-32 显示了 $PEEK\text{-}1\%\,IF\text{-}WS_2$ 多孔纳米复合块以及研磨后制备的粉末 SEM 图。结果表明，制备的粉末呈现类球形，粒径在 $30\sim120\mu m$ 之间。复合粉末呈现圆形颗粒、无锐边，表面光滑，尺寸分布均匀，导致高稳定性、低流速敏感性和良好的流变特性，对于 HT-LS 应用来说非常理想。

图 7-33 为激光烧结 $PEEK\text{-}5\%\,IF\text{-}WS_2$ 粉末样板表面光学显微照片。样品 a 有一个不光滑的表面和一些有缺口的部分（圆圈表示），这个结果说明 1 次激光照射不足以完全获得熔化的样品，具有部分残留粉末。样品 b 和 c 显示无聚合物降解迹象的完全熔融外观。

图 7-34 为三次激光辐照后 HT-LS 复合材料表面形貌的 SEM 图像。很明显，只有一层烧结不足以消除与下面粉末层有关的不平现象，即使在最佳激光功率条件下单层样品也会出

(a)                              (b)

图 7-32 PEEK-1％IF-WS$_2$ 多孔纳米复合块以及研磨后制备的粉末 SEM 图

(a) 复合块；(b) 粉末

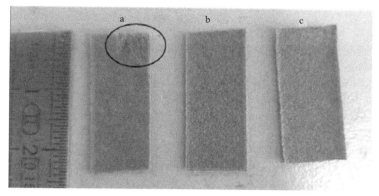

图 7-33 激光烧结 PEEK-5％IF-WS$_2$ 粉末样板表面光学显微照片

a、b、c 分别是 1、2、3 次激光烧结后形貌

现不均匀性。然而，PEEK-IF-WS$_2$ 复合材料［图 7-34（c）和（d）中］与 PEEK-GNP 复合材料相比更加平整光滑。不同的激光曝光时间，对 PEEK-1％GNP 复合材料表面形貌没有太大的差异，但对于 PEEK-1％IF-WS$_2$ 复合材料其表面更平整。

(a)                              (b)

图 7-34

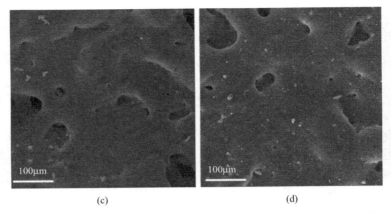

(c)                      (d)

图 7-34   三次激光辐照后 HT-LS 复合材料表面形貌的 SEM 图像

(a) 1%GNP；(b) 5%GNP；(c) 1%IF-WS$_2$；(d) 5%IF-WS$_2$

# 参 考 文 献

[1] Tallman D E，Spinks G，Dominis A，et al. Electroactive conducting polymers for corrosion control. Part 1. General introduction and a review of non-ferrous metals. J Solid State Electrochem，2002，6：73-84.

[2] Spinks G M，Dominis A J，Wallace G G，et al. Electroactive conducting polymers for corrosion control. Part 2. Ferrous metals. J Solid State Electrochem，2002，6：85-100.

[3] Rui M，Jiang Y L，Zhu A P. Sub-micron calcium carbonate as a template for the preparation of dendritelike PANI/ CNT nanocomposites and its corrosion protection properties. Chemical Engineering Journal，2020，385：123396-123408.

[4] Zhu A P，Wang H S，Zhang C Q，et al. A facile，solvent-free and scalable method to prepare poly（aniline-co-5-aminosalicylic acid）with enhanced electrochemical activity for corrosion protection. Progress in organic coatings，2017，112：109-117.

[5] Zhu A P，Wang H S，Zhang C Q. In-situ Synthesis of graphene/poly（aniline-co-5-aminosalicylic acid）Nanocomposites Toward Improved Electroactivity. Polymer Composite，2018，39（8）：2915-2921.

[6] Qiu G D，Zhu A P，Zhang C Q. Hierarchically structured carbon nanotube-polyaniline nanobrushes for corrosion protection over a wide pH range. RSC ADVANCES，2017，7（56）：35330-35339.

[7] Zhu A P，Shi P P，Sun S S，et al. Construction of rGO/Fe$_3$O$_4$/PANI nanocomposites and its corrosion resistance mechanism in waterborne acrylate-amino coating. Progress in Organic Coatings，2019，133：117-124.

[8] Yomo S J，Tachi K K. Improving appearance of 3-coat-1-bake multilayer films on automotive bodies through solvent composition design. Progress in Organic Coatings，2019，137：105318- 105324.

[9] Yu J F，Pan H X，Zhou X D. Preparation of waterborne phosphated acrylate－epoxy hybrid dispersions and their application as coil coating primer. J. Coat. Technol. Res.，2014，11（3）：361-369.

[10] Nguyen D T. Use of novel polyetheralkanolamine comb polymers as pigment dispersants for aqueous coating systems. J. Coat. Technol. Res.，2007，4（3）：295-309.

[11] Zhou Y，Yu D，Wang C L，et al. Effect of Ammonium Salt of Styrene-Maleate Copolymer on the Rheology of Quinacridone Red Pigment Dispersion. J. Dispers. Sci. Technol.，2004，25：209-215.

[12] Zhao Y J，Yao W Y，Wang Yu，et al. High-performance antistatic acrylic coating by incorporation with modified graphene. Journal of Materials Research，2019，34（4）：510-518.

[13] Deschamps C，Simpson N，Dornbusch M. Antistatic properties of clearcoats by the use of special additives. J. Coat. Technol. Res.，2020，17（3）：693-710.

[14] Yazdani B，Chen B L，Benedetti L，et al. A new method to prepare composite powders customized for high temperature laser sintering. Composites Science and Technology，2018，167：243-250.